新手入门必读系列

U0167219

电工从零基础到实战
（图解·视频·案例）

图说帮 编著

中国水利水电出版社
www.waterpub.com.cn
·北京·

内容提要

本书是一本专门讲解电工专业知识和综合操作、检修技能的图书。

本书以国家职业资格标准为指导，结合行业培训规范，依托典型案例，全面、细致地介绍电工基础知识、电工电路、电工操作及电工检修等综合实操技能。

本书内容包括电工基础入门、电子元器件、常用电气部件、电工识图、电工计算、电工工具和电工仪表、电动机、导线加工与连接、电工安全与触电急救、电工焊接、电工布线与设备安装、供配电线路及检修、照明控制线路及检修、电动机控制线路及检修、变频器及变频技术的应用、PLC及PLC技术应用。

本书采用全彩图解的方式，讲解全面详细，理论和实践操作相结合，内容由浅入深，语言通俗易懂，非常方便读者学习。

另外，为了方便阅读，提升读者的学习体验，本书采用微视频讲解互动的全新教学模式，在重要知识点相关图文的旁边附印了二维码。读者只要用手机扫描书中相关知识点的二维码，即可在手机上实时观看对应的教学视频，帮助读者轻松领会。这不仅方便读者学习，而且可以大大提升学习效率。

本书可供电工电子初学者及专业技术人员学习使用，也可供职业院校、培训学校相关专业的师生及电子爱好者阅读。

图书在版编目（CIP）数据

电工从零基础到实战 ：图解·视频·案例/图说
帮编著. -- 北京 ：中国水利水电出版社，2021.9（2024.7 重印）.
ISBN 978-7-5170-9718-1

Ⅰ．①P… Ⅱ．①图… Ⅲ．①PLC技术-程序设计
Ⅳ．①TM571.61

中国版本图书馆CIP数据核字（2020）第176860号

书　　名	电工从零基础到实战（图解·视频·案例）
	DIANGONG CONG LING JICHU DAO SHIZHAN
作　　者	图说帮 编著
出版发行	中国水利水电出版社
	（北京市海淀区玉渊潭南路1号D座　100038）
	网址：www.waterpub.com.cn
	E-mail：zhiboshangshu@163.com
	电话：（010）62572966-2205/2266/2201（营销中心）
经　　售	北京科水图书销售有限公司
	电话：（010）68545874、63202643
	全国各地新华书店和相关出版物销售网点
排　　版	北京智博尚书文化传媒有限公司
印　　刷	河北文福旺印刷有限公司
规　　格	185mm×260mm　16开本　23.25印张　557千字
版　　次	2021年9月第1版　2024年7月第6次印刷
印　　数	15501—18500册
定　　价	99.80元

前言

电工知识和使用操作、检修技能是电工电子领域必须掌握的专业基础技能。

本书从零基础开始，通过实战案例，全面、系统地讲解各类电工基础知识、电工常用电路、电工操作、检修等各项电工领域必备的专业知识和综合实操技能。

▌全新的知识技能体系

本书的编写目的是让读者能够在短时间内领会并掌握电工从业的安全规范、电工基础知识、电工常用电路、电工基本操作、检修和电气自动控制等专业知识和操作技能。为此，"图说帮"根据国家职业资格标准和行业培训规范，对电工领域所应用的各项专业知识和实操技能进行了细致的归纳和整理。从零基础开始，通过大量实例，全面、系统地讲解电工从业所必须掌握的各种知识、电路、加工、布线等，并结合实际接线、布线和检修等实操演示，让这本书真正成为一本从理论学习逐步上升为实战应用的专业技能指导书。

▌全新的内容诠释

本书在内容诠释方面极具"视觉冲击力"。整本图书采用彩色印刷，重点突出。内容由浅入深，循序渐进。按照行业培训特色将各知识技能整合成若干"项目模块"进行输出。知识技能的讲授充分发挥"图说帮"的特色。大量的结构原理图、效果图、实物照片和操作演示拆解图相互补充。依托实战案例，通过以"图"代"解"、以"解"说"图"的形式向读者最直观地传授电工从业的安全规范、基础知识、电气控制、布线及操作检修等综合技能，让读者能够轻松、快速、准确地领会、掌握。

▌全新的学习体验

本书开创了全新的学习体验，"模块化教学+多媒体图解+二维码微视频"构成了本书独有的学习特色。首先，在内容选取上，"图说帮"进行了大量的市场调研和资料汇总，根据知识内容的专业特点和行业岗位需求将学习内容进行模块化分解；然后依托多媒体图解的方式输出给读者，让读者以"看"代"读"、以"练"代"学"；最后，为了获得更好的学习效果，本书充分考虑读者的学习习惯，在图书中增设了二维码的学习方式。读者可以在书中很多知识技能旁边找到二维码，通过手机扫描二维码即可打开相关的微视频，微视频中有对图书相应内容的有声讲解，有对关键知识技能点的演示操作。全新的学习手段更加增强了自主学习的互动性，不仅提升了学习效率，同时增强了学习的兴趣和效果。

由于水平有限，编写时间仓促，不妥之处在所难免，欢迎读者指正，也期待与您的技术交流。

图说帮
网址：http://www.chinadse.org
联系电话：022-83718162/83715667/13114807267
E-mail：chinadse@163.com
地址：天津市南开区榕苑路4号天发科技园8-1-401
邮编：300384

电流与电压

电路结构

电路关系

直流与交流

电工基础入门

电子元器件(种类、功能、参数)

● 电阻器　● 电容器

● 电感器　● 二极管

● 三极管　● 场效应管

● 晶闸管　● 集成电路

常用电气部件

● 高压隔离开关

● 高压负荷开关

● 高压断路器

● 高压熔断器

● 低压开关

● 低压断路器

● 低压熔断器

● 主令电器

● 继电器

符号标识

识图方法

电工识图

电路计算

单元电路计算

变压器与电动机计算

电工计算

电工工具和电工仪表

● 加工工具和防护工具

● 攀高工具和开凿工具

● 焊接工具

● 验电器、电流表、电压表

● 钳形表、兆欧表、万用表

● 电桥

电动机

● 直流电动机

● 交流电动机

● 电动机拆卸

● 电动机检修

电工从零基础到实战

（图解·视频·案例）

导线加工与连接

电工安全与触电急救

电工焊接

电工布线与设备安装

供配电线路特点与检修

照明控制线路特点与检修

电动机控制电路特点与检修

变频器及变频技术应用

PLC及PLC技术应用

目录

第1章　电工基础入门(P2)

1.1 电流与电压【2】
　　1.1.1 电流【2】
　　1.1.2 电压【3】
1.2 电路结构【3】
　　1.2.1 电路的组成【3】
　　1.2.2 电路的功能及状态【6】
1.3 电路的连接方式与基本定律【7】
　　1.3.1 电路的连接方式【7】
　　1.3.2 欧姆定律（电流、电压与电阻的关系）【10】
1.4 直流电与实用电路【14】
　　1.4.1 直流电【14】
　　1.4.2 直流电路【14】
1.5 交流电与实用电路【15】
　　1.5.1 单相交流电与单相交流电路【15】
　　1.5.2 三相交流电与三相交流电路【17】
1.6 电能与电功率【19】
　　1.6.1 电能【19】
　　1.6.2 电功率【20】

第2章　电子元器件(P22)

2.1 电阻器【22】
　　2.1.1 电阻器的种类特点【22】
　　2.1.2 电阻器的功能及参数【25】
　　2.1.3 电阻器的命名及标识【25】
2.2 电容器【28】
　　2.2.1 电容器的种类特点【28】
　　2.2.2 电容器的功能及参数【30】
　　2.2.3 电容器的命名及标识【31】

2.3 电感器【33】

　　2.3.1 电感器的种类特点【33】

　　2.3.2 电感器的功能【34】

　　2.3.3 电感器的主要参数【34】

2.4 二极管【35】

　　2.4.1 二极管的种类特点【35】

　　2.4.2 二极管的特性及功能【37】

　　2.4.3 二极管的主要参数【37】

2.5 三极管【38】

　　2.5.1 三极管的种类特点【38】

　　2.5.2 三极管的功能【39】

2.6 场效应晶体管【39】

　　2.6.1 场效应晶体管的种类特点【39】

　　2.6.2 场效应晶体管的功能【40】

　　2.6.3 场效应晶体管的主要参数【40】

2.7 晶闸管【41】

　　2.7.1 晶闸管的种类特点【41】

　　2.7.2 晶闸管的功能【42】

　　2.7.3 晶闸管的主要参数【42】

2.8 集成电路【43】

　　2.8.1 集成电路的种类【43】

　　2.8.2 集成电路的特点和主要参数【44】

第3章　常用电气部件(P46)

3.1 高压隔离开关【46】

　　3.1.1 型号含义和分类【46】

　　3.1.2 户内高压隔离开关【47】

　　3.1.3 户外高压隔离开关【47】

3.2 高压负荷开关【48】

　　3.2.1 型号含义和分类【48】

　　3.2.2 室内用空气负荷开关【48】

　　3.2.3 带电力熔断器空气负荷开关【49】

3.3 高压断路器【49】

　　3.3.1 型号含义和分类【50】

　　3.3.2 油断路器【51】

　　3.3.3 真空断路器【51】

3.4 高压熔断器【52】

　　3.4.1 型号含义和分类【53】

　　3.4.2 户内高压限流熔断器【53】

　　3.4.3 户外交流高压跌落式熔断器【53】

3.5 低压开关【54】

　　3.5.1 开启式负荷开关【55】

　　3.5.2 封闭式负荷开关【56】

　　3.5.3 组合开关【56】

　　3.5.4 控制开关【57】

　　3.5.5 功能开关【58】

3.6 低压断路器【58】

　　3.6.1 塑壳断路器【58】

　　3.6.2 万能断路器【60】

　　3.6.3 漏电保护断路器【61】

3.7 低压熔断器【62】

　　3.7.1 瓷插入式熔断器【62】

　　3.7.2 螺旋式熔断器【62】

　　3.7.3 无填料封闭管式熔断器【64】

　　3.7.4 有填料封闭管式熔断器【64】

　　3.7.5 快速熔断器【65】

3.8 接触器【65】

　　3.8.1 交流接触器【66】

　　3.8.2 直流接触器【66】

3.9 主令电器【67】

　　3.9.1 按钮【67】

　　3.9.2 位置开关【68】

　　3.9.3 接近开关【70】

　　3.9.4 主令控制器【71】

3.10 继电器【72】

　　3.10.1 通用继电器【72】

　　3.10.2 电流继电器【73】

　　3.10.3 电压继电器【74】

　　3.10.4 热继电器【75】

　　3.10.5 温度继电器【76】

　　3.10.6 中间继电器【76】

　　3.10.7 速度继电器【77】

　　3.10.8 时间继电器【77】

　　3.10.9 压力继电器【78】

第4章　电工识图(P80)

4.1 电工电路的符号标识【80】

4.1.1 电工电路的文字符号标识【80】

4.1.2 电工电路的图形符号标识【86】

4.2 电工电路的识图方法【92】

4.2.1 电工电路的识图要领【92】

4.2.2 电工电路的识图步骤【94】

第5章　电工计算(P100)

5.1 电路计算【100】

5.1.1 直流电路计算【100】

5.1.2 交流电路计算【101】

5.2 单元电路计算【102】

5.2.1 整流电路计算【102】

5.2.2 滤波电路计算【104】

5.2.3 振荡电路计算【105】

5.2.4 放大电路计算【107】

5.3 变压器与电动机计算【107】

5.3.1 变压器计算【107】

5.3.2 电动机计算【108】

第6章　电工工具和电工仪表(P110)

6.1 加工工具和防护工具【110】

6.1.1 加工工具【110】

6.1.2 防护工具【112】

6.2 攀高工具和开凿工具【112】

6.2.1 攀高工具【112】

6.2.2 开凿工具【113】

6.3 焊接工具【113】

6.3.1 电烙铁【113】

6.3.2 喷灯【114】

6.3.3 气焊设备【114】

6.3.4 电焊设备【114】

6.4 验电器【115】

    6.4.1 高压验电器【115】

    6.4.2 低压验电器【116】

6.5 电流表和电压表【117】

    6.5.1 电流表【117】

    6.5.2 电压表【119】

6.6 钳形表和绝缘电阻表【121】

    6.6.1 钳形表【121】

    6.6.2 绝缘电阻表【122】

6.7 万用表和电桥【122】

    6.7.1 指针万用表【122】

    6.7.2 数字万用表【124】

    6.7.3 电桥【125】

第7章　电动机(P127)

7.1 直流电动机【127】

    7.1.1 永磁式直流电动机【127】

    7.1.2 电磁式直流电动机【131】

    7.1.3 有刷直流电动机【133】

    7.1.4 无刷直流电动机【135】

7.2 交流电动机【137】

    7.2.1 单相交流电动机【137】

    7.2.2 三相交流电动机【140】

7.3 电动机拆卸【142】

    7.3.1 有刷直流电动机拆卸【142】

    7.3.2 无刷直流电动机拆卸【144】

    7.3.3 单相交流电动机拆卸【146】

    7.3.4 三相交流电动机拆卸【146】

7.4 电动机检修【150】

    7.4.1 电动机绕组阻值检测方法【150】

    7.4.2 电动机绝缘电阻检测方法【151】

    7.4.3 电动机空载电流检测方法【153】

    7.4.4 电动机转速检测方法【154】

第8章　导线加工与连接(P156)

8.1 导线的剥线加工【156】

   8.1.1 塑料硬导线的剥线加工【156】

   8.1.2 塑料软导线的剥线加工【158】

   8.1.3 塑料护套线的剥线加工【159】

8.2 导线的连接【160】

   8.2.1 单股导线缠绕式对接【160】

   8.2.2 单股导线缠绕式T形连接【161】

   8.2.3 两根多股导线缠绕式对接【162】

   8.2.4 两根多股导线缠绕式T形连接【163】

   8.2.5 线缆的绞接【165】

   8.2.6 线缆的扭接【166】

   8.2.7 线缆的绕接【167】

   8.2.8 线缆的线夹连接【168】

   8.2.9 单芯导线与多芯导线的连接【169】

   8.2.10 多芯护套线的连接【169】

第9章　电工安全与触电急救(P172)

9.1 电工触电【172】

   9.1.1 触电危害【172】

   9.1.2 触电分类【173】

9.2 操作安全与应急处理【176】

   9.2.1 操作安全【176】

   9.2.2 摆脱触电的应急措施【179】

   9.2.3 触电急救的应急措施【180】

   9.2.4 外伤急救措施【184】

   9.2.5 电气火灾应急处理【187】

第10章　电工焊接(P192)

10.1 电焊焊接【192】

   10.1.1 电焊工具【192】

   10.1.2 焊接操作方法【198】

10.2 热熔焊与气焊【204】

   10.2.1 热熔焊【204】

10.2.2 气焊【206】

10.3 元器件焊接【208】

10.3.1 插接式元器件的焊接【208】

10.3.2 贴片式元器件的焊接【210】

第11章 电工布线与设备安装(P213)

11.1 明敷布线【213】

11.1.1 瓷夹明敷布线【213】

11.1.2 金属管明敷布线【214】

11.1.3 金属线槽明敷布线【216】

11.1.4 塑料管明敷布线【217】

11.2 暗敷布线【218】

11.2.1 金属管暗敷布线【218】

11.2.2 金属线槽暗敷布线【219】

11.2.3 塑料管暗敷布线【220】

11.3 交流接触器安装【221】

11.4 接地体安装【226】

11.4.1 自然接地体安装【226】

11.4.2 人工接地体安装【227】

11.5 接地线安装【229】

11.5.1 自然接地线安装【229】

11.5.2 人工接地线安装【230】

11.6 变配电设备安装【235】

11.6.1 变配电室安装【235】

11.6.2 低压配电柜安装【235】

11.7 电力拖动设备安装连接【237】

11.7.1 线缆敷设【237】

11.7.2 安装电力拖动设备【238】

11.7.3 供电线缆连接【241】

11.8 控制箱的安装连接【243】

11.8.1 控制箱的安装【243】

11.8.2 控制部件的安装【244】

第12章　供配电线路及检修(P247)

12.1 供配电线路的特点【247】

12.1.1 高压供配电线路的特点【247】

12.1.2 低压供配电线路的特点【249】

12.2 常见供配电线路【251】

12.2.1 10kV高压配电柜供配电线路【251】

12.2.2 高低压配电开关设备供配电线路【252】

12.2.3 工厂高压供配电线路【253】

12.2.4 低压设备供配电线路【254】

12.2.5 三相双电源自动互供供配电线路【255】

12.2.6 楼层配电箱供配电线路【256】

12.3 供配电线路检修【258】

12.3.1 高压供配电线路检修【258】

12.3.2 低压供配电线路检修【262】

第13章　照明控制线路及检修(P266)

13.1 照明控制线路的特点【266】

13.1.1 室内照明控制线路的特点【266】

13.1.2 公共照明控制线路的特点【268】

13.2 常用照明控制线路【270】

13.2.1 两室一厅室内照明控制线路【270】

13.2.2 走道照明灯延迟控制线路【270】

13.2.3 光控公共路灯照明控制线路【271】

13.2.4 声光双控公共路灯照明控制线路【273】

13.3 照明控制线路检修【274】

13.3.1 室内照明控制线路的检修【274】

13.3.2 公共照明控制线路的检修【276】

第14章　电动机控制线路及检修(P280)

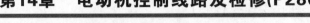

14.1 电动机控制线路的特点【280】

14.1.1 直流电动机控制线路的特点【280】

14.1.2 交流电动机控制线路的特点【282】

14.2 常见电动机控制线路【284】

14.2.1 直流电动机调速控制线路【284】

14.2.2 直流电动机降压启动控制线路【285】

14.2.3 根据速度控制直流电动机的启动线路【286】

14.2.4 单相交流电动机正/反转控制线路【286】

14.2.5 单相交流电动机启/停控制线路【288】

14.2.6 Δ接线三相交流电动机零序电压断相保护控制线路【289】

14.2.7 三相交流电动机绕组短路式制动控制线路【290】

14.2.8 三相交流电动机Y−Δ降压式启动控制线路【291】

14.3 电动机控制线路检修【292】

14.3.1 直流电动机控制线路的检修【292】

14.3.2 交流电动机控制线路的检修【293】

第15章　变频器及变频技术的应用(P298)

15.1 变频器的种类特点【298】

15.1.1 变频器的种类【298】

15.1.2 变频器的结构【304】

15.2 变频器的功能和应用【313】

15.2.1 变频器的功能【313】

15.2.2 变频器的应用【317】

15.3 变频器的工作原理和控制过程【321】

15.3.1 变频器的工作原理【321】

15.3.2 变频器的控制过程【321】

15.4 变频技术的应用实例【326】

15.4.1 变频技术在制冷设备中的应用【326】

15.4.2 变频技术在自动控制系统中的应用【329】

第16章　PLC及PLC技术应用(P333)

16.1 PLC的功能特点【333】

16.1.1 PLC的种类【333】

16.1.2 PLC的功能【333】

16.1.3 PLC技术的应用【335】

16.2 PLC的基本组成与工作原理【337】

16.2.1 PLC的基本组成【337】

16.2.2 PLC的工作原理【338】

16.3 PLC电路的控制方式【339】

    16.3.1 PLC对三相交流电动机连续运行的控制方式【339】

    16.3.2 PLC对三相交流电动机串电阻降压启动的控制方式【343】

    16.3.3 PLC对三相交流电动机Y-Δ降压启动的控制方式【348】

    16.3.4 PLC对两台三相交流电动机联锁启停的控制过程【352】

本章系统介绍电工基础入门。

● 电流与电压
◇ 电流
◇ 电压
● 电路结构
◇ 电路的组成
◇ 电路的功能及状态
● 电路的连接方式与基本定律
◇ 电路的连接方式
◇ 欧姆定律（电流、电压与电阻的关系）
● 直流电与实用电路
◇ 直流电
◇ 直流电路
● 交流电与实用电路
◇ 单相交流电与单相交流电路
◇ 三相交流电与三相交流电路
● 电能与电功率
◇ 电能
◇ 电功率

第1章
电工基础入门

1.1 电流与电压

1.1.1 电流

电荷具有同性相斥、异性相吸的性质。带电物体所带电荷的数量叫"电量"。电荷用Q表示，电量的单位是库仑，1库仑约等于$6.24×10^{18}$个电子所带的电量。

电荷在电场的作用下定向移动，形成电流。严格来说，是自由电子的移动形成了电流。其方向规定为正电荷流动的方向（或负电荷流动的反方向），如图1-1所示；其大小等于在单位时间内通过导体横截面的电量，称为电流强度，用符号I或$i(t)$表示。

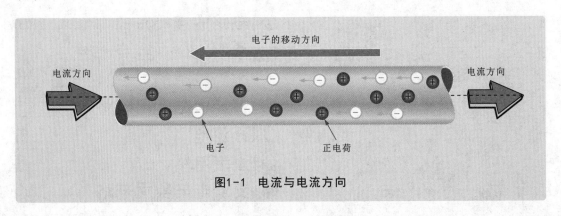

电子的移动方向

电流方向　　　　　　　　　　　　　　　　　　　　　　电流方向

电子　　　　　　正电荷

图1-1　电流与电流方向

设在$\Delta t = t_2 - t_1$时间内，通过导体横截面的电荷量为$\Delta q = q_2 - q_1$，则在Δt时间内的电流强度可用数学公式表示为

$$i(t) = \frac{\Delta q}{\Delta t}$$

式中，电流$i(t)$的国际单位制为安培（A）；电量Δq的国际单位制为库仑（C）；Δt为很小的时间间隔，国际单位制为秒（s）。

常用的电流单位有微安（μA）、毫安（mA）、安（A）、千安（kA）等，它们与安培的换算关系为

$$1\mu A = 10^{-6}A \qquad 1mA = 10^{-3}A \qquad 1kA = 10^{3}A$$

1.1.2 电压

如图1-2所示，带正电体A和带负电体B之间存在电势差（类似水位差），只要用电线连接A、B物体，就会有电流流动，即从电势高的带正电体A向电势低的带负电体B有电流流动。也就是说，由电引起的压力使原子内的电子移动形成电流，即使电流流动的压力就是电压。

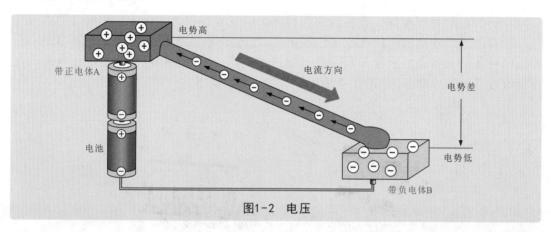

图1-2 电压

因此规定，电压是指电路中带正电体A与带负电体B之间的电势差（简称电压），其大小等于单位正电荷因受电场力作用从带正电体A移动到带负电体B所做的功，电压的方向规定为从高电位指向低电位的方向。

电压的国际单位制为伏特（V），常用的单位还有微伏（μV）、毫伏（mV）、千伏（kV）等，它们与伏特的换算关系为

$$1\mu V = 10^{-6}V \quad 1mV = 10^{-3}V \quad 1kV = 10^{3}V$$

1.2 电路结构

1.2.1 电路的组成

每个电路都具有三个基本量——电压、电流和电阻。这三个量取决于各个器件在实际电路中所处的部位。

1 电路的组件

组成电路的组件包括电能源（电源）、保护设备、导线、控制设备和负载设备。

电源为电路提供电压，使导线中的自由电子移动。电源也常被认为是能量供给。常用的电源分为两种：直流电源（Direct Current，DC）和交流电源（Alternating Current，AC）。

物质中电子的定向运动会形成电流。电源的极性决定了电路中电流的方向，电流的方向被定义为从正极到负极。同时，电源提供的电压大小决定了电路中电流的大小。电路中的电流总是保持相同的方向。这种类型的电源称为直流电源，任何使用直流电源的电路都是直流供电电路，如电池供电电路就是直流供电电路。当电源极性

交替变换时，电路中电流的方向也将交替变化。这种类型的电源称为交流电源，任何使用交流电源的电路都是交流供电电路。

补充说明

对于信号处理电路来说，放大或处理交流信号的电路是交流放大（处理）电路。放大或处理直流信号（或包含直流分量）的电路是直流放大（处理）电路。这个概念与电源供电电路是不同的。

保护设备的目的是保护电路配线和器件。保护设备只允许在安全限制内的电流通过。当有超过额定电流量的电流（过载电流）通过时，保护设备会自动切断电路。常用的两种保护设备是熔断器和断路器（断路开关）。通常保护设备都是电压电源或能量供给设备的组成部分，如图1-3所示。

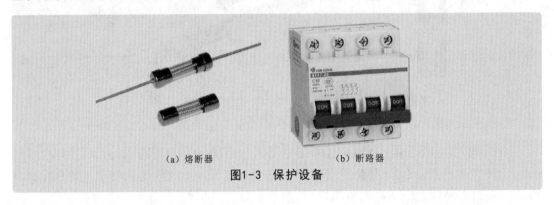

（a）熔断器　　　　　　　　（b）断路器

图1-3　保护设备

导体或导线用于在各部件间形成通路。导线（导体）是为电器元件和设备供电的通路，本身的电阻极小。

控制设备通常被设置在电路中允许用户简单地开启、关闭或切换电流。通常控制设备包括开关、调节装置（温度）和灯的调光器等。

负载是电路的一部分，它实现了电能的转换。负载可以将电能转换为用户所期望的功能或电路的有用功。为了实现其功能，需要将电能转换为其他形式的能。常见的负载设备包括灯、发热机、电阻器、电动机等，如图1-4所示。

图1-4　常见的负载设备

所有传导电流的部件都具有一定量的电阻。然而在大多数电路中，电路导线和电源的电阻很小，甚至为零，因此在负载设备中综合电阻是电路的主要负载电阻。

负载的额定电功率决定它从电源得到的能量。因此，负载这个词既表示负载设备得到的能量，也代表负载设备从电源处消耗的能量。

2 简单电路

通常，电路是由电源、负载和中间环节（导线和开关）三部分组成的。

（1）电源（供能元件）：电路中提供电能的装置，如发电机、电池或蓄电池等。

（2）负载（耗能元件）：在电路中使用（消耗）电能的设备和器件，如电动机、电灯等。

（3）中间环节：电源和负载之间不可缺少的连接、控制和保护部件，如连接导线、开关设备、测量设备及各种继电保护设备等。

电路往往是由电特性相当复杂的元器件组成的，为了便于使用数学方法对电路进行分析，可将电路实体中的各种电器设备和元器件用一些能够表征它们主要电磁特性的理想元件（模型）来代替，而对它实际上的结构、材料、形状等非电磁特性不予考虑。常用的理想元件及符号见表1-1。由理想元件构成的电路叫作电路模型，也叫作实际电路的电路原理图，简称为电路图。

表1-1 常用的理想元件及符号

名称	符号	名称	符号
电阻	○——▭——○	电压表	○——Ⓥ——○
电池	○——┤├——○	接地	⊥
电灯	○——⊗——○	熔断器	○——▭——○
开关	○——／ ——○	电容	○——┤├——○
电流表	○——Ⓐ——○	电感	○——◠◠◠——○

理想电路元件分为无源元件和有源元件两大类。其中，无源元件主要有以下三种：

（1）电阻元件：只具有耗能的电特性；

（2）电感元件：只具有储存磁能的电特性；

（3）电容元件：只具有储存电能的电特性。

有源元件主要有以下两种：

（1）理想电压源：输出电压恒定，输出电流由它和负载共同决定；

（2）理想电流源：输出电流恒定，两端电压由它和负载共同决定。

我们已经知道，电路就是一个可以提供电子流动的闭合通路。简单电路就是只有一个控制设备、一个负载设备和一个电源的电路。例如，一个灯泡、一个电源和一个开关就可以组成一个简单电路。电路中每个部件相互连接，或者用导线首尾相连。整个简单电路用开关来控制其断开或连接。当开关闭合时，电流可以流通，灯泡就亮，如图1-5（a）所示，当灯泡亮起的时候，灯泡处的电压与电源电压相同；当开关断开时，电流被切断，灯泡熄灭，如图1-5（b）所示。

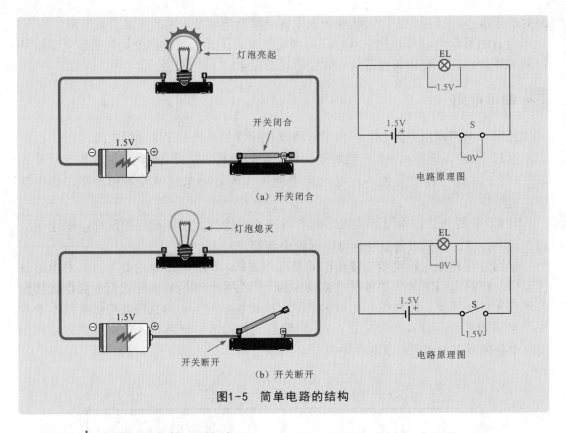

（a）开关闭合

电路原理图

（b）开关断开

电路原理图

图1-5　简单电路的结构

1.2.2　电路的功能及状态

电力系统中，电路可以实现电能的传输、分配和转换，如图1-6所示。电路将电能由电源经导线传输到相应的用电设备，转换成光能、热能和机械能等。此类电路的电压相对较高，电流及功率较大，习惯上被称为"强电"电路。

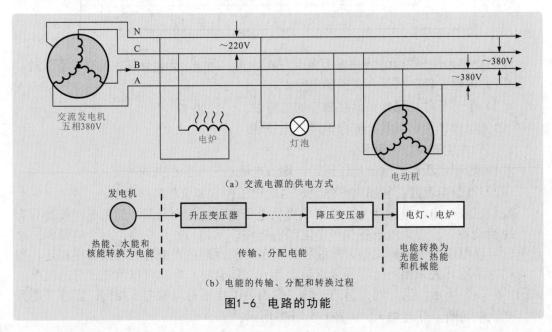

（a）交流电源的供电方式

（b）电能的传输、分配和转换过程

图1-6　电路的功能

电路有通路、开路和短路三种状态，如图1-7所示。

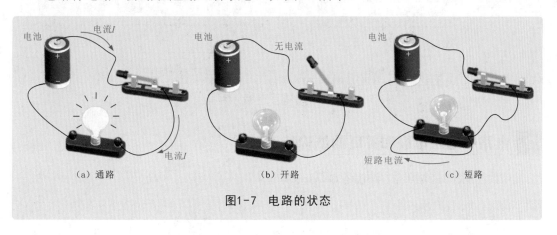

（a）通路　　　　　　　（b）开路　　　　　　　（c）短路

图1-7　电路的状态

（1）通路（闭路）：电源与负载接通，电路中有电流通过，电气设备或元器件获得一定的电压和电功率，进行能量转换。

（2）开路（断路）：电源与负载断开，电路中没有电流通过，又称为空载状态。

（3）短路（捷路）：电源两端被直接连接，电源输入的电流不能供给负载而直接短路。由于电流急增对电源来说属于严重过载，如果电路中没有保护措施，则电源或电器会被烧毁或发生火灾，所以通常要在电路或电气设备中安装熔断器、熔丝等保险装置，以避免发生短路时出现不良后果。

1.3　电路的连接方式与基本定律

1.3.1　电路的连接方式

电路中电源及负载的连接方式多种多样，按其连接方式的不同，通过负载的电压和电流的大小也不相同。

1 电池的串联、并联

如图1-8（a）所示的串联电池组，每个电池的电动势均为E、内阻均为r。如果有n个相同的电池串联，那么整个串联电池组的电动势与等效内阻分别为

$$E_{串}=nE \qquad r_{串}=nr$$

串联电池组的电动势是单个电池电动势的n倍，额定电流相同。

如图1-8（b）所示的并联电池组，每个电池的电动势均为E、内阻均为r。如果有n个相同的电池并联，那么整个并联电池组的电动势与等效内阻分别为

$$E_{并}=E \qquad r_{并}=r/n$$

并联电池组的额定电流是单个电池额定电流的n倍，电动势相同。

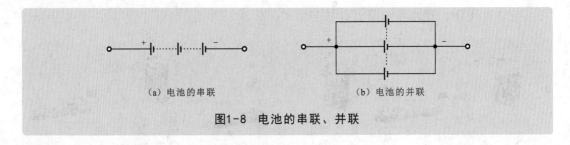

（a）电池的串联　　　　　　　（b）电池的并联

图1-8　电池的串联、并联

2 电路中电阻串联和并联的结构特点

电阻串联和并联的简单电路如图1-9所示。

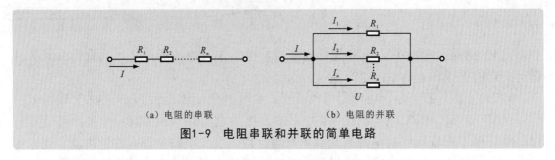

（a）电阻的串联　　　　　　　（b）电阻的并联

图1-9　电阻串联和并联的简单电路

设总电压为U、总电流为I、总功率为P。在串联电路中，有

（1）等效电阻：
$$R=R_1+R_2+\cdots+R_n$$

（2）分压关系：
$$\frac{U_1}{R_1}=\frac{U_2}{R_2}=\cdots=\frac{U_n}{R_n}=\frac{U}{R}=I$$

（3）功率分配：
$$\frac{P_1}{R_1}=\frac{P_2}{R_2}=\cdots=\frac{P_n}{R_n}=\frac{P}{R}=I^2$$

特例：如图1-10所示，当两只电阻串联时，等效电阻$R=R_1+R_2$，则有分压公式

$$U_1=\frac{R_1}{R_1+R_2}U \qquad U_2=\frac{R_2}{R_1+R_2}U$$

$U=15\text{V}$

$R_1=10\text{k}\Omega$　$R_2=5\text{k}\Omega$

$|\leftarrow U_1=10\text{V}\rightarrow|\leftarrow U_2=5\text{V}\rightarrow|$

图1-10　两电阻的串联电路

在并联电路中，有

（1）等效电导：
$$\frac{1}{R}=\frac{1}{R_1}+\frac{1}{R_2}+\cdots+\frac{1}{R_n}$$

（2）分流关系：
$$R_1I_1=R_2I_2=\cdots=R_nI_n=RI=U$$

（3）功率分配：$\qquad R_1P_1=R_2P_2=\cdots=R_nP_n=RP=U_2$

特例：如图1-11所示，当两只电阻并联时，等效电阻 $R=\dfrac{R_1R_2}{R_1+R_2}$ ，则有分流公式

$$I_1=\frac{R_2}{R_1+R_2}I \qquad\qquad I_2=\frac{R_1}{R_1+R_2}I$$

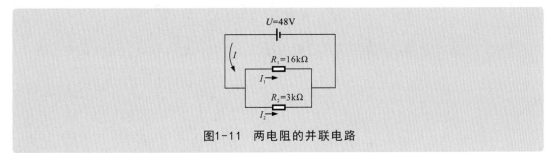

图1-11 两电阻的并联电路

3 电路中电阻混联的结构特点

在电路中，既有电阻的串联关系又有电阻的并联关系，称为电阻混联。对电阻混联电路的分析和计算大体上可以分为以下四个步骤。

（1）整理清楚电路中电阻串联、并联关系，必要时重新画出串联、并联关系明确的电路图。

（2）利用串联、并联等效电阻公式计算出电路中总的等效电阻。

（3）利用已知条件进行计算，确定电路的总电压与总电流。

（4）根据电阻的分压关系和分流关系，逐步推算出各支路的电流或电压。

电阻混联电路如图1-12所示。

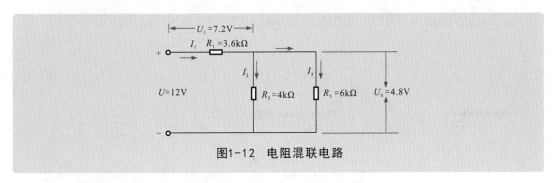

图1-12 电阻混联电路

这个电路中各电阻的关系为：R_2与R_3并联后再与R_1串联，则可知R_2与R_3两端的电压相等，可以将R_2、R_3的阻值等效为R_0的阻值，且有

$$\frac{1}{R_0}=\frac{1}{R_2}+\frac{1}{R_3}$$

即

$$R_0=\frac{R_2R_3}{R_2+R_3}=2.4\text{k}\Omega$$

这个电路可以等效为电阻R_1与电阻R_0的串联电路，则$R_总=R_1+R_0$。电流满足的关系为

$$I_0=I_2+I_3 \text{ 且 } I_总=I_1=I_0$$

即

$$I_总=I_1=I_2+I_3=\frac{U}{R_总}=\frac{U}{R_1+R_0}=\frac{12}{3.6+2.4}=2（\text{mA}）$$

知道$I_总$的大小就可以求得电阻R_1两端电压的大小U_1，进而等效电阻R_0的电压为：

$$U_0=U-U_1=4.8V$$

则有

$$I_2=\frac{U_0}{R_2}=\frac{4.8}{4}=1.2（\text{mA}） \qquad I_3=\frac{U_0}{R_3}=\frac{4.8}{6}=0.8（\text{mA}）$$

1.3.2 | 欧姆定律（电流、电压与电阻的关系）

在直流电路中，电流的方向被定义为从正极流向负极。

欧姆定律表示了电压（E）与电流（I）及电阻（R）之间的关系。欧姆定律可定义如下：电路中的电流（I）与电路中的电压（E）成正比，与电阻（R）成反比。

如图1-13所示的电路明确地表示出了电压与电流的关系。三个电路中的电阻相同（10Ω），当电路中电压增大到30V或减小到10V时，电流值也会按照同样的比例增大到3A或减小到1A，所以电流与电压成正比。

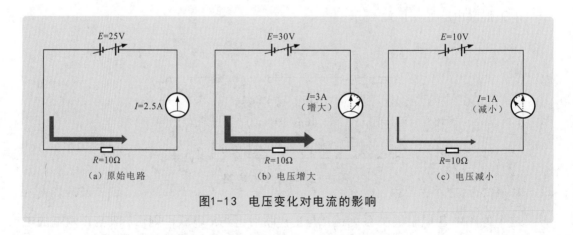

图1-13 电压变化对电流的影响

如果电路中电压保持不变，则电流将随电阻的改变而改变，只是比例相反，如图1-14所示。三个电路的电压相同（25V），当电阻从10Ω增大到20Ω时，电流从2.5A减小到1.25A；当电阻从10Ω减小到5Ω时，电流从2.5A增大到5A，所以电流与电阻成反比。

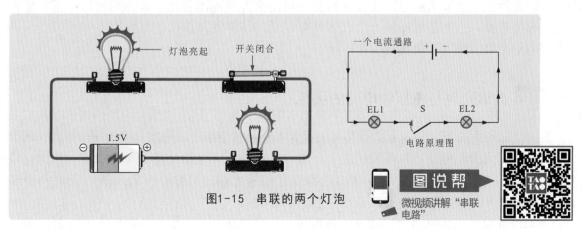

$E=25V$ $I=2.5A$ I（电流） $R=10Ω$

（a）原始电路

$E=25V$ $I=1.25A$ （减小） $R=20Ω$

（b）电阻增大

$E=25V$ $I=5A$ （增大） $R=5Ω$

（c）电阻减小

图1-14　电阻变化对电流的影响

在数学上，欧姆定律可以表示为三个公式：一个基本公式和两个由基本公式导出的公式，见表1-2。只要知道电压、电流、电阻这三个值中任意的两个值，通过这三个公式就可以得到第三个值。

表1-2　欧姆定律公式

电流的计算公式	电压的计算公式	电阻的计算公式
$I=E/R$	$E=I×R$	$R=E/I$
电流等于电压除以电阻	电压等于电流乘以电阻	电阻等于电压除以电流

1 串联电路与电压和电流的关系

如果电路中两个或多个负载首尾相连，那么称它们的连接状态是串联的，如图1-15所示，这类电路称为串联电路，串联电路中通过每个负载的电流量相同。同时，在串联电路中只有一个电流通路。当开关断开或电路的某一点出现问题时，整个电路将变成断路。

灯泡亮起　开关闭合

一个电流通路

EL1　S　EL2

电路原理图

1.5V

图1-15　串联的两个灯泡

图说帮

微视频讲解"串联电路"

在串联电路中流过负载的电流相同，各个负载将分担电源电压。例如，如果一个电路中有三个相同的灯泡串联在一起，那么每个灯泡将得到三分之一的电源电压量，如图1-16所示。每个串联的负载可以分到的电压量与它自身的电阻有关。串联时，自身电阻较大的负载会得到较大的电压值。

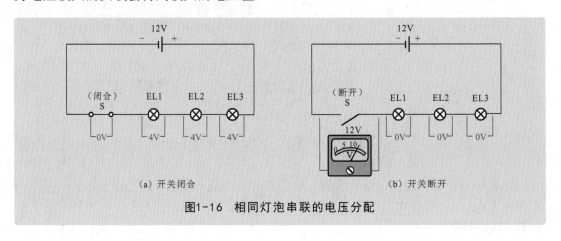

图1-16　相同灯泡串联的电压分配

因此，在串联电路中有

$$U_{总}=U_1+U_2+\cdots+U_n$$

$$I_{总}=I_1=I_2=\cdots=I_n$$

一些节日的彩灯，像树上挂的多个灯泡和供电电路就是多个负载的串联电路。对于这些灯泡而言，如果其中的一个灯泡坏掉了，则其他灯泡将无法点亮。因为每个灯泡完全一样，所以每个灯泡分配到的电压也一样。串联灯泡的个数决定了电路中每个灯泡的额定电压。越多的灯泡串联在一起，每个灯泡的额定电压越低。例如，如果有10个灯泡串联在一起，它们的工作电压为220V，那么每个灯泡需要至少有22V的额定电压（220V/10）。

两个或更多的控制设备也能以串联方式相互连接，其连接方式与负载连接方式相同，也是首尾相连。以串联方式连接的控制设备称为"与"（AND）类型控制电路。以串联方式连接的控制设备常用于电气控制系统。出于某些安全因素，两个串联的开关常用于工业冲床机中。工作人员必须将两个开关都闭合才可以开动机器；而如果想关闭机器，只需任意断开一个开关就可以了，这样就可以在一定程度上保护工作人员的手不会因冲床机而受到伤害。

2　并联电路与电压和电流的关系

如果两个或两个以上负载其两端都与电源两端相连，这种方式称为并联方式。这个电路称为并联电路。在并联状态下，每个负载的工作电压都等于电源电压，如图1-17所示。这种连接方式常用于家用电器及灯泡等配线。家庭电压为220V，因此每个家用电器及灯泡的额定电压都必须是220V。如果接入一个工作电压较小的设备，如一个额定电压为100V的设备，那么将烧坏设备；如果接入一个工作电压较大的设备，如一个工作电压为380V的设备，那么将导致供电电压不足，该设备无法正常工作。

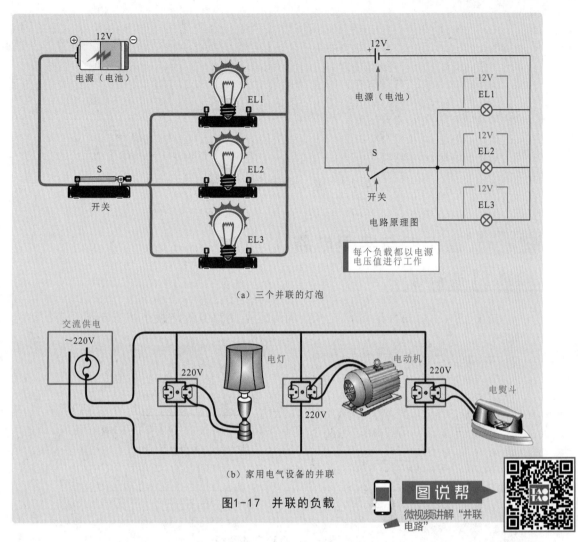

（a）三个并联的灯泡

每个负载都以电源
电压值进行工作

电路原理图

（b）家用电气设备的并联

图1-17 并联的负载

图说帮

微视频讲解"并联
电路"

　　并联电路中每个设备的电压都相同。然而，每个设备处流过的电流由于它们的电阻不同而不同，它们的电流和它们的电阻成反比，即设备的电阻越大，流经设备的电流越小。

　　因此，在并联电路中有

$$U_总 = U_1 = U_2 = \cdots = U_n$$

$$I_总 = I_1 + I_2 + \cdots + I_n$$

　　当并联电路中的负载设备工作时，每个负载相对其他负载都是独立的。因为在并联电路中，有多少个负载就有多少条电流通路。例如，将两个灯泡并联，就有两条电流通路，当其中一个灯泡坏掉了，另一个灯泡仍然能正常工作，如图1-18所示。

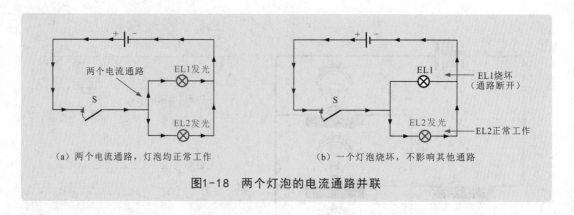

（a）两个电流通路，灯泡均正常工作　　　（b）一个灯泡烧坏，不影响其他通路

图1-18　两个灯泡的电流通路并联

1.4　直流电与实用电路

1.4.1　直流电

如图1-19所示，直流电是指电流方向固定不变的电流，大小和方向都不变的称为"恒流电"。

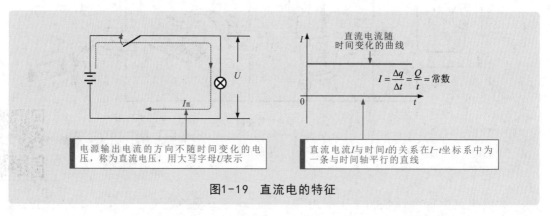

图1-19　直流电的特征

一般由电池、蓄电瓶等产生的电流为直流，即电流的大小和方向不随时间变化，也就是说其正、负极始终不改变，记为DC或dc。

$$I = \frac{\Delta q}{\Delta t} = \frac{Q}{t} = 常数$$

1.4.2　直流电路

由直流电源作用的电路称为直流电路，它主要是由直流电源和负载构成的闭合电路。一般将可提供直流电的装置称为直流电源，它是一种形成并保持电路中有恒定直流电的供电装置，如干电池、蓄电池、直流发电机等直流电源。直流电源有正、负两极，当直流电源为电路供电时，直流电源能够使电路两端之间保持恒定的电位差，从而在所作用的电路中形成由直流电源正极经负载（如直流电动机、灯泡、发光二极管等）再回到负极的直流电流，如图1-20所示。

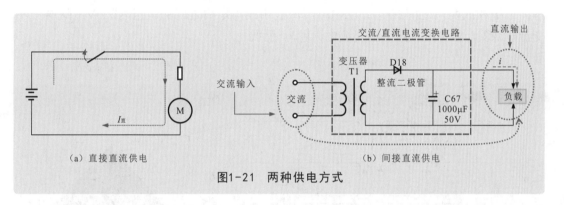

图1-20 直流电路

直流供电的方式根据直流电源类型不同，主要有电池直接供电、交流/直流电流变换电路供电两种方式，如图1-21所示。

（a）直接直流供电 　　　　　　（b）间接直流供电

图1-21 两种供电方式

干电池、蓄电池都是家庭常见的直流电源，由这类电池供电是直流电路最直接的供电方式。

一般采用直流电动机的小型电器产品、小灯泡、指示灯及大多电工用仪表类设备［万用表、钳形电流表（简称钳形表）等］都采用这种供电方式。

家用电子产品一般都连接220V交流电源，而电路中的单元电路及功能部件多需要直流方式供电，因此，若想使家用电子产品的各电路及功能部件正常工作，首先就需要通过交流/直流变换电路将输入的220V交流电压变换成直流电压。

1.5 交流电与实用电路

1.5.1 单相交流电与单相交流电路

单相交流供电方式是电工用电中最常见的一种电流形式。交流电一般是指大小和方向会随时间作周期性变化的电流，交流电是由交流发电机产生的。

单相交流电是以一个交变电动势作为电源的电力系统。在单相交流发电机中，只有一个线圈绕制在铁芯上构成定子，转子是永磁体，当其内部的定子和线圈为一组时，它所产生的感应电动势（电压）也为一组（相），由两条线进行传输，这种电源就是单相交流电，单相交流电的产生如图1-22所示。

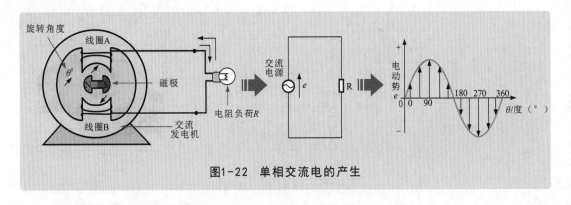

图1-22　单相交流电的产生

家庭中所使用的单相交流电往往是三相电源分配过来的。

供配电系统送来的电源由三根相线和一根零线（又称中性线）构成，如图1-23所示。三根相线两两之间的电压为380V，每根相线与零线之间的电压为220V。这样三相交流电源就可以分成三组单相交流电给用户使用。

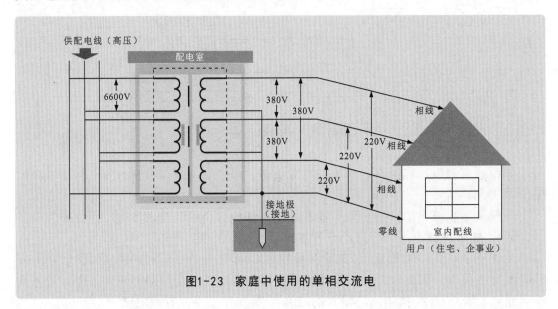

图1-23　家庭中使用的单相交流电

在单相交流供电系统中，根据电路接线方式不同，有单相两线式和单相三线式两种方式。

单相两线式仅由一根相线（L）和一根零线（N）构成，通过两根线获取220V单相电压，为用电设备供电。

一般的家庭照明支路和两孔插座多采用单相两线式供电方式，如图1-24所示。

单相三线式是在单相两线式的基础上添加一根地线，即由一根相线、一根零线和一根地线构成。其中，地线与相线之间的电压为220V，零线与相线之间的电压为220V。由于不同接地点存在一定的电位差，因此零线与地线之间可能有一定的电压。

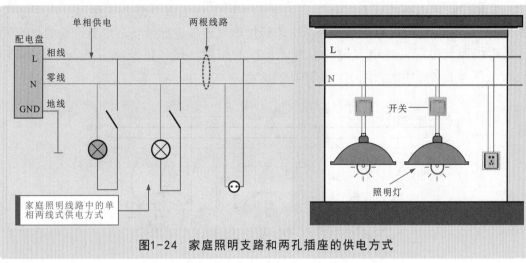

图1-24 家庭照明支路和两孔插座的供电方式

在家庭用电中，空调器支路、厨房支路、卫生间支路、插座支路多采用单相三线式供电方式，如图1-25所示。

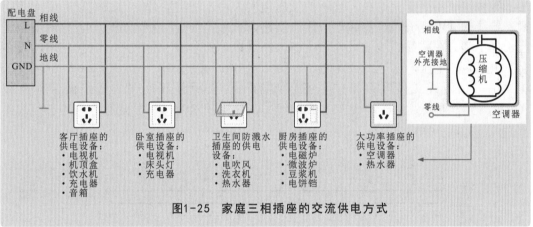

图1-25 家庭三相插座的交流供电方式

1.5.2 三相交流电与三相交流电路

三相交流电是大部分电力传输即供电系统、工业和大功率电力设备所需要的电源，我们先了解其供电方式及三相交流电的产生，在此基础上进一步理解三相交流电供电的几种常见方式及应用范围等，如图1-26所示。

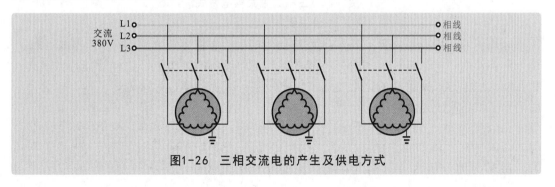

图1-26 三相交流电的产生及供电方式

三相四线式供电方式与三相三线式供电方式不同的是从配电系统多引出一条零线。接上零线的电气设备在工作时，电流经过电气设备进行做功，没有做功的电流就可经零线回到电厂，对电气设备起到了保护的作用，这种供配电方式常用于380V/220V低压动力与照明混合配电，如图1-27所示。

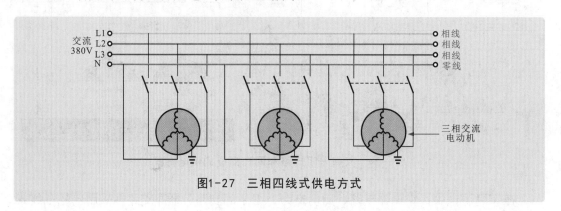

图1-27　三相四线式供电方式

在三相四线式供电方式中，当三相负载不平衡或低压电网的零线过长且阻抗过大时，零线将有零序电流通过，过长的低压电网，由于环境恶化、导线老化、受潮等因素，导线的漏电电流通过零线形成闭合回路，致使零线也带一定的电位，这对安全运行十分不利。在零线断线的特殊情况下，断线以后的单相设备和所有保护接零的设备会产生危险的电压，这是不允许的。

在三相四线式供电系统中，把零线的两个作用分开，即一根线做工作零线（N），另一根线做保护零线（PE或地线），这样的供电接线方式称为三相五线式供电方式，如图1-28所示。

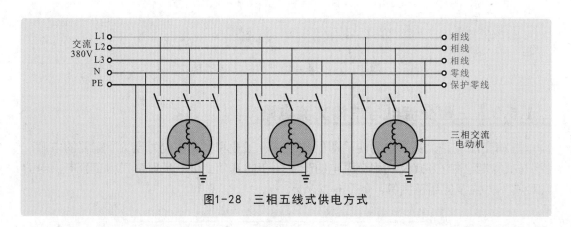

图1-28　三相五线式供电方式

采用三相五线式供电方式，用电设备上所连接的工作零线（N）和保护零线（PE）是分别铺设的，工作零线上的电位不能传递到用电设备的外壳上，这样就能有效隔离三相四线式供电方式所造成的危险电压，用电设备外壳上的电位始终处在"地"电位，从而消除了设备产生危险电压的隐患。

在发电机中，三组感应线圈的公共端作为供电系统的参考零点，引出线称为中线，另一端与中线之间有额定的电压差，称为相线。一般情况下，中线是以大地作为导体的，故其对地电压为零，称为零线。因此相线对地线必然形成一定的电压差，可以形成电流回路。正常供电回路由相线和零线（中线）形成。地线是仪器设备的外壳或屏蔽系统就近与大地连接的导线，其对地电阻小于4Ω，它不参与供电回路，主要起保护操作人员的人身安全或抗干扰作用。中线和大地的连接问题会导致用电端中线对地电压大于零，因此三相五线式将中线和地线分开对消除安全隐患具有重要意义，如图1-29所示。

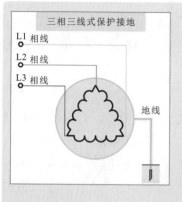
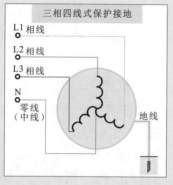
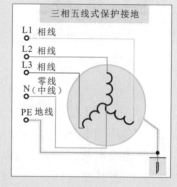

图1-29 三相多线式的接线方式

1.6 电能与电功率

1.6.1 电能

能量被定义为做功的能力。它以各种形式存在，包括电能、热能、光能、机械能、化学能和声能等。电能是指电荷移动所承载的能量。

电能的转换是在电流做功的过程中进行的。因此，电流做功所消耗电能的多少可以用电功来度量

$$W=UIt$$

式中：为功，单位是J；U为电压，单位是V；I为电流，单位是A；t为时间，单位是h。

日常生产和生活中，电能（或电功）也常用"度"作为单位。家庭用电表如图1-30所示，是计量一段时间内家庭内所有电器耗电（电功）的总和（1度=1kW·h=1kV·A·h）。

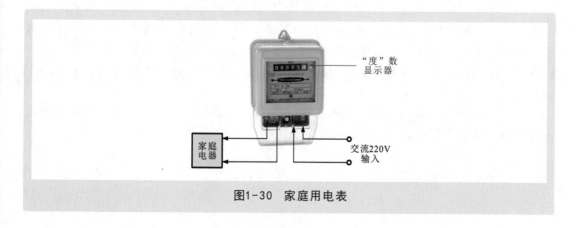

图1-30 家庭用电表

我们日常生活中使用的电能主要来自其他形式能量的转换，包括水能（水力发电）、热能（火力发电）、原子能（原子能发电）、风能（风力发电）、化学能（电池）及光能（光电池、太阳能电池等）等。电能也可以转换成其他所需的能量形式。它可以采用有线或无线的形式进行远距离的传输。

1.6.2 电功率

功率是指做功的速率或是利用能量的速率。电功率是指电流在单位时间内所做的功，以字母P表示，即

$$P = W/t = UIt/t = UI$$

式中，U的单位为V，I的单位为A，P的单位为W，t的单位为s。例如，灯泡的功率标示为"220V 100W"，即表示它的额定电压为交流220V、功率为100W。

电功率也常用千瓦（kW）、毫瓦（mW）来表示，如某电极的功率标识为2kW，表示其耗电功率为2kW，也有用马力（PS）来表示的（非标准单位），它们之间的关系是

$$1kW = 10^3 W$$
$$1mW = 10^{-3} W$$
$$1PS = 0.735kW$$
$$1kW = 1.36PS$$

根据欧姆定律，电功率的表达式还可以转化为

$$P = I^2 R$$
$$P = U^2/R$$

由上式可以看出：

（1）当流过负载电阻的电流一定时，电功率与电阻值成正比。

（2）当加在负载电阻两端的电压一定时，电功率与电阻值成反比。

大多数电力设备标有电瓦数或额定功率，如电烤箱上标有"220V 1200W"字样，则1200W为其额定功率。额定功率即是电气设备安全正常工作的最大功率。电气设备正常工作时的电压叫额定电压，如AC 220V，即交流220V供电的条件。在额定电压下的电功率叫额定功率。实际加在电气设备两端的电压叫实际电压，在实际电压下的电功率叫实际功率。只有在实际电压恰好与额定电压相等时，实际功率才等于额定功率。

在一个电路中，额定功率大的设备实际的消耗功率不一定大，应由设备两端的实际电压和流过实际设备的实际电流决定。

本章系统介绍电子元器件基础知识。

- ● 电阻器
- ● 电容器
- ● 电感器
- ● 二极管
- ● 三极管
- ● 场效应晶体管
- ● 晶闸管
- ● 集成电路

第2章
电子元器件

2.1 电阻器

物体对电流通过的阻碍作用称为电阻，利用这种阻碍作用做成的元器件称为电阻器，简称电阻，如图2-1所示为几种常见电阻器的实物外形。在电子设备中，电阻器是使用最多也是最普遍的元器件之一。

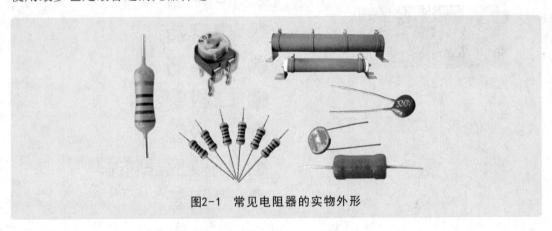

图2-1　常见电阻器的实物外形

2.1.1 电阻器的种类特点

电阻器按其特性可分为固定电阻器、可变电阻器和特殊电阻器。

1 固定电阻器

固定电阻器的种类繁多，其外形和电路符号如图2-2所示，代号为R的是电阻器，只有两根引脚沿中心轴伸出，一般情况下不分正、负极性。

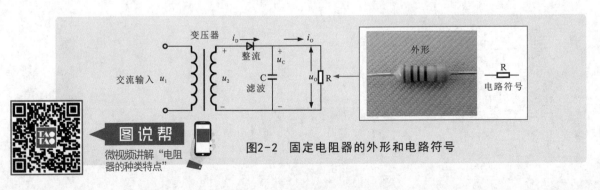

图说帮
微视频讲解"电阻器的种类特点"

图2-2　固定电阻器的外形和电路符号

固定电阻器按照其结构和外形可以分为线绕电阻器和非线绕电阻器两大类。功率比较大的电阻器常常采用线绕电阻器，线绕电阻器是用镍铬合金、锰铜合金等电阻丝绕在绝缘支架上制成的，其外面涂有耐热的釉绝缘层。非线绕电阻器又可以分为薄膜电阻器和实心电阻器两大类。

（1）薄膜电阻器。薄膜电阻器是利用蒸镀的方法将具有一定电阻率的材料蒸镀在绝缘材料表面制成，功率比较大。由于蒸镀材料不同，因此薄膜电阻器有碳膜电阻器、金属膜电阻器和金属氧化物膜电阻器之分。

（2）实心电阻器。实心电阻器是由有机导电材料（碳黑、石墨等）或无机导电材料及一些不良导电材料混合并加入黏合剂后压制而成的。实心电阻器的成本低，但阻值误差大，稳定性差。

2 可变电阻器

可变电阻器一般有三个引脚，包括两个定片引脚和一个动片引脚，设有一个调整口，通过它可以改变动片，从而改变该电阻器的阻值。其外形和电路符号如图2-3所示。

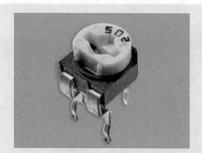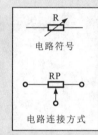

图2-3 可变电阻器的外形和电路符号

可变电阻器的最大阻值就是与可变电阻器的标称阻值十分相近的阻值；最小阻值就是该可变电阻器的最小阻值，一般为0。该类电阻器的实际阻值在最小阻值与最大阻值之间随调整旋钮的变化而变化。

在电子设备中，电位器也是一种常见的可变电阻器，它适用于阻值经常调整且要求稳定可靠的场合。

电位器在电路图中用RP表示或简写成R，图2-4所示为电位器的等效电路及电路符号。从图2-4中可以看出，电位器有3个引出端，其中两个为固定端（1、3端），其间阻值最大；一个为活动端（2端）。活动端是一个与轴相连的簧片，簧片与电阻片弹性接触。转动轴可以改变触点位置，从而可以改变1、2点间和2、3点间的阻值。

3 特殊电阻器

在电路中，根据电路实际工作的需要，一些特殊电阻器在电路板上发挥着其特殊的作用，如熔断电阻器、水泥电阻器、敏感电阻器等。

1 熔断电阻器

熔断电阻器又叫保险丝电阻，其外形和电路符号如图2-5所示，是一种具有电

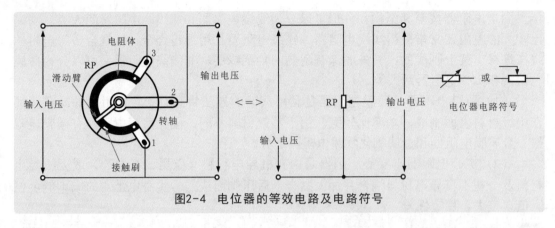

图2-4　电位器的等效电路及电路符号

阻和过流保护熔丝双重作用的元件。在正常情况下具有普通电阻器的电气功能，在电子设备当中常常采用熔断电阻器，从而起到保护其他元器件的作用。它会在电流较大的情况下自行熔断，从而保护整个设备不过载。

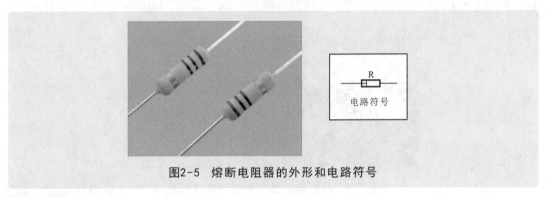

图2-5　熔断电阻器的外形和电路符号

② 水泥电阻器

水泥电阻器采用陶瓷、矿质材料包封，具有优良的绝缘性能，散热好，功率大，具有优良的阻燃、防爆特性。内部电阻丝选用康铜、锰铜、镍铬等合金材料，有较好的稳定性和过负载能力。电阻丝同焊脚引线之间采用压接方式，在负载短路的情况下，可以迅速在压接处熔断，在电路中起限流保护的作用，其外形和电路符号如图2-6所示。

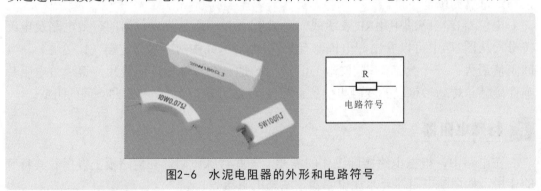

图2-6　水泥电阻器的外形和电路符号

③ 敏感电阻器

敏感电阻器是指器件特性对温度、电压、湿度、光照、气体、磁场、压力等作用敏感的电阻器，主要用作传感器。常见的敏感电阻器有压敏电阻器、热敏电阻器、湿敏电阻器和光敏电阻器等，其外形和电路符号如图2-7所示。

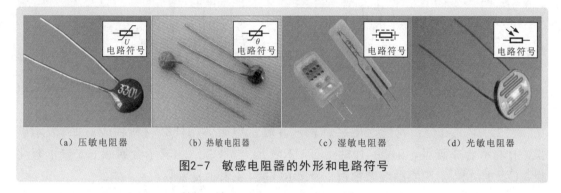

（a）压敏电阻器　　　　（b）热敏电阻器　　　　（c）湿敏电阻器　　　　（d）光敏电阻器

图2-7　敏感电阻器的外形和电路符号

2.1.2 电阻器的功能及参数

不同阻值的电阻器串联起来可以构成分压电路，为其他电子元器件提供所需的多种电压；电阻器串接在负载中可以起到限流作用；电阻器与电容器组合可以构成滤波电路，可以降低电源供电中的波动。

电阻器阻值用字母R表示。其度量单位是欧姆，用字母Ω表示。并且规定电阻器两端加1V的电压，通过它的电流为1A时，定义该电阻器的阻值为1Ω。在实际的应用中，单位还有kΩ和MΩ，它们之间的换算关系为1MΩ=10^3kΩ=$10^6\Omega$。

电阻器的主要参数有标称阻值、允许偏差和额定功率等。

1 标称阻值

标称阻值是指电阻器表面上标注的电阻值，其单位为Ω（对于热敏电阻，则指25℃时的阻值）。电阻器的标称阻值不是随意选定的，为了便于工业上大量生产和使用，国家标准规定了系列标称阻值。

2 允许偏差

电阻器的允许偏差是指电阻器的实际阻值对于标称阻值所允许的最大偏差范围，它标志着电阻器的阻值精度。

3 额定功率

额定功率是指电阻器在直流或交流电路中，当在一定大气压力下（87～107kPa）和在产品标准中规定的温度下（-55～125℃），长期连续工作所允许承受的最大功率。

2.1.3 电阻器的命名及标识

1 电阻器的命名

根据我国国家标准规定，固定电阻器型号命名由四部分构成（不适用于敏感电阻器）。固定电阻器型号命名格式如图2-8所示。

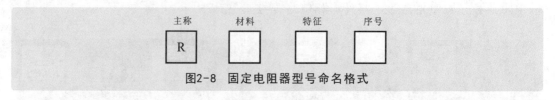

| 主称 | 材料 | 特征 | 序号 |

图2-8　固定电阻器型号命名格式

（1）第一部分：主称，用字母表示，表示产品的名字。如R表示电阻，W表示电位器。

（2）第二部分：材料，用字母表示，表示电阻体用什么材料制成。如T表示碳膜、H表示合成碳膜、S表示有机实芯、N表示无机实芯、J表示金属膜、Y表示氧化膜、C表示沉积膜、I表示玻璃釉膜、X表示线绕、F表示复合膜。

（3）第三部分：特征，一般用数字表示，个别用字母表示。1表示普通、2表示普通或阻燃、3表示超高频、4表示高阻、5表示高温、7表示精密、8表示高压、9表示特殊、G表示高功率、T表示可调、C表示防潮、L表示测量、X表示小型、B表示不燃性。

（4）第四部分：序号，用数字表示，表示同类产品中不同品种，以区分产品的外形尺寸和性能指标等。如RTG6表示6号高功率碳膜固定电阻器。

2　电阻器阻值的标识方法

最常见的电阻器阻值的标识方法有直标法和色标法两种。

1　电阻器阻值的直标法

直标法就是将电阻器的类别、标称阻值、允许偏差、额定功率及其他主要参数的数值等直接标识在电阻器的外表面上，具体示例如图2-9所示。

图2-9　电阻器阻值直标法

其中，标称阻值的单位符号有R、K、M、G，它们各自表示的意义如下

$$R=\Omega \qquad K=k\Omega=10^3\Omega \qquad M=M\Omega=10^6\Omega \qquad G=G\Omega=10^9\Omega$$

单位符号在电阻器上标注时，单位符号代替小数点进行描述。例如，

0.68Ω的标称阻值在电阻器外壳表面上标成"R68"；

3.6Ω的标称阻值在电阻器外壳表面上标成"3R6"；

3.6kΩ的标称阻值在电阻器外壳表面上标成"3K6"；

3.32GΩ的标称阻值在电阻器外壳表面上标成"3G32"。

允许偏差用字母或数字表示，表示电阻器实际阻值与标称阻值之间允许的最大偏差范围。其字母表示的含义见表2-1。

表2-1　电阻器允许误差的字母和含义

字母	含义	字母	含义	字母	含义	字母	含义
Y	±0.001%	P	±0.02%	D	±0.5%	K	±10%
X	±0.002%	W	±0.05%	F	±1%	M	±20%
E	±0.005%	B	±0.1%	G	±2%	N	±30%
L	±0.01%	C	±0.25%	J	±5%		

由表2-1可知，图2-9所示的电阻器标识为"RSF-3 6K8J"，其中R表示普通电阻器；S表示有机实心电阻器；F表示复合膜电阻器；3表示超高频电阻器；序号省略未标；6K8表示阻值大小；J表示允许误差±5%。因此，该阻值标识的含义为超高频、有机实心复合膜电阻器，阻值为6.8×(1±5%)kΩ。通常电阻器的直标采用的是简略方式，也就是只标识重要的信息，而不是所有的信息都会被标识出来。

② 电阻器阻值的色标法

电阻器阻值的色标法是将电阻器的参数用不同颜色的色带或色点标示在电阻器表面上的标识方法。国外电阻器大部分采用色标法。

常见的电阻器阻值色标法有4条色环标识和5条色环标识。

当电阻器用4条色环标识时，最后一环必为金色或银色，前两位为有效数字，第三位为倍乘数，第四位为偏差。

当电阻器用5条色环标识时，最后一环与前面四环距离较大，前三位为有效数字，第四位为倍乘数，第五位为偏差。

电阻器上不同颜色的色环代表的意义不同，相同颜色的色环排列在不同位置上的意义也不同，如图2-10所示。

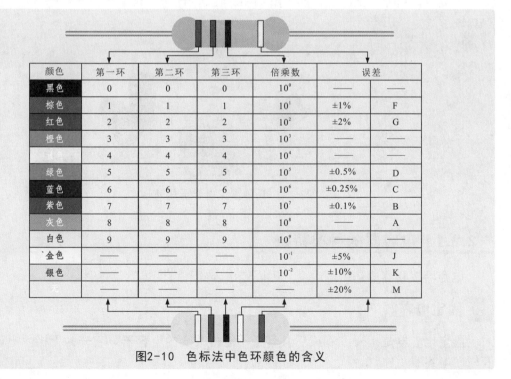

颜色	第一环	第二环	第三环	倍乘数	误差	
黑色	0	0	0	10^0	──	
棕色	1	1	1	10^1	±1%	F
红色	2	2	2	10^2	±2%	G
橙色	3	3	3	10^3		
黄色	4	4	4	10^4		
绿色	5	5	5	10^5	±0.5%	D
蓝色	6	6	6	10^6	±0.25%	C
紫色	7	7	7	10^7	±0.1%	B
灰色	8	8	8	10^8		A
白色	9	9	9	10^9		
金色	──	──	──	10^{-1}	±5%	J
银色	──	──	──	10^{-2}	±10%	K
无	──	──	──	──	±20%	M

图2-10　色标法中色环颜色的含义

例如，图2-11所示为有5条色环标识的电阻器，其色环颜色依次为橙、蓝、黑、棕、金。"橙色"表示有效数字3；"蓝色"表示有效数字6；"黑色"表示有效数字0；"棕色"表示倍乘数10^1；"金色"表示允许误差±5%。因此，该阻值标识为$360×10^1×(1±5\%)Ω=3600×(1±5\%)Ω=3.6×(1±5\%)kΩ$。

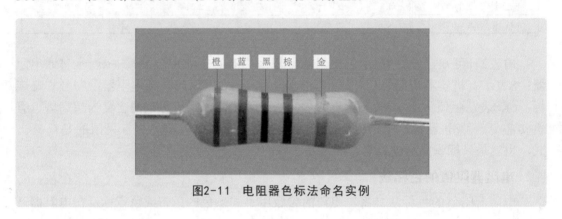

图2-11 电阻器色标法命名实例

2.2 电容器

电容器也是电子设备中大量使用的电子元器件之一，被广泛应用于隔直、耦合、旁路、滤波、调谐回路、能量转换、控制电路等方面。

电容器的构成非常简单，两个互相靠近的导体，中间夹一层不导电的绝缘介质，就构成了电容器，简称电容。电容是一种可储存电荷的元器件，可以通过电路元件进行充电和放电，而且电容的充、放电都需要有一个过程和时间。任何一种电子产品都少不了电容。几种常见电容器的外形如图2-12所示。

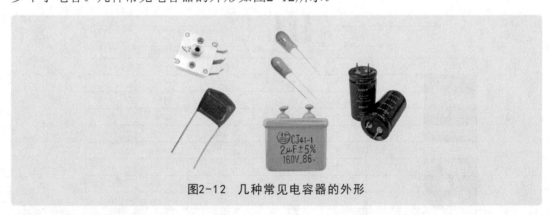

图2-12 几种常见电容器的外形

2.2.1 电容器的种类特点

电容器按其容量是否可改变分为固定电容器和可变电容器两种。

1 固定电容器

固定电容器是指一经制成后其容量不能再改变的电容器。它分为无极性电容器和有极性电容器两种。

　　无极性电容器是指电容器的两个金属电极没有正、负极性之分，使用时电容器两极可以交换连接。常见的无极性电容器主要有纸介电容器、瓷介电容器、云母电容器、涤纶电容器、玻璃釉电容器、聚苯乙烯电容器等，如图2-13所示。

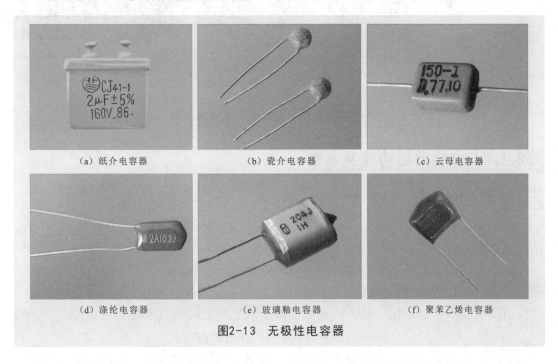

(a) 纸介电容器　　　　　(b) 瓷介电容器　　　　　(c) 云母电容器

(d) 涤纶电容器　　　　　(e) 玻璃釉电容器　　　　　(f) 聚苯乙烯电容器

图2-13　无极性电容器

　　有极性电容器是指电容的两极有正、负极性之分，使用时一定要正极连接电路的高电位、负极连接电路的低电位，否则会导致电容器的损坏。

　　流行的电解电容器均为有极性电容器。按电极材料的不同可以分为铝电解电容器和钽电解电容器等，如图2-14所示。

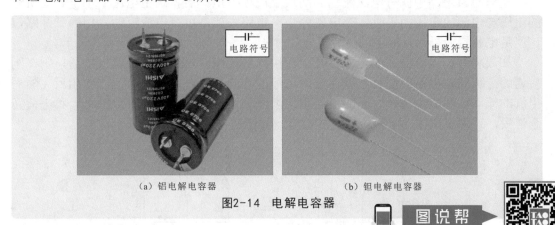

电路符号

电路符号

(a) 铝电解电容器　　　　　　　(b) 钽电解电容器

图2-14　电解电容器

图说帮

微视频讲解"电容器的种类特点"

2　可变电容器

　　容量可以调整的电容器称为可变电容器。可变电容器按介质不同可以分为空气介质器和有机薄膜介质器两种；而按结构又可以分为单联、双联，甚至三联、四联等。可变电容器的外形及电路符号如图2-15所示。

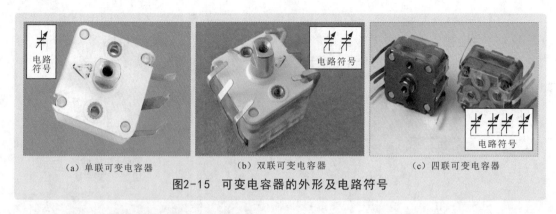

（a）单联可变电容器　　　　（b）双联可变电容器　　　　（c）四联可变电容器

图2-15　可变电容器的外形及电路符号

2.2.2 │ 电容器的功能及参数

1 电容器的功能

电容器的功能有稳定电压、隔离直流、与电阻器或电感器同时使用形成谐振电路（时间常数电容）等。

电容器的电容量是指加上电压后储存电荷的能力。相同电压下，储存电荷越多，电容量越大。度量电容量大小的单位为法拉，简称法，用字母F表示。但实际中更多地使用微法（μF）、纳法（nF）或皮法（pF），它们之间的关系是

$$1F=10^6\mu F=10^9 nF=10^{12}pF$$

把两块金属板相对平行地放置，不互相接触，这样就构成了一个简单的电容器。如果用金属板的两端分别接到电源的正、负极，那么接正极金属板上的电子就会被电源的正极吸引过去；而接负极的金属板就会从电源的负极得到电子。这种现象就称为电容器的"充电"，如图2-16（a）所示。

充电时，电路中就有电流流动。两块金属板有电荷后就产生电压，当电容器所充的电压与电源的电压相等时，充电就停止。电路中就不再有电流流动，相当于开路，这就是电容器能隔断直流电的道理。

如果将接在电容器上的电源移开，而用导线把电容器的两个金属板接通，则在刚接通的一瞬间，电路中便有电流通过，电流的方向与原充电时的电流方向相反。随着电流的流动，两块金属板之间的电压也逐渐降低，直到两块金属板上的正、负电荷完全消失，这种现象称为电容器的"放电"，如图2-16（b）所示。

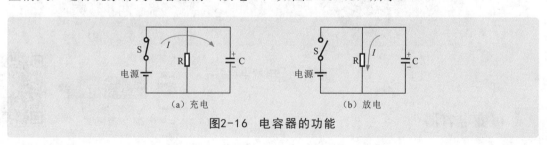

（a）充电　　　　　　　　　　（b）放电

图2-16　电容器的功能

如果电容的两块金属板接上交流电，因为交流电的大小和方向在不断地变化着，电容两端也必然交替地进行充电和放电，所以电路中就不停地有电流流动，这就是电容能通过交流电的原理。

2 电容器的主要参数

1 标称容量

标志在电容器上的电容量称为标称容量。

2 允许偏差

电容的实际容量与标称容量存在一定的偏差，电容的标称容量与实际容量的允许最大偏差范围称为电容量的允许偏差。电容的偏差通常分3个等级，即Ⅰ级（误差±5%）、Ⅱ级（误差±10%）和Ⅲ级（误差±20%）。

3 额定工作电压

额定工作电压是指电容在规定的温度范围内，能够连续可靠工作的最高电压，有时又分为额定直流工作电压和额定交流工作电压（有效值）。额定电压是一个参数，在使用中，如果工作电压大于电容的额定电压，电容就会损坏，表现为击穿故障。

4 频率特性

电容的频率特性是指电容在交流电路工作（高频工作）时，其电容量等参数随电场频率而变化的性质。

2.2.3 电容器的命名及标识

1 电容器的命名

根据国家标准规定，电容型号命名由四部分构成（不使用于压敏、可变、真空电容），依次分别代表产品名称、材料、分类和序号，如图2-17所示。

图2-17 电容器型号的命名格式

（1）第一部分：主称，用字母表示，电容用C表示。

（2）第二部分：材料，用字母表示。A表示钽电解、B表示聚苯乙烯等非极性有机薄膜、C表示高频陶瓷、D表示铝电解、E表示其他材料电解、G表示合金电解、H表示纸膜复合、I表示玻璃釉、J表示金属化纸介、L表示聚酯等极性有机薄膜、N表示铌电解、O表示玻璃膜、Q表示漆膜、T表示低频陶瓷、V表示云母纸、Y表示云母、Z表示纸介。

（3）第三部分：特征，一般用数字表示，个别用字母表示。G表示高功率型、J表示金属化型、Y表示高压型、W表示微调型。用数字表示的分类比较复杂，对于不同类型的电容，每个数字表示的含义也不相同，这里不再一一列举，遇到具体问题，可查阅相关资料。

（4）第四部分：序号，用数字表示。

例如，CGJ5表示的意思是5号、金属化型、合金电解电容。

2 电容器的标识方法

电容容量的标识方法通常采用直标法，就是指用数字和单位符号将容量及主要参数等直接标识在电容外壳上。

例如，图2-18所示的电容标识为"CJ41-1 2μF±5% 160V_86"，其中，C表示电容；J表示金属化纸介；4表示电容类型；1表示序号；2μF表示容量；±5%表示电容允许偏差。因此，该电容标识的含义为金属化纸介电容器，大小为2×（1±5%）μF。通常电容的直标法采用的是简略方式，只标识重要的信息，并不是所有的信息都会被标识出来。而有些电容还会标识其他参数，如额定工作电压，图2-18中的"160V"就表示该电容的额定电压。

图2-18 电容器直标法的命名实例

其中，标称容量的单位符号有n、μ、p等。各自表示的意义如下

n表示nF，μ表示μF，p表示pF，$1F=10^6μF=10^9nF=10^{12}pF$。

标称容量有两种标注形式，分别如下：

（1）字母、数字结合表示，单位符号（字母）代替小数点进行描述。例如，22n表示22nF，1μ25表示1.25μF。

（2）3位数字直接表示，其中，第1位、第2位数字为容量的有效数位，第3位上标数为倍数，即有效数字后边的个数，单位统一默认为pF。例如，$683=68×10^3pF=0.068μF$。

电容量的允许偏差也可以用字母表示，其表示的意义除表2-2所列的以外，与电阻允许偏差的字母意义相同（见表2-1）。

表2-2 允许偏差的字母含义

字母	允许偏差	字母	允许偏差
H	+100%	Q	+30%
	−0%		−10%
R	+100%	S	+50%
	−10%		−20%
T	+50%	Z	+80%
	−10%		−20%

补充说明

电容的标识也可以采用色环或色点标识的方法，电容的色标法与电阻的色标法相同，这里不再赘述。

2.3 电感器

将导线绕成圆圈的形状就可以制成电感器，简称电感，绕制的圈数越多，电感量越大。扼流圈、互感滤波器都属于电感。电感器在滤波电路中使用得较多。

2.3.1 电感器的种类特点

电感器是应用电磁感应原理制成的元器件。通常分为两类：一类是应用自感作用的电感线圈，另一类是应用互感作用的变压器。

电感线圈是用导线在绝缘骨架上单层绕制而成的一种电子元器件，电感线圈有固定电感器、小型电感器（色环或色码电感器）、微调电感器等。

1 固定电感器

固定电感器有收音机中的高频扼流圈、低频扼流圈等，也有较粗铜线或镀银铜线采用平绕或间绕方式制成的，常见的固定电感器的外形及电路符号如图2-19所示。

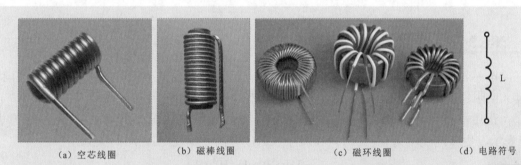

（a）空芯线圈　　　（b）磁棒线圈　　　（c）磁环线圈　　　（d）电路符号

图2-19　常见的固定电感器的外形及电路符号

图说帮

微视频讲解"电感器的种类特点"

2 小型电感器（色环或色码电感器）

色环或色码电感器是一种小型的固定电感器，这种电感是将线圈绕制在软磁铁氧体的基体（磁芯）上，再用环氧树脂或塑料封装，并在其外壳上标以色环或直接用数字标明电感量的数值，常用的色环或色码电感器的外形如图2-20所示。

3 微调电感器

微调电感器就是可以调整电感量大小的电感器，常见的微调电感器的外形如图2-21所示。微调电感器一般设有屏蔽外壳，以及可插入的磁芯和外露的调节旋钮，通过改变磁芯在线圈中的位置来调节电感量的大小。

（a）色环电感器　　　　　　　（b）色码电感器

图2-20　常用的色环或色码电感器的外形

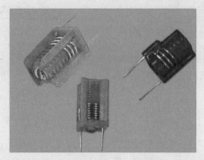

图2-21　常见的微调电感器的外形

2.3.2 电感器的功能

电感器具有阻止其中的电流变化的功能。流过电感器的电流，其频率越高，则阻抗（电阻值）越高。电感器也是一种储能元器件，能把电能转换成磁能并储存起来。

在电路中，电感器通常用字母L表示，电感量的单位是亨利，简称亨，用字母H表示，更多地使用毫亨（mH）和微亨（μH）为单位。它们之间的关系是

$$1H=10^3mH=10^6\mu H$$

电感器的特点：对直流呈现很小的阻抗，近似于短路；对交流呈现较大的阻抗，而且阻值的大小与所通过的交流信号的频率有关。同一电感，通过的交流电流的频率越高，则呈现的阻抗越大。

电感器是应用电磁感应原理制成的元件，在电子产品中常用于：作为滤波线圈，阻止交流干扰；作为谐振线圈，与电容组成谐振电路；在高频电路中作为高频信号的负载；制成变压器传递交流信号；利用电磁的感应特性制成磁性元件，如磁头和电磁铁等器件。

2.3.3 电感器的主要参数

1 电感量

电感量是衡量线圈产生电磁感应能力的物理量。给一个线圈通入电流，线圈周围

就会产生磁场，线圈就有磁通量通过。通入线圈的电流越大，磁场就越强，通过线圈的磁通量就越大。通过线圈的磁通量和通入的电流是成正比的，它的比值叫作自感系数，也叫作电感量。电感量的大小，主要取决于线圈的直径、匝数及有无铁心等，即

$$L = \frac{\Phi}{I}$$

式中：L 为电感量；Φ 为通过线圈的磁通量；I 为电流。

2　电感量精度

实际电感量与要求电感量间的误差，即对电感量精度的要求要视用途而定。对振荡线圈要求较高，电感量的精度为 0.2%～0.5%；对耦合线圈和高频扼流圈要求较低，允许 10%～15% 的误差。

3　线圈的品质因数

品质因数 Q 又称 Q 值，它是用来表示线圈损耗大小的量值，高频线圈通常为 50～300。Q 值的大小影响回路的选择性、效率、滤波特性及频率的稳定性。

为了提高线圈的品质因数 Q，可以采用以下方法：

（1）采用镀银铜线，以减小高频电阻。

（2）采用多股的绝缘线代替具有同样总截面的单股线，以减少集肤效应。

（3）采用介质损耗小的高频瓷为骨架，以减小介质损耗。

（4）减少线圈匝数。

4　额定电流

电感器在正常工作时，允许通过的最大电流就是线圈的标称电流值，也叫额定电流。

2.4　二极管

二极管是由一个 PN 结两端引出相应的电极引线，再加上管壳密封制成的。

2.4.1　二极管的种类特点

二极管在实际应用中，一般从其用途和功能上分为普通二极管和特殊二极管。

1　普通二极管

图 2-22 所示为普通二极管的外形及电路符号，符号的竖线侧为二极管的负极。一般情况下，二极管的负极常用环带、凸出的片状物或其他方式表示。观察封装外形，如果看到某个引脚和外壳直接相连，则外壳就是负极。

普通二极管根据其不同功能还可以分为整流二极管、检波二极管和开关二极管等。

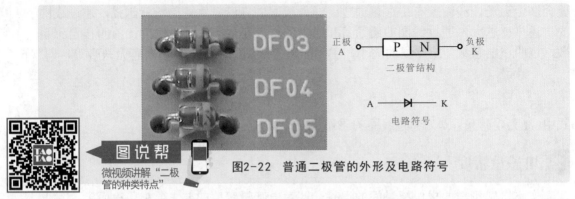

图说帮
微视频讲解"二极管的种类特点"

图2-22　普通二极管的外形及电路符号

（1）整流二极管。整流二极管的作用是将交流电流整流成直流电流，它主要用于整流电路中，即利用二极管的单向导电性将交流电变为直流电。

（2）检波二极管。检波二极管用于把叠加在高频载波上的低频信号检出来，常用于收音机的检波电路中。它具有较高的检波效率和良好的频率特性。

（3）开关二极管。开关二极管主要用在脉冲数字电路中，用于接通和关断电流，它的特点是反向恢复时间短，能满足高频和超高频应用的需要。利用开关二极管的这一特性，在电路中可以起到控制电流接通或关断的作用，使其成为一个理想的电子开关。

2　特殊二极管

一些二极管根据其特殊的结构具有特殊功能，还可以划分为稳压二极管、发光二极管、光敏二极管、变容二极管、双向触发二极管、快恢复二极管等，各种特殊二极管的外形及电路符号如图2-23所示。

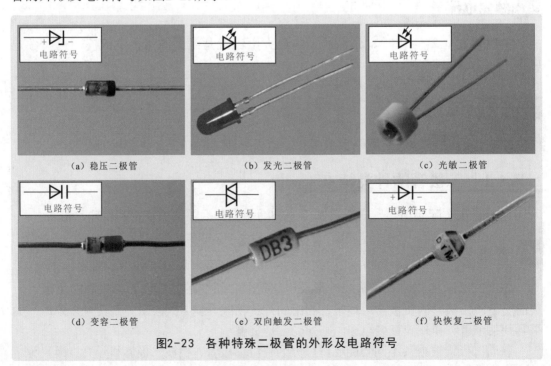

图2-23　各种特殊二极管的外形及电路符号

2.4.2 二极管的特性及功能

二极管具有单向导电性，电流在二极管中只能沿一个方向流动。二极管只有在所加正向电压达到某一定值后才能导通。

一般来说，二极管作为无触点时序电路器件，起开关的作用。另外，还可作为电子电路器件用于整流、检波、稳定电压。

2.4.3 二极管的主要参数

1 最大整流电流

最大整流电流是指二极管长期连续工作时，允许通过的最大正向平均电流值，与PN结面积及外部散热条件等有关，PN结面积越大，最大整流电流也越大。电流超过允许值时，PN结将因过热而烧坏。在整流电路中，二极管的正向电流必须小于该值。

2 最大反向电压

最大反向电压是指保证二极管不被击穿而给出的最大反向工作电压。有关手册上给出的最大反向电压约为击穿电压的一半，以确保二极管安全工作。点接触型二极管的最大反向电压约为几十伏，面接触型二极管可达几百伏。在电路中，如果二极管受到过大的反向电压，则会损坏。

3 最大反向电流

最大反向电流是指二极管在规定温度的工作状态下加上最大反向电压时的反向电流。最大反向电流越大，说明二极管的单向导电性越差，而且受温度影响也越大；最大反向电流越小，说明二极管的单向导电性能越好。硅管的最大反向电流较小，一般为几微安；锗管的最大反向电流较大，一般为几十微安至几百微安。

值得注意的是，最大反向电流与温度有着密切的关系，大约为温度每升高10℃，最大反向电流增大一倍。

4 最高工作频率

最高工作频率是指二极管能正常工作的最高频率。选用二极管时，必须使它的工作频率低于最高工作频率。超过此值时，由于结电容的作用，二极管将不能很好地体现单向导电性。

2.5 三极管

三极管是具有放大功能的半导体元器件，在电子电路中有着广泛的应用。

2.5.1 三极管的种类特点

三极管种类多样，按结构类型，可以分为NPN型三极管和PNP型三极管，如图2-24所示。

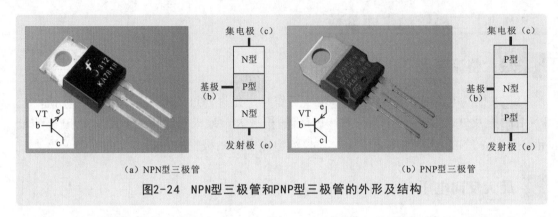

（a）NPN型三极管　　　　　　　　　　　　　（b）PNP型三极管

图2-24　NPN型三极管和PNP型三极管的外形及结构

三极管按照功率，可以分为小功率三极管、中功率三极管和大功率三极管；按照工作频率，可以分为低频三极管和高频三极管；按照封装形式，可以分为塑料封装三极管和金属封装三极管；按照制作材料，可以分为锗三极管和硅三极管；按照功能，可以分为光电三极管、开关三极管等。几种常见三极管的实物外形如图2-25所示。

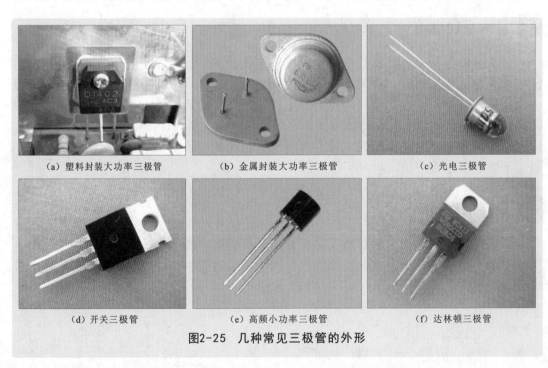

（a）塑料封装大功率三极管　　　（b）金属封装大功率三极管　　　（c）光电三极管

（d）开关三极管　　　　　　　（e）高频小功率三极管　　　　　（f）达林顿三极管

图2-25　几种常见三极管的外形

2.5.2 三极管的功能

三极管是各种电子电路中的核心元件，其突出特点是在一定条件下具有电流放大作用。另外，三极管还经常用作电子开关、阻抗变换、驱动控制和振荡器件。

三极管的放大作用：集电极（c）到发射极（e）的电流受基极（b）电流的控制，基极（b）很小的电流变化会引起集电极（c）到发射极（e）之间很大的电流变化。如果基极（b）的电流被切断，集电极（c）到发射极（e）的电流也就被关断了。要使三极管具有放大作用，基本条件就是发射结加正向电压（正偏），集电结加反向电压（反偏）。这种偏置状态需要外部电路来实现。

图2-26所示为NPN型和PNP型三极管的电流走向，使用三极管时要注意电源供电电路的极性不要接错。

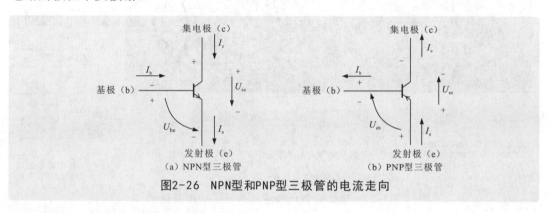

（a）NPN型三极管　　　　　　　　　（b）PNP型三极管

图2-26　NPN型和PNP型三极管的电流走向

2.6　场效应晶体管

场效应晶体管（Field Effect Transistor，FET）简称场效应管。

2.6.1 场效应晶体管的种类特点

场效应晶体管分为结型、绝缘栅型两大类。结型场效应晶体管（JFET）因有两个PN结而得名，该类场效应晶体管是利用沟道两边耗尽层的宽窄通过改变沟道导电特性来控制漏极电流的，其外形及结构如图2-27所示。

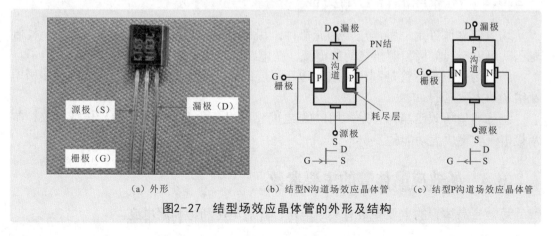

（a）外形　　　　（b）结型N沟道场效应晶体管　　　（c）结型P沟道场效应晶体管

图2-27　结型场效应晶体管的外形及结构

绝缘栅型场效应晶体管（GFET）则因栅极与其他电极完全绝缘而得名。目前在绝缘栅型场效应晶体管中，应用最为广泛的是MOS场效应晶体管，简称MOS管；此外还有PMOS、NMOS、VMOS、πMOS场效应晶体管、VMOS功率模块等。

绝缘栅型场效应晶体管是利用感应电荷的多少改变沟道导电特性来控制漏极电流的，它与结型场效应晶体管的外形基本相同，只是型号标记不同。其外形及结构如图2-28所示。

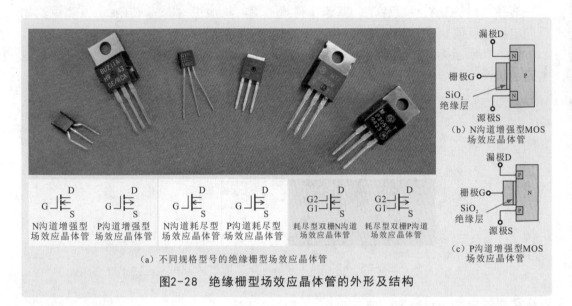

（a）不同规格型号的绝缘栅型场效应晶体管

图2-28　绝缘栅型场效应晶体管的外形及结构

> **补充说明**
>
> 　　MOS管按其工作状态可分为增强型和耗尽型两种，每种类型按其导电沟道不同又分为N沟道和P沟道两种。结型场效应晶体管按其导电沟道不同，也分为N沟道和P沟道两种。
> 　　场效应晶体管一般具有3个极（双栅管具有4个极）：栅极G、源极S和漏极D，它们的功能分别对应于前述的三极管的基极（b）、发射极（e）和集电极（c）。由于场效应晶体管的源极S和漏极D在结构上是对称的，因此在实际使用过程中有一些可以互换。

2.6.2　场效应晶体管的功能

场效应晶体管是一种电压控制元器件，栅极不需要控制电流，只需要有一个控制电压就可以控制漏极和源极之间的电流，在电路中常用作放大元器件。

结型场效应晶体管是利用沟道两边耗尽层的宽窄改变沟道导电特性来控制漏极电流实现放大功能的。

绝缘栅型场效应晶体管是利用PN结之间感应电荷的多少改变沟道导电特性来控制漏极电流实现放大功能的。

2.6.3　场效应晶体管的主要参数

场效应晶体管的主要参数有夹断电压、开启电压和饱和漏电流。

1 夹断电压

夹断电压一般用字母V_P表示。在结型场效应晶体管（或耗尽型绝缘栅型场效应晶体管）中，当栅源间反向偏压V_{GS}足够大时，沟道两边的耗尽层充分地扩展，并会使沟道"堵塞"，即夹断沟道（$I_{DS} \approx 0$），此时的栅源电压称为夹断电压V_P。通常V_P的值为1～5V。

2 开启电压

开启电压一般用字母V_T表示。在增强型绝缘栅型场效应晶体管中，当V_{DS}为某一固定数值时，使沟道可以将漏、源极连通起来的最小V_{GS}即为开启电压V_T。

3 饱和漏电流

饱和漏电流一般用字母I_{DSS}表示。在耗尽型场效应晶体管中，当栅源间电压$V_{GS}=0$，漏源电压V_{DS}足够大时，漏极电流的饱和值称为饱和漏电流I_{DSS}。

2.7 晶闸管

晶闸管是闸流晶体管的简称，是一种可控整流器件，也称为可控硅元件。

2.7.1 晶闸管的种类特点

晶闸管有单向晶闸管、双向晶闸管、逆导晶闸管、可关断晶闸管、快速晶闸管、光控晶闸管等多种类型。应用最多的是单向晶闸管和双向晶闸管。

（1）单向晶闸管。单向晶闸管（SCR）又称单向可控硅，它是P-N-P-N四层3个PN结组成的，如图2-29所示。

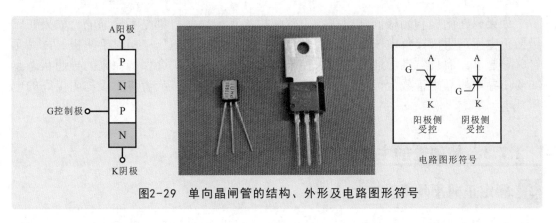

图2-29 单向晶闸管的结构、外形及电路图形符号

（2）双向晶闸管。双向晶闸管又称双向可控硅，属于N-P-N-P-N五层半导体元器件，如图2-30所示。

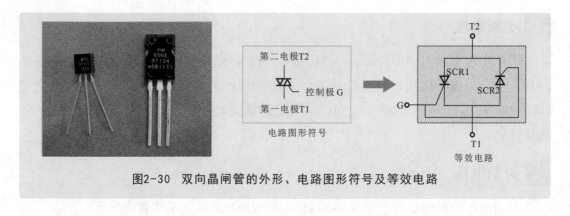

图2-30 双向晶闸管的外形、电路图形符号及等效电路

2.7.2 晶闸管的功能

晶闸管有单向导电的整流作用，还可以作为可控开关使用，常用在电动机驱动控制电路中，也可以在电源中充当过载保护器件。

晶闸管是由P型和N型半导体交替叠合为P-N-P-N四层而构成的，它的3个引出电极分别是阳极（A）、阴极（K）和控制极（G），晶闸管的结构和电路符号如图2-31所示。

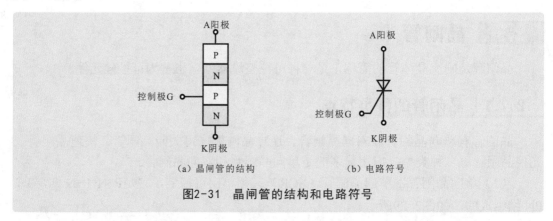

（a）晶闸管的结构   （b）电路符号

图2-31 晶闸管的结构和电路符号

如果只在阳极和阴极间加电压，不管哪端为正，晶闸管都是不导通的；如果在阳极接正电压、阴极接负电压，而在控制极再加较小的正向电压（相对于阴极），晶闸管就导通了。而且一旦导通，再撤去控制极电压，晶闸管仍会保持原来的导通状态。如要使导通的晶闸管截止，可以使其电流降到某个值以下，或者将阳极与阴极间的电压减小到零或负值。

2.7.3 晶闸管的主要参数

1 额定正向平均电流

额定正向平均电流I_F是指在规定的环境温度、标准散热和全导通的条件下，阴极和阳极间通过的工频（50Hz）正弦电流的平均值。

2 正向阻断峰值电压

正向阻断峰值电压V_{DRM}是指在控制极开路、正向阻断条件下，可以重复加在元器件上的正向电压峰值。

3 反向阻断峰值电压

反向阻断峰值电压是指当控制极开路、结温为额定值时，允许重复加在元器件上的反向峰值电压，按规定为最高反向测试电压的80%。

2.8 集成电路

2.8.1 集成电路的种类

1 集成电路的分类

（1）按功能不同，可以分为模拟集成电路、集成运算放大器、稳压集成电路、线性集成电路、音响集成电路、电视集成电路、电子琴集成电路、CMOS集成电路等。

（2）按制作工艺不同，可以分为半导体集成电路、厚（薄）膜集成电路、混合集成电路等。

（3）按集成度高低不同，可以分为小规模集成电路、中规模集成电路、大规模集成电路、超大规模集成电路等。

（4）按导电类型不同，可以分为双极性集成电路和单极性集成电路。

2 不同种类的集成电路

集成电路的主要种类有单列直插式集成电路、功率塑封式集成电路、双列直插式集成电路、双列表面安装式集成电路、扁平矩形表面安装式集成电路、矩形引脚插入式集成电路等，如图2-32所示。

（a）单列直插式集成电路　　　　（b）功率塑封式集成电路　　　　（c）双列直插式集成电路

图2-32　不同种类的集成电路

  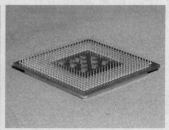

（d）双列表面安装式集成电路　　（e）扁平矩形表面安装式集成电路　　（f）矩形引脚插入式集成电路

图2-32　（续）

2.8.2　集成电路的特点和主要参数

1　集成电路的特点

　　将一个单元电路所要用的主要元器件或全部元器件都集中在一个单晶硅片上，形成一个具备一定功能的完整电路，并封装在特制的外壳中，这样的电路称为集成电路。

　　集成电路具有体积小巧、质量轻、性能稳定、功耗小、集成度高等特点，它的出现使整机的电路简化，安装和调整都比较简便，而且可靠性也大大提高，因此被广泛地使用在各种电子产品中。集成功率放大器、运算放大器、收音放大器、录放音电路、电视信号处理电路、微处理器电路等都属于集成电路。

2　集成电路的主要参数

　　（1）静态工作电流。静态工作电流是指不给集成电路输入引脚加上输入信号的情况下，电源引脚回路中的电流大小，相当于三极管的集电极静态工作电流。通常，静态工作电流给出典型值、最小值、最大值3个指标。

　　（2）增益。增益是指集成电路的放大能力，通常标出开环、闭环增益，也分为典型值、最小值、最大值3个指标。

　　（3）最大输出功率。最大输出功率是指在信号失真度为一定值时，集成电路输出引脚所输出的电信号功率。它主要是针对功率放大器集成电路的。

　　（4）电源电压。电源电压是指可以加在集成电路电源引脚与地端引脚之间电压的极限值，使用中不能超过此值。

　　（5）功耗。功耗是指集成电路所能承受的最大耗散功率，主要用于功率放大器集成电路。

　　除以上主要参数外，CMOS电路的主要参数还有输入低电平电压、输入高电平电压、输出低电平电压、输出高电平电压等。

3

本章系统介绍常用电气部件基础知识。
- 高压隔离开关
- 高压负荷开关
- 高压断路器
- 高压熔断器
- 低压开关
- 低压断路器
- 低压熔断器
- 接触器
- 主令电器
- 继电器

第3章
常用电气部件

3.1 高压隔离开关

高压隔离开关主要用于变电站的高压输入部分，不同的变电站中高压隔离开关的结构和型号有很大的不同。例如，工作在10kV的隔离开关和工作在300～500kV的隔离开关因所承受的电压不同，其结构也有很大的差别。

高压隔离开关需要与高压断路器配合使用，主要用于检修时隔离电压或运行时进行倒闸操作，能起隔离电压的作用。因结构上无灭弧装置，一般不能将其用于切断电流和投入电流，即不能进行带负荷分断的操作，目前也有一些能分断负荷的隔离开关。

3.1.1 型号含义和分类

高压隔离开关产品型号的含义如图3-1所示。

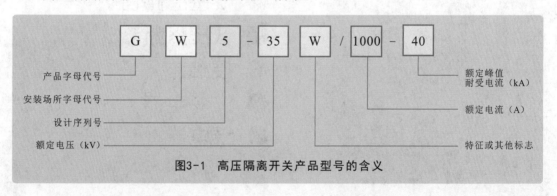

图3-1 高压隔离开关产品型号的含义

产品字母代号：G表示隔离开关。

安装场所字母代号：N表示户内，W表示户外。

设计序列号：通常用1、2、3、…表示。

特征或其他标志：D表示带接地开关，G表示改进型，TH表示湿热带，W表示污秽地区。

高压隔离开关根据安装地点的不同，可以分为户内高压隔离开关和户外高压隔离开关；根据绝缘与支柱数量的不同，可以分为单柱式、双柱式和三柱式等；根据装设接地刀数量的不同，可以分为不接地（无接地刀）、单接地（一侧有接地刀）、双接地（两侧有接地刀）三类。

3.1.2 | 户内高压隔离开关

户内高压隔离开关的额定电压普遍不高，一般均在35kV以下，多采用三相共座式结构，如图3-2所示。户内高压隔离开关由导电部分、支持瓷瓶、转轴、底座构成。其中，每相导电部分由触座、导电刀闸和静触头等组成，并安装在支持瓷瓶上端，通过支持瓷瓶固定在底座上。

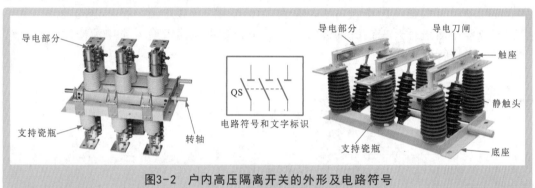

图3-2 户内高压隔离开关的外形及电路符号

> **补充说明**
>
> 当高压隔离开关发生故障时，无法保证检测电路与带电体之间隔离，可能会导致需要被隔离的电路带电，从而发生触电事故。

3.1.3 | 户外高压隔离开关

户外高压隔离开关与户内高压隔离开关的工作原理相同，但结构形式不同，图3-3所示为35kV及以下户外高压隔离开关的外形及电路符号。户外高压隔离开关主要由底座、支持瓷瓶及导电部分构成。

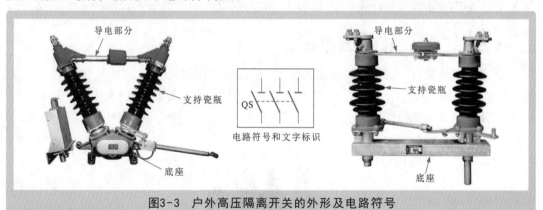

图3-3 户外高压隔离开关的外形及电路符号

> **补充说明**
>
> 由于户外高压隔离开关的工作环境比较恶劣，在结构形式上根据环境因素有所不同。例如，应用在冰雪地区的户外高压隔离开关需装设破冰机构；应用在脏污严重的环境时，为防止触头表面沉积污垢和消除氧化物的影响，触头分、合时应具有自清除功能；为防止烧伤接触面，还应采取引弧或灭弧等措施。

3.2 高压负荷开关

高压负荷开关（UGS）是一种介于高压断路器和高压隔离开关之间的电器，主要用于3～63kV高压配电线路中。高压负荷开关常与高压熔断器串联使用，用于控制电力变压器或电动机等设备。具有简单的灭弧装置，能通断一定负荷的电流，但不能断开短路电流，所以要和熔断器串联使用，靠熔断器进行短路保护。

高压负荷开关在变配电设备中，是对高压电路的负载电流、变压器的励磁电流、电容充放电电流进行开关控制的装置。在其电路发生短路或有异常电流出现时，可在规定时间内进行断电。

3.2.1 型号含义和分类

高压负荷开关产品型号含义如图3-4所示。

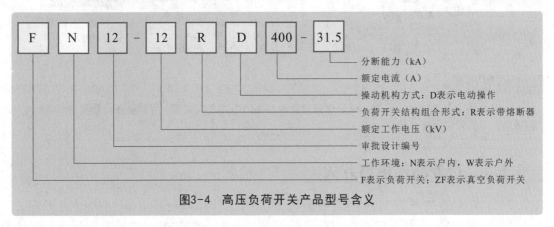

| F | N | 12 | 12 | R | D | 400 | 31.5 |

分断能力（kA）
额定电流（A）
操动机构方式：D表示电动操作
负荷开关结构组合形式：R表示带熔断器
额定工作电压（kV）
审批设计编号
工作环境：N表示户内，W表示户外
F表示负荷开关；ZF表示真空负荷开关

图3-4 高压负荷开关产品型号含义

高压负荷开关根据其灭弧的方式可以分为空气负荷开关、油负荷开关、真空负荷开关等。其中，空气负荷开关由于无线圈、价格便宜等特点而成为目前的主流产品。

3.2.2 室内用空气负荷开关

所谓空气负荷开关是指电路的开关动作是在空气中进行的。室内用空气负荷开关的外形如图3-5所示。这种开关作为负荷电流的开关、变压器一次侧电路的开关、进相电容器的开关，是以防止普通断路器误操作而引发故障为目的而使用的开关装置。

图3-5 室内用空气负荷开关的外形

室内用空气负荷开关的额定电压应备有一定的裕量，如在6.6kV的变配电系统中应选择7.2kV的产品。

额定电流的选择要考虑用电容量，通常因负荷的变动和负荷的增加等因素，应选两倍于负荷电流的产品，而在带熔断器的情况下，还要根据容量专门进行选择。室内用空气负荷开关的参数见表3-1。

表3-1 室内用空气负荷开关的参数

额定电压/kV	额定电流/A	额定短路时间电流/kA	额定短路投入电流/kA	额定开关容量/A
7.2	100	2.0 4.0	5.0	负荷电流：100、200、300、400、600
			10.0	
	200	4.0 8.0	10.0	励磁电流：5、10、15、20、30
			20.0	
	300 400 600	8.0 12.5	20.0	充电电流：10
			31.5	

额定负荷开关容量是在规定电路的条件下，可进行接通、切断电流的限度。高压负荷开关在不同的电压和电流条件下，结构也有很大的不同，此外，因其介质不同，结构也不同。常见的室内用空气负荷开关有空气负荷开关（AS）、真空负荷开关（VS）、油负荷开关（OS）。

3.2.3 | 带电力熔断器空气负荷开关

带电力熔断器空气负荷开关是空气负荷开关和电力熔断器相结合的装置。通常，负荷电流和过负荷电流由这种负荷开关进行开合，而短路电流则由熔断器切断。这种开关兼有断路器、负荷开关和熔断器三种功能，其外形如图3-6所示。

图3-6 带电力熔断器空气负荷开关的外形

3.3 高压断路器

高压断路器（QF）是高压供配电线路中具有保护功能的开关装置，当高压供配电的负载线路中出现短路故障时，高压断路器会自行断开，对整个高压供配电线路进行保护，防止短路造成线路中其他设备的故障。

3.3.1 型号含义和分类

高压断路器是一种工作在高压环境的设备，各种高压变配电站中都设有断路器，由于工作电压不同，其结构和型号也不同。我国对额定高压的等级划分有一定的系列标准，如3kV、6kV、10kV、35kV、60kV、110kV、220kV、330kV、500kV、750kV、1000kV等，工作在不同电压等级中的断路器的结构也有很大的不同。

1 型号含义

高压断路器的产品型号含义如图3-7所示。

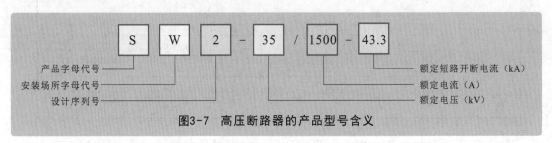

图3-7　高压断路器的产品型号含义

产品字母代号：S表示"少"油断路器，D表示"多"油断路器，VS系列表示户内高压真空断路器，ZN系列表示户内高压真空断路器。

安装场所字母代号：N表示户内，W表示户外。

设计序列号：通常用1、2、3、…表示。

2 主要参数

① **使用环境**

断路器在变配电系统中作为主开关，在电动机供电系统及电容器泄放回路中也是作为开关使用的，工作电压和负荷电流是主要参数。

② **额定电压的选择**

额定电压的选择应考虑留有一定的裕量，如在6.6kV的变配电系统中使用，应选7.2kV的断路器；如在10kV系统中使用，应选12kV的额定值。

③ **额定电流的选择**

在一般设备中使用的断路器，其连续工作的电流应在额定电流值的80%以下，如在电容泄放电路中使用应在额定电流值的60%以下。

④ **切断容量**

断路器的切断容量表示断路器的切断能力，它与工作电压和切断电流有关，其单位是MV·A，1MV·A=1000 kV·A。切断容量（MV·A）=$\sqrt{3}$×额定电压（V）×额定切断电流（kA）。

⑤ **实际断路器相关参数示例**

工作环境为6.6kV的断路器，其额定电压为7.2kV，额定切断电流为8kA，切断容

量$=\sqrt{3}\times 7.2kV\times 8kA\approx 100MV\cdot A$。

如果断路器的负载较重，额定切断电流的值比较高，在上述工作条件下，如果额定切断电流为12.5kA，则切断容量$=\sqrt{3}\times 7.2kV\times 12.5kA\approx 156MV\cdot A$。

高压断路器不仅可以切断或闭合高压电路中的空载电流和负载电流，当系统发生故障时，通过断路器和保护装置的配合，可以自动切断过载电流或短路电流，其内部具有相当完善的灭弧装置和足够的断路能力。由于在高电压或大电流的条件下开关电路在接点处会产生电弧，电弧的高热量易引发火灾，因此断路器中必须设置灭弧装置。高压断路器根据其内部灭弧介质的不同，又可以分为以下三种结构形式。

（1）油断路器：以绝缘油为灭弧介质的断路器，包括多油断路器和少油断路器。

（2）空气断路器：以压缩空气为灭弧介质的断路器。

（3）真空断路器：灭弧装置设置在高度真空筒（箱）中。

3.3.2 油断路器

所谓油断路器就是以密封的绝缘油作为开断故障的灭弧介质的开关设备。图3-8所示是一种手动操作油罐型断路器的外形结构，它将开关触片设置于钢制油罐中，通过带绝缘子的端子引出，当触点闭合时，触点所产生的电弧能对油进行热分解，从而产生油流或油气流，起到灭弧效果。该断路器安装在配电盘的操作面板上，用手握住手柄或通过操作箱可进行开关操作。

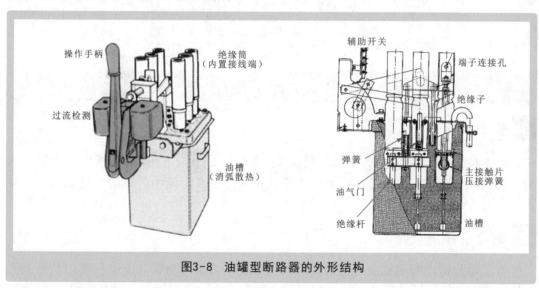

图3-8 油罐型断路器的外形结构

3.3.3 真空断路器

真空断路器是一种主断路器（CB），其触点都处在真空中，具有灭弧功能，是当变配电设备中发生故障时切断供电电源的装置。CB型断路器是将断路器与保护继电器组合为一体的设备。真空断路器的外形如图3-9所示。

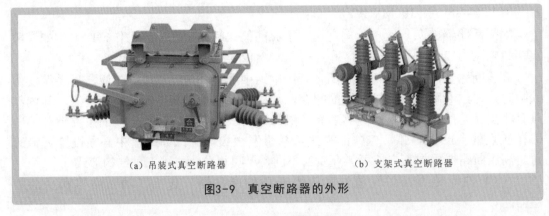

（a）吊装式真空断路器　　　　　　　　（b）支架式真空断路器

图3-9　真空断路器的外形

真空断路器的控制电路如图3-10所示，该电路控制主触点的可动电极。

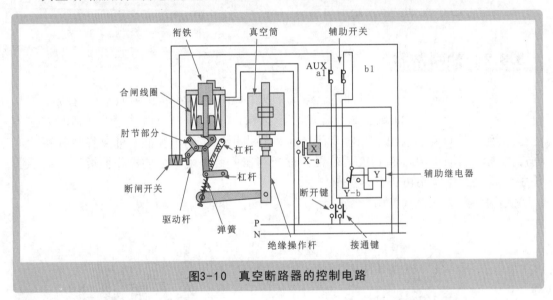

图3-10　真空断路器的控制电路

1 接通操作

按下接通键，电源（PN）为接触器X供电，X-a接通，合闸线圈得电，线圈中的衔铁被吸入（下移），通过杠杆推动绝缘操作杆，使真空筒中的可动电极上移，并与固定电极接通，断路器接通。

2 断开操作

按下断开键，断闸线圈得电，断闸线圈吸动其内部的衔铁，驱动杆随之动作，通过杠杆机构，使绝缘操作杆下移，并将真空筒中的可动电极拉下，使其断路。

3.4　高压熔断器

高压熔断器（FU）在高压供配电线路中是用于保护设备安全的装置，当高压供配电线路中出现过电流的情况时，高压熔断器会自动断开电路，以确保高压供配电线路及设备的安全。

3.4.1 型号含义和分类

高压熔断器的型号含义如图3-11所示。

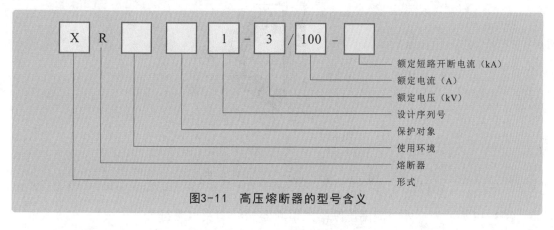

图3-11 高压熔断器的型号含义

形式：X表示限流式（常见有户内高压限流熔断器），P表示喷射式（常见有户外高压跌落式熔断器）。

使用环境：N表示户内，W表示户外。

保护对象：T表示保护变压器用，M表示保护电动机用，P表示保护电压互感器用，C表示保护电容器用，G表示不限制使用场所。

设计序列号：通常用1、2、3、…表示。

在高压供配电系统中，常用的高压熔断器主要有户内高压限流熔断器和户外交流高压跌落式熔断器两种类型。

3.4.2 户内高压限流熔断器

在变配电设备中，熔断器用于高压电路和机器的短路保护，高压变压器、高压进相电容器、高压电动机电路等器件发生故障时，由短路电流进行断路保护的器件就是熔断器。其中，户内高压限流熔断器被广泛使用。

户内高压限流熔断器主要用于3～35kV，三相交流50Hz电力系统中，用来对电气设备进行严重过负荷和短路电流保护。

户内高压限流熔断器的结构如图3-12所示。限流型熔断器，其结构兼顾熔断器和开关，使用钩棒进行操作。将断路器的刀闸制成熔断器筒进行开关。

熔断器的切断动作由绝缘筒一端的突出装置进行指示。在绝缘瓷管内设有熔断器，瓷管两端为连接导体，下端与负载端相连，制成铰链形并作为支撑点，上端金属导体处设有圆孔并镶入电源供电端的钳口中。当需要切断开关时，用绝缘杆上的挂钩勾住绝缘筒上的圆孔，将熔断器筒拉开即可。

3.4.3 户外交流高压跌落式熔断器

户外交流高压跌落式熔断器主要用于额定电压为10～35kV的三相交流50Hz电力系统中，作为配电线路或配电变压器的过载和短路保护设备。

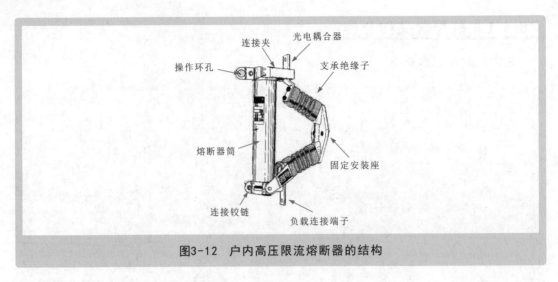

图3-12　户内高压限流熔断器的结构

图3-13所示为户外交流高压跌落式熔断器的结构及电路符号。

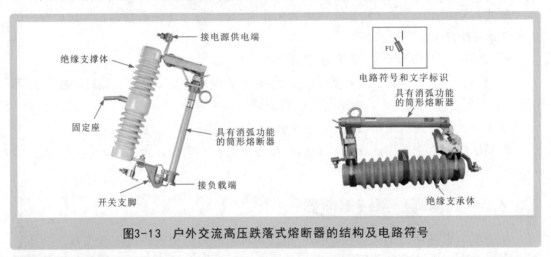

图3-13　户外交流高压跌落式熔断器的结构及电路符号

补充说明

　　当高压熔断器发生故障时，可能会导致高压供配电线路中出现过电流情况，从而导致该供电系统中的线缆和电气设备损坏；如果高压熔断器本体损坏，则会导致其连接的高压供电线路大面积停电。应当对该高压供配电线路中的其他电气设备进行检查；当所有的故障排除后，方可更换高压熔断器。

3.5　低压开关

　　低压开关是指工作在交流电压小于1200V、直流电压小于1500V的电路中，并且用来对电路起通断、控制、保护及调节作用的开关。它是民用电器环境中常用的基本器件之一。

　　低压开关有开启式负荷开关、封闭式负荷开关、组合开关、控制开关和功能开关五大类。

3.5.1 | 开启式负荷开关

开启式负荷开关又称胶盖刀闸开关，简称刀开关，其主要作用是在带负荷状态下可以接通或切断电路。通常应用在电气照明电路、电热回路、建筑工地供电、农用机械供电，或者是作为分支电路的配电开关。

图3-14所示为开启式负荷开关的外形。通常情况下可将开启式负荷开关分为二极式和三极式两种，但其内部结构基本相似。其中，二极式的额定电压为250V，三极式的额定电压为380V，其额定电流都在10～100A不等。

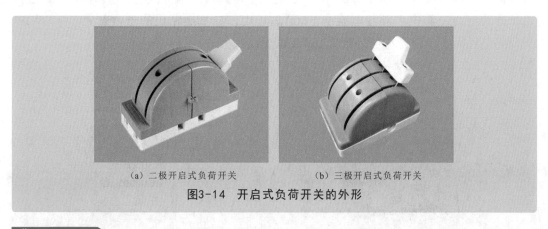

（a）二极开启式负荷开关　　（b）三极开启式负荷开关

图3-14　开启式负荷开关的外形

📝 **补充说明**

在选用开启式负荷开关时，主要应考虑其型号、额定电流等。开启式负荷开关的型号含义如图3-15所示。

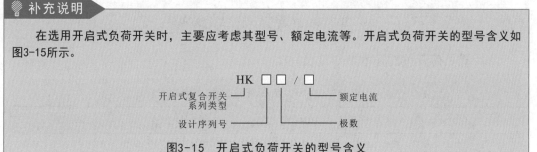

图3-15　开启式负荷开关的型号含义

开启式负荷开关按其常用规格，主要分为HK1系列、HK8系列、HH3系列，根据其自身的不同特点应用在不同的电路中。

1 HK1系列开启式负荷开关

HK1系列开启式负荷开关的额定电流为15～60A，常用在电气照明电路、电热回路的控制开关中，也可用作分支电路的配电开关。

2 HK8系列开启式负荷开关

HK8系列开启式负荷开关用于交流50Hz，额定电压单相220V、三相380V，额定电流为63A的电路中，常作为总开关、支路开关及电灯、电热器等操作开关，在手动不频繁接通与分断的负载电路和小容量线路中还起短路保护作用。

3 HH3系列开启式负荷开关

HH3系列开启式负荷开关主要用于各种配电设备中，在手动不频繁操作带负载的电路中，有熔断器作为短路保护。

3.5.2 封闭式负荷开关

封闭式负荷开关又称铁壳开关，通常用于电力灌溉、电热器、电气照明电路的配电设备中，即额定电压小于500V、额定电流小于200A的电气设备中，用于非频繁接通和分断电路，其中，额定电流小于60A的还用作异步电动机的非频繁全电压启动控制开关。封闭式负荷开关的外形如图3-16所示。

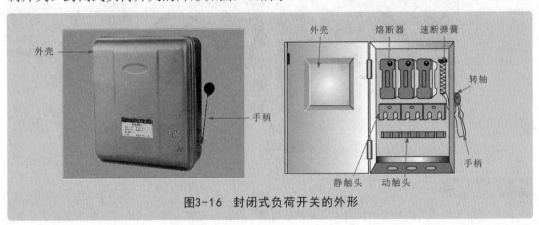

图3-16 封闭式负荷开关的外形

封闭式负荷开关的技术参数见表3-2。

表3-2 封闭式负荷开关的技术参数

	HH3系列				HH4系列			HH10系列				HH11系列		
额定电流/A	HH3-15	HH3-30	HH3-60	HH3-100	HH4-15	HH4-30	HH4-60	HH10-10	HH10-20	HH10-30	HH10-60	HH11-100	HH11-200	HH11-400
	15	30	60	100	15	30	60	10	20	30	60	100	200	400
极限通断能力（110%额定电压时通断电流/A）	60	120	240	250	60	120	240	40	80	120	240	300	600	1200
通/断次数	10	10	10	10	2	2	2	3	3	3	3	3	3	3

3.5.3 组合开关

组合开关又称转换开关，是一种转动式的刀闸开关，主要用于接通或切断电路、换接电源或局部照明等，图3-17所示为组合开关的外形。

组合开关根据其常用的型号规格，主要分为HZ10系列、HZ15系列和HZW1（3ST、3LB）系列。这几种系列组合开关根据其参数规格功能不同，应用范围也有所区别。

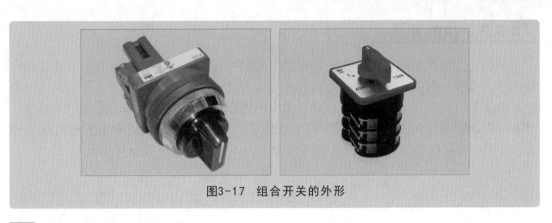

图3-17 组合开关的外形

1 HZ10系列组合开关

HZ10系列组合开关一般用于电气设备中，用于不频繁接通和分断电路、换接电源和负载、测量三相电压，以及控制小容量异步电动机的正反转和星-三角的启动等，此系列开关的额定电流为10A、25A、60A、100A。

2 HZ15系列组合开关

HZ15系列组合开关主要用于交流50Hz、额定电压为380V以下，直流额定电压为220V及以下的供电线路中，用于手动操作不频繁的接通、分断，以及转换交流电路和直流电阻性负载电路（常用于控制配电电器和控制电动机）。

3 HZW1（3ST、3LB）系列组合开关

HZW1（3ST、3LB）系列组合开关用于交流50Hz或60Hz、额定电压为220～600V、额定电流低于63A，直流24～600V、控制电流低于15A，控制电动机功率低于22kW的电路中，用于三相异步电动机负载启动、变速、换向，以及主电路和辅助电路的转换。

3.5.4 控制开关

控制开关主要用于家庭照明线路中，根据其内部的结构不同，主要分为单联单控开关、双联单控开关和三联双控开关等。图3-18所示为控制开关的外形。

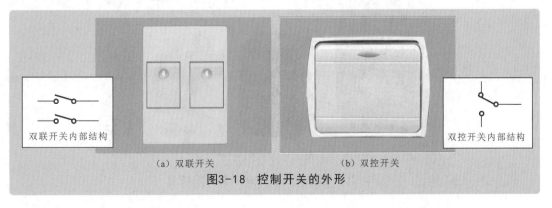

（a）双联开关　　　　　（b）双控开关

图3-18 控制开关的外形

3.5.5 | 功能开关

功能开关包括触摸开关、声光控开关、光控开关等，图3-19所示为不同功能开关的外形。其中，触摸开关通过人体的温度实现开关的通断控制功能，该开关常用于楼道照明线路中。声、光控开关利用声音或光线控制照明电路的通断，常常用于楼道照明中，白天楼道中光线充足，照明灯无法点亮；夜晚黑暗的楼道中不方便找照明开关，使用声音即可控制照明灯照明，等待行人路过后照明灯可以自行熄灭。

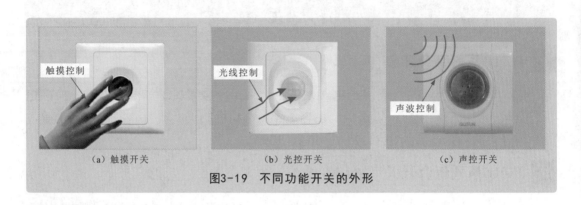

（a）触摸开关　　　　　（b）光控开关　　　　　（c）声控开关

图3-19　不同功能开关的外形

3.6　低压断路器

低压断路器又称空气开关，它是一种既可以通过手动控制，又可以自动控制的低压开关，主要用于接通或切断供电线路。这种开关具有过载、短路或欠压保护的功能，常用于不频繁接通和切断电路中。

目前，常见的低压断路器有塑壳断路器、万能断路器和漏电保护断路器三种。

3.6.1 | 塑壳断路器

塑壳断路器又称装置式断路器，这种断路器通常用作电动机及照明系统的控制开关、供电线路的保护开关等。图3-20所示为塑壳断路器的外形及电路符号。

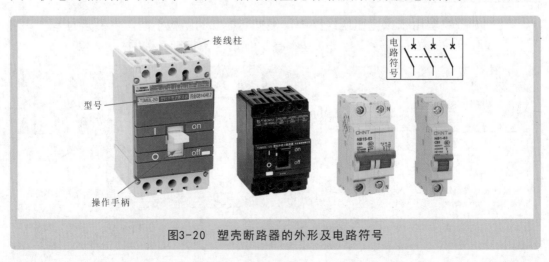

图3-20　塑壳断路器的外形及电路符号

补充说明

　　在选择塑壳断路器时，可根据塑壳断路器的型号判断塑壳断路器的类别，如图3-21所示为塑壳断路器的型号含义。

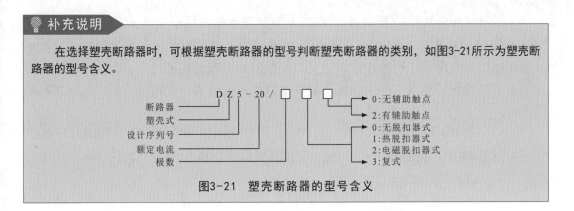

图3-21　塑壳断路器的型号含义

　　目前，塑壳断路器主要有BM系列、C45/DPN/NC100系列、C65系列、SB/GM系列、BHC系列、M-PACT系列、K系列、DZ20系列、TO/TG系列、NZM系列、S2/S900系列、TM30系列等。

　　（1）BM系列塑壳断路器。BM系列塑壳断路器主要用于50Hz或60Hz、额定电压为240V/415V、额定电流为63A的配电线路中，用于对建筑物和类似场所的线路设施、电气设备等进行过负荷和短路保护，正常条件下也可用于线路的不频繁操作。

　　（2）C45/DPN/NC100系列塑壳断路器。C45/DPN/NC100系列塑壳断路器为小型塑壳断路器，适用于交流50Hz或60Hz、额定电压为240/415V及以下的电路中，用于线路、照明及动力设备的过负载与短路保护，以及线路和设备的通断转换，而且此系列的断路器也可用于直流电路中。

　　（3）C65系列塑壳断路器。C65系列塑壳断路器属于微型断路器，适用于交流50Hz或60Hz、额定电压为230V/400V及以下的系统中，用于照明和动力设备的过负荷、短路保护，以及接通或断开不频繁启动的线路和设备。在使用此系列的断路器时，应根据不同的工作电流选择不同型号的断路器。

　　（4）SB/GM系列塑壳断路器。SB/GM系列塑壳断路器用于交流50Hz或60Hz、额定电压为690V、直流电压为220V或440V、额定电流为10～2000A的低压电网中。此系列断路器一般作为配电使用，额定电压为400V及以下的断路器可用于电动机的保护，在正常情况下也用于为线路的不频繁转换及电动机的不频繁启动。

　　（5）BHC系列塑壳断路器。BHC系列塑壳断路器具有3kA和6kA两种断路分断能力，根据其内部结构的不同分为B、C两类脱扣特性，B类脱扣特性适用于工业及民用低感照明配电系统，C类脱扣特性适用于电动机配电及高感照明系统。

　　（6）M-PACT系列塑壳断路器。M-PACT系列塑壳断路器为空气断路器，适用于50Hz或60Hz、额定电压为690V、额定电流为400～4000A的供配电线路中，用于线路和设备的过电流保护。

　　（7）K系列塑壳断路器。K系列塑壳断路器用于线路、照明及动力设备的过负载与短路保护，也可用于线路的不频繁转换和电动机的不频繁启动，常用于宾馆、公寓、住宅和工商企业的低压配电系统中。

（8）DZ20系列塑壳断路器。DZ20系列塑壳断路器用于交流50Hz、额定电压为380V、直流额定电压为220V及以下的配电系统中，用于配电和保护电动机。此类断路器在配电系统中用于分配电能，而且用于线路和电源设备的过负载、欠压电压和短路保护。作为保护电动机的断路器，其在电路中用于笼型电动机过负载、欠电压和短路保护。

（9）TO/TG系列塑壳断路器。TO/TG系列塑壳断路器适用于交流50Hz或60Hz、额定电压为440V、直流额定电压为250V及以下的船用或陆用的电力线路中，用于过载欠压电压及短路保护。

（10）NZM系列塑壳断路器。NZM系列塑壳断路器适用于交流额定电压为660V及以下的配电系统中，作为配电使用，用于线路、电动机、发电机、变压器的过负载和短路保护，以及不频繁的通断操作中。

（11）S2/S900系列塑壳断路器。S2/S900系列塑壳断路器常用于住宅、商业和一般工业用途的终端配电线路的过电流保护。其使用的额定电压为交流230V/400V、直流60V/110V，额定电流为0.5～63A，工作温度为-25～+55℃。

（12）TM30系列塑壳断路器。TM30系列塑壳断路器适用于交流50Hz，额定电压为800V、690V及以下，额定电流为16～2000A的电路中，用于电缆、变压器、发电机、电动机等的过负荷、短路、接地和欠电压保护，以及不频繁转换和不频繁启动、分断电动机。

3.6.2 | 万能断路器

万能断路器主要用于低压电路中不频繁接通和分断容量较大的电路，即适用于交流50Hz、额定电流为6300A、额定电压为690V的配电设备中。图3-22所示为万能断路器的实物外形。

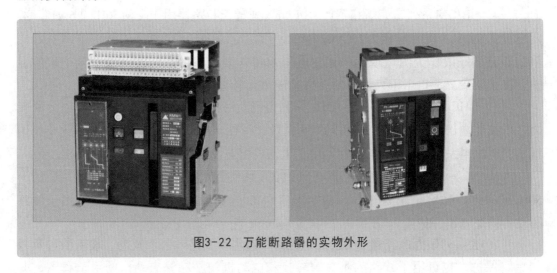

图3-22 万能断路器的实物外形

补充说明

在选用万能断路器时，主要应考虑其型号、额定电压、额定电流、允许切断的极限电流、所控制的负载性质等。图3-23所示为万能断路器的型号含义。

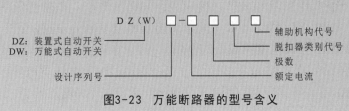

图3-23 万能断路器的型号含义

目前，万能断路器根据常用的参数规格主要分为3WE系列、DW15/DW15C系列、F系列、ME/DW17系列等。

（1）3WE系列万能断路器。3WE系列万能断路器适用于交流50Hz、额定电压为1000V的配电系统中，用于分配电能和线路及电源设备的过负载、短路、欠电压保护，正常情况下，也可用于线路不频繁转换。

（2）DW15/DW15C系列万能断路器。DW15/DW15C系列万能断路器适用于交流50Hz、额定电流为4000A、额定电压为380～1140V的配电系统中，用于过负载、欠电压和短路保护。

（3）F系列万能断路器。F系列万能断路器适用于交流50Hz或60Hz、额定电压为690V及以下、直流电压为250V及以下的配电系统中，用于分配电能和设备、线路的过负载、短路、欠电压、接地故障保护，以及正常条件下线路不频繁转换。

（4）ME/DW17系列万能断路器。ME/DW17系列万能断路器适用于交流50Hz或60Hz、额定电压为690V及以下的配电系统中，用于分配电能及线路和设备的过负载、短路、欠电压、接地故障等保护，也可用于电动机的保护和电动机的不频繁启动。

3.6.3 漏电保护断路器

漏电保护断路器实际上是一种具有漏电保护功能的断路器，如图3-24所示。这种开关具有漏电、触电、过载、短路的保护功能，对防止触电伤亡事故、避免因漏电而引起的火灾事故具有明显的效果。

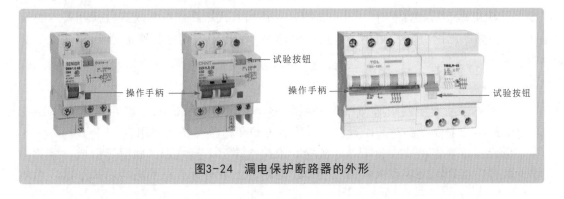

图3-24 漏电保护断路器的外形

3.7 低压熔断器

低压熔断器是指在低压配电系统中用作线路和设备的短路及过载保护的电器。当系统正常工作时，低压熔断器相当于一根导线，起通路作用；当通过低压熔断器的电流大于规定值时，低压熔断器会使自身的熔体熔断而自动断开电路，在一定的短路电流范围内起到保护线路上其他电器设备的作用。

低压熔断器有瓷插入式熔断器（RC）、螺旋式熔断器（RL或PLS）、无填料封闭管式熔断器（RM）、有填料封闭管式熔断器（RT）、快速熔断器（RS、NGT）等。

补充说明

图3-25所示为熔断器的型号含义。在选择使用熔断器时，为了能够对某一特定的使用场合选用一种合适的熔断器，应该了解熔断器的相关特性。

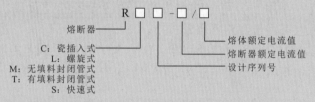

图3-25　熔断器的型号含义

（1）温度环境：是指熔断器的工作温度环境，即熔断器周围的空气温度。目前在许多场合中，熔断器熔丝的温度相当高。环境温度越高，熔断器在工作时就越热，其寿命也就越短。

（2）分断能力：是指熔断器的熔断额定值，也称短路额定容量，是熔断器在额定电压下能够确保熔断的最大许可电流。

（3）额定电压：是指熔断器长期工作所能承受的电压，如220V、380V、500V 等，允许长期工作在100%额定电压。

（4）额定电流：熔断器的额定电流值由被保护电气、电路的容量确定，并规定有标准值，即熔断器内部的熔丝或熔体的最小熔断电流和熔化因数。

3.7.1 瓷插入式熔断器

瓷插入式熔断器一般用于交流50Hz、三相380V或单相220V、额定电流低于200A的低压线路末端或分支电路中，用于电缆及电气设备的短路保护和过载保护。

瓷插入式熔断器主要用于民用和工业企业的照明电路中，即220V单相电路和380V三相电路的短路保护中，图3-26所示为瓷插入式熔断器在封闭式负荷开关内的应用。这种熔断器因分断能力小，电弧也比较大，所以不宜用在精密电器中。

3.7.2 螺旋式熔断器

螺旋式熔断器主要用于交流50Hz或60Hz、额定电压为660V、额定电流为200A左右的电路中，主要起到对配电设备、导线等过载和短路保护的作用。

螺旋式熔断器主要由瓷帽、熔断管、上接线端、下接线端和底座等组成。熔芯内除了装有熔丝外，还填有灭弧的石英砂。熔断管上装有标有红色的熔断指示器，当熔

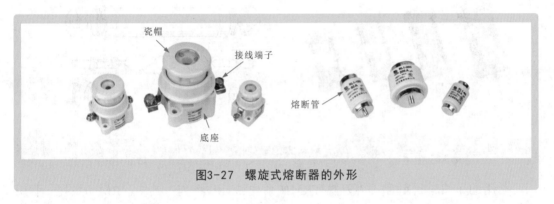

图3-26 瓷插入式熔断器在封闭式负荷开关中的应用

丝熔断时，指示器跳出，可从瓷帽上的玻璃窗口检查熔芯是否完好。图3-27所示为螺旋式熔断器的外形。

图3-27 螺旋式熔断器的外形

螺旋式熔断器具有体积小、结构紧凑、熔断快、分断能力强、熔丝更换方便、熔丝熔断后能自动指示等优点，常用于机床控制线路中的短路保护，在其内部有熔断指示器，当熔丝熔断时指示器跳出，从而体现其自动指示的优点。

螺旋式熔断器根据其规格参数的不同，电路中所应用的参数规格也有所区别。常用的螺旋式熔断器主要分为RL8D系列、RL6系列、RL7系列、RL1系列、RLS2系列、RL8B系列等。

（1）RL8D系列螺旋式熔断器。RL8D系列螺旋式熔断器主要用于交流50Hz、额定电压为380V、额定电流为2～200A的电路中，用于负荷和短路保护。

（2）RL6、RL7系列螺旋式熔断器。RL6、RL7螺旋式熔断器主要用于交流50Hz或60Hz、额定电压为500V（RL6系列）、600V（RL7系列）的配电系统中，用于线路的过负载及系统的短路保护。

（3）RL1系列螺旋式熔断器。RL1系列螺旋式熔断器一般用于交流50Hz、额定电压为380V、额定电流为200A的低压线路末端或分支电路中，作为电缆及电气设备的短路保护器起到过载保护的作用。

（4）RLS2系列螺旋式熔断器。RLS2系列螺旋式熔断器常用于交流50Hz或60Hz、额定电压为500V及以下的电路中，用于半导体硅整流元件和晶闸管保护。

（5）RL8B 系列螺旋式熔断器。RL8B系列螺旋式熔断器常用于交流或直流、额定电压为600V及以下、额定电流为100A及以下的配电、电控系统中，用于负荷保护与短路保护。

3.7.3 无填料封闭管式熔断器

无填料封闭管式熔断器的断流能力大、保护性好，主要用于交流电压为500V、直流电压为400V、额定电流为1000A以内的低压线路及成套配电设备中，具有短路保护和防止连续过载的功能。图3-28所示为无填料封闭管式熔断器的外形和结构，其内部主要由熔体、夹座、黄铜套管、黄铜帽、插刀、钢纸管等构成。

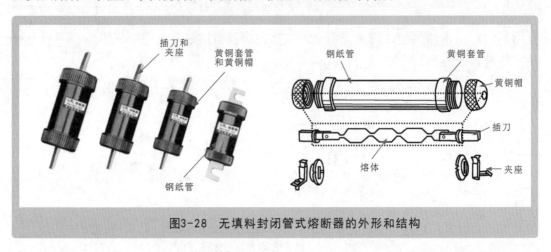

图3-28 无填料封闭管式熔断器的外形和结构

常用的无填料封闭管式熔断器有RM10系列和RM7系列，其中，RM10系列一般用于交流50Hz、额定电压为380V、额定电流为1000A的低压线路末端或分支电路中，用于电缆及电气设备的短路保护和过载保护。

3.7.4 有填料封闭管式熔断器

有填料封闭管式熔断器内部填充石英砂，主要应用于交流电压为380V、额定电流为1000A以内的电力网络和成套配电装置中。图3-29所示为有填料封闭管式熔断器的外形和结构，它主要由熔断器和底座构成。

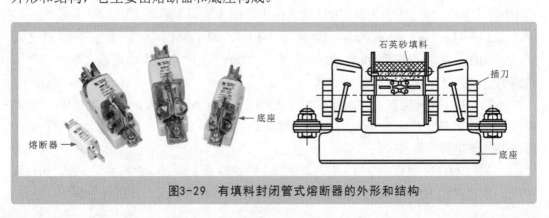

图3-29 有填料封闭管式熔断器的外形和结构

3.7.5 | 快速熔断器

　　快速熔断器是一种灵敏度高、快速动作型的熔断器。图3-30所示为快速熔断器的外形，它主要由熔断管和底座构成，其中，熔断管为一次性使用部件。

　　快速熔断器主要用于保护半导体元器件，有NGT、RS系列，RSF系列，RSG系列，RST3/4系列。不同的系列用于不同的元器件保护。

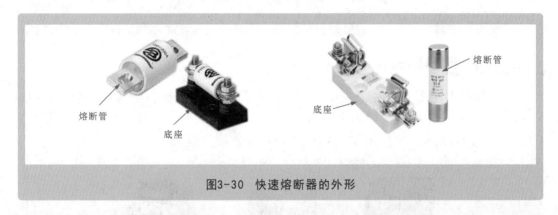

熔断管

底座

熔断管

底座

图3-30　快速熔断器的外形

　　（1）NGT、RS系列快速熔断器。NGT、RS系列快速熔断器又称半导体元器件保护熔断器，其额定电压为380～1000V，额定电流为630A及以下，额定分断能力为100kA。该熔断器能够良好地保护半导体元器件，避免电子电力元器件及其成套装置的短路故障。

　　（2）RSF系列快速熔断器。RSF系列快速熔断器主要用于保护半导体元器件，用于交流50Hz、额定电压为1000V、额定电流为2100A的电路中，用于大功率整流二极管、晶闸管及其成套变流装置的短路和不允许的过负载保护。

　　（3）RSG系列快速熔断器。RSG系列快速熔断器用于交流50Hz、额定电压为250～2000V、额定电流为10～7000A的电路中，用于整流二极管、晶闸管及其由半导体元器件组成的成套装置的短路和不允许过流设备的过负荷保护。

　　（4）RST3/4系列快速熔断器。RST3/4系列快速熔断器用于交流50Hz、额定电压为800V及以下、额定电流为1200A及以下的大容量新型半导体整流电路，用于半导体元器件及其所组成的电路中的短路故障保护，也可用于交流调压、调功中频、逆变电源等装置中。

3.8　接触器

　　接触器是通过电磁机构动作，频繁地接通和分断主电路的远距离操纵装置。在电路中通常以字母KM表示，而在型号上通常用C表示。接触器按触头通过电流种类的不同，可分为交流接触器和直流接触器。

补充说明

在选择接触器时，可根据接触器的型号判断接触器的类别。图3-31所示为接触器的型号含义。

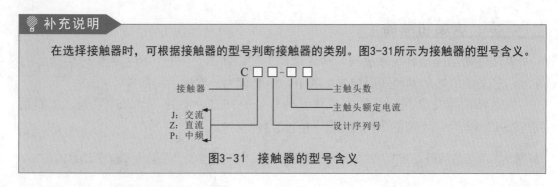

图3-31 接触器的型号含义

3.8.1 交流接触器

交流接触器主要用于供远距离接通与分断电路，并用于控制交流电动机的频繁启动和停止。常用的交流接触器主要有CJ0系列、CJ12系列、CJ18系列、CJ20系列、CJX系列、CJ45系列、SC系列等。图3-32所示为交流接触器的外形。

图3-32 交流接触器的外形

交流接触器常用于电动机控制电路中。当线圈通电后，将产生电磁吸力，从而克服弹簧的弹力使铁芯吸合，并带动触头动作，即辅助触头断开、主触头闭合；当线圈失电后，电磁铁失磁，电磁吸力消失，在弹簧的作用下触头复位。

3.8.2 直流接触器

直流接触器主要用于远距离接通与分断电路，频繁启动、停止直流电动机及控制直流电动机的换向或反接制动。常用的直流接触器主要有3TC系列、TCC1系列、CZ0系列、CZ22-63系列等。图3-33所示为直流接触器的外形，每个系列的直流接触器都是按其主要用途进行设计的。在选用直流接触器时，首先应了解其使用场合和控制对象的工作参数。

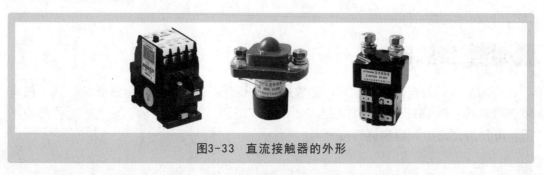

图3-33 直流接触器的外形

（1）3TC系列直流接触器。3TC系列直流接触器适用于直流电压为750V及以下、额定电流为400A及以下的电力线路中，用于远距离接通与分断电路，频繁启动、停止直流电动机及控制直流电动机的换向或反接制动。

（2）TCC1系列直流接触器。TCC1系列直流接触器应用于直流电压为110V，额定电流为400A及以下的直流电力系统中。此系列直流接触器主要用于内燃机车的各种辅助机械的驱动、电动机和励磁线路，也可用于电力机车、工矿机车、电动车组等的电力系统中。

（3）CZ0系列直流接触器。CZ0系列直流接触器主要用于直流电压为440V及以下、额定电流为600A及以下的电力线路中，用于远距离接通与分断电路，频繁启动、停止直流电动机及控制直流电动机的换向或反接制动，常用于冶金、机床等电气控制设备中。

在CZ0系列直流接触器中，CZ0-40C、CZ0-40D、CZ0-40C/22、CZ0-40D/22型直流接触器主要用于供远距离瞬时接通与分断35kV及以下的高压油断路器操动机构。

（4）CZ22-63系列直流接触器。CZ22-63系列直流接触器主要用于直流电压为440V、直流电流为63A的直流电力系统中，用于接通和分断电路及频繁地启动和控制直流电动机。但由于接触器的控制电源为交流，因此该系列的直流接触器特别适用于输出电压为可调的整流设备中。

3.9 主令电器

主令电器是用来频繁地按顺序操纵多个控制回路的主指令控制电器。它具有接通与断开电路的功能，利用这种功能，可以实现对生产机械的自动控制。主令电器有按钮、位置开关、接近开关及主令控制器等。

3.9.1 按钮

按钮可以实现在小电流电路中短时接通和断开电路的功能，以手动控制电路中的继电器或接触器等器件，间接起到控制主电路的功能。图3-34所示为几种按钮的外形。

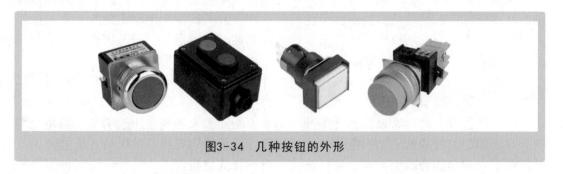

图3-34　几种按钮的外形

不同类型的按钮，其内部结构也有所不同，常见的有动合按钮、动断按钮、复合按钮三种，如图3-35所示。

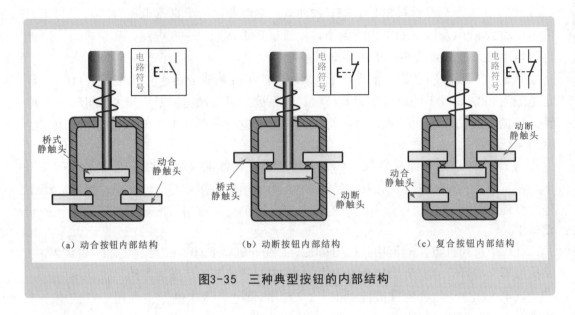

（a）动合按钮内部结构　　　（b）动断按钮内部结构　　　（c）复合按钮内部结构

图3-35　三种典型按钮的内部结构

按钮根据其应用场合、用途、回路需要等选用，如果是嵌装在操作面板上的按钮，可选用开启式；如果需要显示工作状态，可选用光标式；如果在非常重要处，为防止无关人员误操作宜用钥匙操作式；如果在有腐蚀性气体处，要用防腐式。

根据工作状态指示或工作情况需求，可以选择按钮或指示灯的颜色：启动按钮可选用白色、灰色、黑色、绿色；急停按钮可选用红色；停止按钮可选用黑色、灰色或白色，优先用黑色，也允许选用红色。

不同系列的按钮其应用范围也有所区别。可分为LAY3系列按钮和KS系列按钮。

（1）LAY3系列按钮。LAY3系列按钮适用于交流50Hz或60Hz、电压为660V及直流电压为440V的电磁启动器、接触器、继电器及其他电气线路中，起遥控的作用。

（2）KS系列按钮。KS系列按钮适用于交流50Hz、电压为380V及直流电压为220V的磁力启动器、接触器及其他电气线路中。

3.9.2 位置开关

位置开关又称行程开关或限位开关，是一种小电流电气开关，可用来限制机械运动的行程或位置，使运动机械实现自动控制。位置开关在控制电路中摆脱了手动操作的限制，其内部的操动机构在机器的运动部件到达一个预定订位置时进行了接通和断开电路的操作，从而达到一定的控制要求。

位置开关按其结构可以分为按钮式位置开关、单轮旋转式位置开关和双轮旋转式位置开关三种，如图3-36所示。

应用位置开关时，可以根据使用的环境及控制对象来选择使用的类型。若是运用在有规则的控制并频繁通断的电路中，可以选择使用按钮式或单轮旋转式位置开关；若是用于无规则的通断电路中，可以选用双轮旋转式位置开关；另外，还应根据控制回路的电压和电流来选择位置开关的类型。目前，常采用的位置开关主要有JW2系列、JLXK1系列、LX44系列。

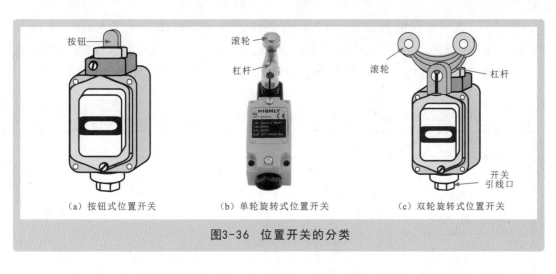

（a）按钮式位置开关　　（b）单轮旋转式位置开关　　（c）双轮旋转式位置开关

图3-36　位置开关的分类

（1）JW2系列位置开关。JW2系列位置开关主要用于交流50Hz、电压为380V、直流电压为220V的电路中，用于控制运动机构的行程或变换其运动方向或速度。JW2系列位置开关的主要技术参数见表3-3。

表3-3　JW2系列位置开关的主要技术参数

工作电压/V	直流220	交流380
控制容量/VA	30	100
额定发热电流/A	3	30

（2）JLXK1系列位置开关。JLXK1系列位置开关主要用于交流50Hz、电压为380V、直流电压为220V的电路中，用于机床的自动控制、限制运动机构动作或程序控制。JLXK1系列位置开关的主要技术参数见表3-4。

表3-4　JLXK1系列位置开关的主要技术参数

型号	JLXK1-411M	JLXK1-311M	JLXK1-211M	JLXK1-111M
结构形式	直动滚轮防护式	直动防护式	双轮防护式	单轮防护式
电压	交流380V、直流220V			
电流/A	5			
动作角度	—	—	≤45°	12°~15°
行程动作/mm	1~3	1~3	—	—
超行程动作/mm	2~4	2~4	—	—
触头转制时间/s	≤0.04			

（3） LX44系列位置开关。LX44系列位置开关主要用于交流50Hz、电压为380V的电力电路中，用于限制0.5～100t的CD1、MD1型的钢丝绳式电动葫芦升降运动的限位保护，可以直接分断主电路。LX44系列位置开关的主要技术参数见表3-5。

表3-5　LX44系列位置开关的主要技术参数

额定电压/V	380		
型号	LX44-40	LX44-20	LX44-10
额定电流/A	40	20	10
可控电动机最大功率/kW	13	7.5	4.5
动作行程/mm	12～14	8～10	6～8
操作力/N	≤100	≤50	≤30
允许动作行程/mm	≤3		

3.9.3 | 接近开关

接近开关也叫无触点位置开关，当某种物体与之接近到一定距离时就发出"动作"信号，它无须施以机械力。接近开关的用途已经远远超出一般的位置开关的行程和限位保护，它还可以用于高速计数、测速、液面控制、检测金属体的存在、检测零件尺寸，无触点开关在自动控制系统中可被用作位置传感器等。

接近开关根据外形结构的不同可以分为方形接近开关和圆形接近开关等，如图3-37所示。

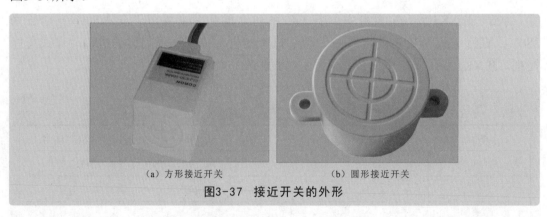

（a）方形接近开关　　　　　　　（b）圆形接近开关

图3-37　接近开关的外形

常用的接近开关主要有电感式接近开关、电容式接近开关、光电式接近开关等，如图3-38所示。

电感式接近开关由三大部分组成：振荡器、开关电路和放大输出电路。振荡器的信号产生一个交变磁场。当金属物体接近这一磁场并达到感应距离时，在金属物体内产生涡流，从而导致振荡衰减，以至停振。振荡器振荡及停振的变化被后级放大电路处理并转换成开关信号，触发驱动控制器件，从而达到非接触式的检测目的。

（a）电感式接近开关　　（b）电容式接近开关　　（c）光电式接近开关

图3-38　常见的接近开关

电容式接近开关的测量头通常构成电容的一个极板，而另一个极板是开关的外壳，这个外壳在测量过程中通常接地或与设备的机壳连接。当有物体移向接近开关时，不论它是否为导体，由于它的接近，总要使电容的介电常数发生变化，从而使电容量发生变化，使得与测量头相连的电路状态也随之发生变化，由此便可控制开关的接通或断开。

光电式接近开关是利用光电效应做成的开关。它将发光器件与光电器件按一定的方向装在同一个测量头内，当有反光面（被检测物体）接近时，光电器件接收到反射光后便有信号输出，由此便可"感知"有物体接近。它可用作移动物体的检测装置。

3.9.4 | 主令控制器

主令控制器可以实现频繁地手动控制多个回路，并可以通过接触器来实现被控电动机的启动、调速和反转。图3-39所示为主令控制器的外形及结构。从图3-39中可知，主令控制器主要是由弹簧、转动轴、手柄、接线柱、动触头、静触头及凸轮块等组成的。

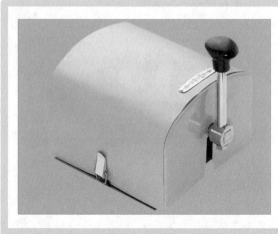
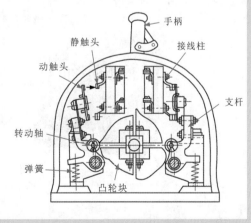

图3-39　主令控制器的外形及结构

在选用主令控制器时应注意：被控电路的数量应和主令控制器的控制电路数量相同；触头闭合的顺序要有规则性；长期工作时的电流及接通或分断电路时的电流应在允许电流范围之内。选用主令控制器时，也可以参考其相应的技术参数。常见LK系列主令控制器的技术参数见表3-6。

表3-6 常见LK系列主令控制器的技术参数

主令控制器的型号	LK4-148	LK4-658	LK5-227	LK5-051-1003
可控制电路的数量	8	3或5	2	10
防护式样	保护式	防水式	防水式	保护式

3.10 继电器

继电器是电气自动化的基本元器件之一，是一种根据外界输入量来控制电路接通或断开的自动电器，当输入量的变化达到规定要求时，在电气输出电路中使控制量发生预定的阶跃变化。其输入量可以是电压、电流等电量，也可以是非电量，如温度、速度、压力等；输出量则是触头的动作。继电器主要用于控制、线路保护或信号转换。

继电器按其用途可以分为通用继电器、控制继电器和保护继电器；按其动作原理可以分为电磁式继电器、电子式继电器和电动式继电器；而按其信号反应可以分为中间继电器、电流继电器、电压继电器、速度继电器、热继电器、时间继电器和压力继电器等。

3.10.1 通用继电器

通用继电器既可以实现控制功能，也可以实现保护功能。通用继电器可以分为电磁式继电器和固态继电器，图3-40所示为通用继电器的外形。

(a) 电磁继电器　　　　　(b) 固态继电器

图3-40 通用继电器的外形

3.10.2 | 电流继电器

电流继电器属于保护继电器之一，是根据继电器线圈中电流大小而接通或断开电路的继电器。图3-41所示为电流继电器的外形。通常情况下，电流继电器分为过电流继电器、欠电流继电器、直流继电器、交流继电器、通用继电器等。根据电流继电器应用范围的不同，来选择不同的电流继电器。

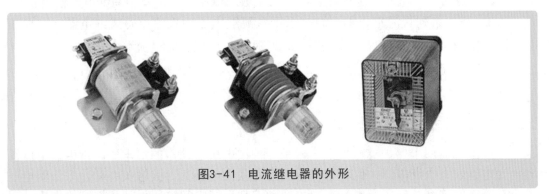

图3-41 电流继电器的外形

1 交/直流继电器

交/直流继电器的常用型号有JL14系列、JL15系列、JT4系列、JTX系列等，不同的系列应用在不同的领域中。

（1）JL14系列交/直流继电器。JL14系列交/直流继电器常作为过电流或欠电流保护继电器，应用于交流电压为380V及以下或直流电压为440V及以下的控制电路中。

（2）JL15系列交/直流继电器。JL15系列交/直流继电器属于一种过电流瞬时动作的电磁式继电器。此系列继电器作为电力传动系统的过电流保护元器件，应用于交流50Hz、电压为380V及以下或直流电压为440V及以下、电流为1200A及以下的一次回路中。

（3）JT4系列交/直流继电器。JT4 系列交/直流继电器作为零电压继电器、过电流继电器、过电压继电器和中间继电器，应用于交流50Hz或60Hz、额定电压为380V及以下的自动控制电路中。

（4）JTX系列交/直流继电器。JTX系列交/直流继电器为小型通用继电器，由直流或交流的控制电路系统控制。此系列继电器主要应用于一般的自动装置、继电保护装置、信号装置和通信设备中，作为信号指示和启闭电路。

2 直流继电器

直流继电器根据不同的应用场合、要求等，常采用JT3系列、JT3A系列、JT18系列。

第1章
第2章
第3章
第4章
第5章
第6章
第7章
第8章
第9章
第10章
第11章
第12章
第13章
第14章
第15章
第16章

（1）JT3系列直流继电器。JT3系列直流继电器作为电压继电器、中间继电器、电流继电器和时间继电器，主要用于交流电压为440V及以下的电力传动控制系统中。此系列继电器派生的双线圈继电器具有独特的性能，应用在电气联锁繁多的自动控制系统中。

（2）JT3A系列直流继电器。JT3A系列直流继电器可在直流自动控制线路中作为时间（断电延时）、电压、欠电流、高返回系数的电压或电流及中间继电器使用。

（3）JT18系列直流继电器。JT18系列直流继电器为直流电磁式继电器，主要用于直流电压为440V的主电路，作为断电延时时间、电压、欠电流继电器，而在直流电压为220V、直流电流为630A的电路中，它一般作为控制继电器使用。

3.10.3 电压继电器

电压继电器属于保护继电器之一，是一种按电压值动作的继电器。常用的电压继电器为电磁式电压继电器，此种继电器线圈并联在电路上，其触头的动作与线圈电压大小有直接的关系。电压继电器在电力拖动控制系统中起电压保护和控制的作用，用于控制电路的接通或断开。图3-42所示为电压继电器的外形。

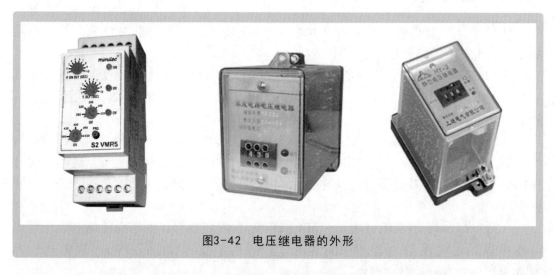

图3-42　电压继电器的外形

电压继电器按照其线圈所接电压的不同，可分为交流电压继电器和直流电压继电器；按其吸合电压的不同，又可分为过电压继电器和欠电压继电器。其中，过电压继电器主要用于零电压保护电路中，欠电压继电器则用于欠电压保护电路中。

电压继电器常用的有JY-1系列电压继电器、JY-20系列电压继电器、DY-30/30H系列电压继电器、DY-70电压继电器。

（1）JY-1系列电压继电器。JY-1系列电压继电器用于输电线路、发电机和电动机保护线路中的过电压保护或作为低压闭锁的启动元件。此种继电器带红色信号牌，信号牌可以通过手动复位。该类继电器操作面板上的拨轮开关可直接对动作值进行整定，直观方便。

（2）JY-20系列电压继电器。JY-20系列电压继电器作为过电压保护或低电压闭锁的启动元件，主要用于发电机、变压器和输电线路的继电保护装置中。

（3）DY-30/30H系列电压继电器。DY-30/30H系列电压继电器为瞬时动作电磁式继电器，该继电器作为过电压保护或低电压闭锁的动作元件，常用于继电保护线路中。

（4）DY-70电压继电器。DY-70电压继电器为直流电压继电器，主要作为过电压保护或低电压闭锁的动作元件，用于发电机保护中。

3.10.4 热继电器

热继电器属于保护继电器之一，是一种利用电流的热效应原理实现过热保护的一种继电器。图3-43所示为热继电器的外形。

图3-43　热继电器的外形

目前，常用的热继电器主要有JR20系列、GR1系列、LR1-D系列等。

在选用热继电器时，主要是根据负载设备的额定电流来确定其型号和热元件的电流等级的，而且热继电器的额定电流通常与负载设备的额定电流相等。

（1）JR20系列热继电器。JR20系列热继电器是一种双金属片式热继电器，此系列继电器作为三相异步电动机的过负载和断相保护，用于交流50Hz，主电路电压为660V、电流为160A的传动系统中。

（2）GR1系列热继电器。GR1系列热继电器用于交流电动机的过负荷和断路保护，常用于交流50Hz或60Hz、额定电压为660V及以下的电力系统中。

（3）LR1-D系列热继电器。LR1-D系列热继电器具有差动机构和温度补偿功能，主要用于交流50Hz或60Hz、电压为660V、电流为80A以下的电路中，用于交流电动机的热保护。

3.10.5 │ 温度继电器

温度继电器属于保护继电器之一，与热继电器相比，使用温度继电器保护电动机能够充分利用电动机的过载能力。当电动机频繁启动、反复短时工作使操作频率过高，或者电动机过电流工作时，但由于电网电压过高、电动机进风口被堵等情况，热继电器不能起到有效的保护作用，此类问题，借助温度继电器就能良好地解决。图3-44所示为温度继电器的外形。

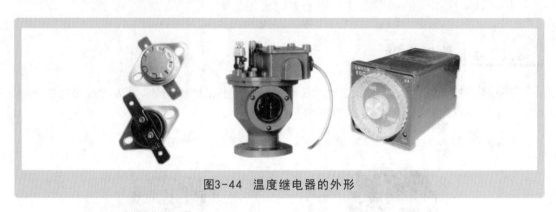

图3-44 温度继电器的外形

3.10.6 │ 中间继电器

中间继电器属于控制继电器，通常用来控制各种电磁线圈使信号得到放大，将一个输入信号转变成一个或多个输出信号。图3-45所示为中间继电器的外形。

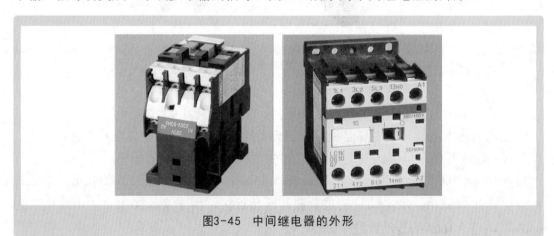

图3-45 中间继电器的外形

中间继电器的工作原理和接触器基本相同，不同的是触头系统，触头系统没有主、辅之分，各个触头所允许通过的电流大小是相等的。

中间继电器的主要特点是在触头系统中触点数量较多，在控制电路中起到中间加大触点数量和容量的作用。

选用中间继电器，主要依据控制电路的电压等级，同时还要考虑所需触头数量、种类及容量是否满足控制线路的要求。目前，常用的中间继电器主要有JZ17系列、JZ18系列、DZ-430系列、DZ-100系列、JTZ1系列、YZJ1系列等。

（1）JZ17系列中间继电器。JZ17系列中间继电器适用于交流50Hz或60Hz、额定电压为380V及以下的控制电路中，用于信号传递、放大、联锁、转换及隔离。

（2）JZ18系列中间继电器。JZ18系列中间继电器用于信号放大和增加信号数量，适用于交流50Hz、电压为380V及以下或直流电压为220V及以下的控制电路中。

（3）DZ-430系列中间继电器。DZ-430系列中间继电器用于交/直流操作的各种保护盒自动控制装置中，此系列的继电器以增加触点数量和触点容量对电路进行控制。

（4）DZ-100系列中间继电器。DZ-100系列中间继电器为电磁式快速动作继电器，用于扩大被控制的电路，主要用于直流电压不超过110V的自动化线路中。

（5）JTZ1系列中间继电器。JTZ1系列中间继电器用于电子设备、通信设备、数字控制装置及自动控制等交/直流电路中，作为切换电路与扩大控制范围的元器件。

（6）YZJ1系列中间继电器。YZJ1系列中间继电器作为阀型电磁式中间继电器，主要用于继电保护的直流回路中，用于增加保护和控制回路的触点数量和触点容量。

3.10.7 | 速度继电器

速度继电器又称反接制动继电器，是控制继电器之一。这种继电器主要与接触器配合使用，可以按照被控制电动机的转速大小，使电动机接通或断开，用来实现电动机的反接制动。图3-46所示为速度继电器的外形，常见型号有JY1系列和JFZ0系列。

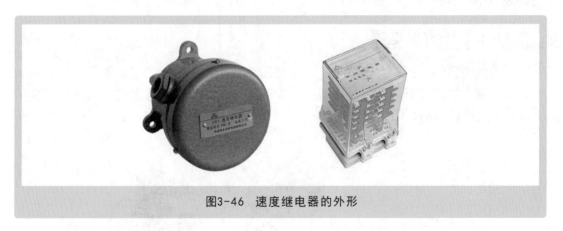

图3-46 速度继电器的外形

3.10.8 | 时间继电器

时间继电器属于控制继电器之一，常用于控制各种电磁线圈，使信号得到放大，将一个输入信号转变成一个或多个输出信号。图3-47所示为时间继电器的外形。常见的时间继电器主要有DS-30H系列、JS11系列、JSK4系列、JS25系列等。

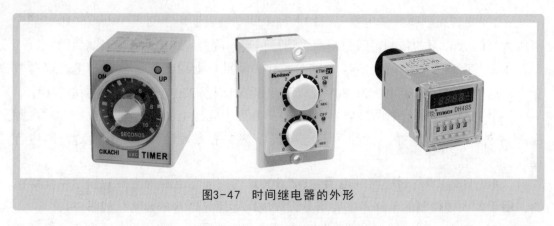

图3-47　时间继电器的外形

（1）DS-30H系列时间继电器。DS-30H系列时间继电器在保护装置中用以实现保护与后备保护的选择性配合，适用于各种保护及自动装置线路中，使被控制元器件达到所需要的延时。

（2）JS11系列时间继电器。JS11系列时间继电器主要用于交流50Hz、电压为380V的各种控制系统中，使控制对象按预定的时间动作。

（3）JSK4系列时间继电器。JSK4系列时间继电器为空气式延时继电器，它作为延时控制元器件，按预定时间接通或切断电路，适用于交流50Hz或60Hz、额定电压为660V及以下的自动控制线路中。

（4）JS25系列时间继电器。JS25系列时间继电器作为控制元器件，用于控制其他元器件按预定的时间动作，主要用于交流50Hz、电压为380V及以下或直流电压为220V及以下的各种控制系统中。

3.10.9　压力继电器

压力继电器属于控制继电器之一，是将压力转换成电信号的液压器件。图3-48所示为压力继电器的外形。压力继电器主要检测水、油、气体及蒸汽的压力等，主要用于液晶、发电、石油、化工等行业。

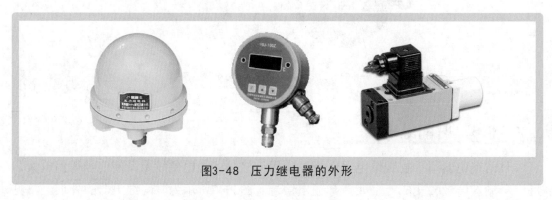

图3-48　压力继电器的外形

目前，常用的压力继电器主要有DYK系列差压压力继电器、SZK系列数显回差可调型压力继电器、YKV系列通用型真空压力继电器、YSJ系列数字显示压力继电器、ZKA系列滞后回差可调型半导体继电器等。

4

本章系统介绍电工识图相关知识。

● 电工电路的符号标识

◇ 电工电路的文字符号标识

◇ 电工电路的图形符号标识

● 电工电路识图方法

◇ 电工电路的识图要领

◇ 电工电路的识图步骤

第4章

电工识图

4.1 电工电路的符号标识

4.1.1 电工电路的文字符号标识

文字符号是电工电路中常用的字符代码，一般标注在电路中的电气设备、装置和元器件的近旁，以表示其种类和名称。常用的文字符号有基本文字符号、辅助文字符号、组合文字符号和专用文字符号。

1 基本文字符号

通常，基本文字符号分为单字母符号和双字母符号。其中，单字母符号是按拉丁字母将各种电气设备、装置、元器件划分为23个大类。每大类用一个大写字母表示。如R表示电阻器类，S表示开关选择器类，在电工电路中，单字母优先选用。双字母符号由一个表示种类的单字母符号与另一个字母组成。通常为单字母符号在前、另一个字母在后的组合形式。例如，F表示保护器件类，FU表示熔断器；G表示电源类，GB表示蓄电池（B为蓄电池的英文名称Battery的首字母）；T表示变压器类，"TA"表示电流互感器（"A"为电流表的英文名称Ammeter的首字母）。

例如，图4-1所示为电工电路中的基本文字符号。

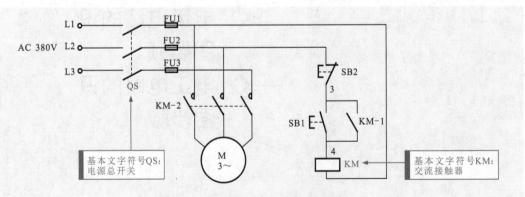

图4-1 电工电路中的基本文字符号

电工电路中常见的基本文字符号主要有组件部件、变换器、电容器、半导体器件等符号。图4-2为电工电路中的基本文字符号。

种类	组件部件										
字母符号	A/AB	A/AD	A/AF	A/AG	A/AJ	A/AM	A/AV	A/AP	A/AT	A/ATR	A/AR、AVR
中文名称	电桥	晶体管放大器	频率调节器	给定积分器	集成电路放大器	磁放大器	电子管放大器	印制电路板脉冲放大器	抽屉柜触发器	转矩调节器	支架盘、电动机放大机

种类	组件部件			变换器（从非电量到电量或从电量到非电量）						B/BC	B/BO
字母符号	A			B						B/BC	B/BO
中文名称	分立元件放大器	激光器	调节器	热电传感器、热电池、光电池	测功计、晶体转换器、送话器	拾音器、扬声器、耳机	自整角机、旋转变压器	印制电路板脉冲放大器	模拟和多级数字变换器或传感器	电流变换器	光电耦合器

种类	变换器（从非电量到电量或从电量到非电量）								电容器		
字母符号	B/BP	B/BPF	B/BQ	B/BR	B/BT	B/BU	B/BUF	B/BV	C	C/CD	C/CH
中文名称	压力变换器	触发器	位置变换器	旋转变换器	温度变换器	电压变换器	电压—频率变换器	速度变换器	电容器	电流微分环节	斩波器

种类	二进制单元、延迟器件、存储器件											杂项	
字母符号	D						D/DA	D/D(A)N	D/DN	D/DO	D/DPS	E	E/EH
中文名称	数字集成电路和器件	延迟线、双稳态元件	单稳态元件、磁芯存储器	寄存器、带存储器	盘式带记录机	光器件、热器件	与门	与非门	非门	或门	数字信号处理器	本图其他地方未提及的元件续表	发热器件

种类	杂项		保护器件								发电机电源	
字母符号	E/EL	E/EV	F	F/FA	F/FB	F/FF	F/FR	F/FS	F/FU	F/FV	G	G/GS
中文名称	照明灯	空气调节器	过电压放电器件、避雷器	具有瞬时动作的限流保护器件	反馈环节	快速熔断器	具有延时动作的限流保护器件	具有延时和瞬时动作的限流保护器件	熔断器	限压保护器件	旋转发电机、振荡器	发生器、同步发电机

种类	发电机、电源						信号器件				继电器、接触器	
字母符号	G/GA	G/GB	G/GF	G/GD	G/G-M	G/GT	H	H/HA	H/HL	H/HR	K	K/KA
中文名称	异步发电机	蓄电池	旋转式或固定式变频机、函数发生器	驱动器	发电机—电动机组	触发器（装置）	信号器件	声响指示器	光指示器、指示灯	热脱口器	继电器	瞬时继电器、瞬时有或无继电器

种类	继电器、接触器											
字母符号	K/KA	K/KC	K/KG	K/KL	K/KM	K/KFM	K/KFR	K/KP	K/KT	K/KTP	K/KR	K/KVC
中文名称	交流接触器、电流继电器	控制继电器	气体继电器	闭锁接触继电器、双稳态继电器	接触器、中间继电器	正向接触器	反向接触器	极化继电器、簧片继电器、功率继电器	延时有或无继电器、时间继电器	温度继电器、跳闸继电器	逆流继电器	欠电流继电器

种类	电感器、电抗器					电动机						
字母符号	KVV	L	L	L/LA	L/LB	M	M/MC	M/MD	M/MS	M/MG	M/MT	M/MW(R)
中文名称	欠电压继电器	感应线圈、线路陷波器	电抗器（并联和串联）	桥臂电抗器	平衡电抗器	电动机	笼型电动机	直流电动机	同步电动机	可作为发电机或电动机用的电动机	力矩电动机	绕线转子电动机

图4-2 电工电路中的基本文字符号

种类	模拟集成电路	测量设备、试验设备										
字母符号	N	P	P	P / PA	P / PC	P / PJ	P / PLC	P / PRC	P / PS	P / PT	P / PV	P / PWM
中文名称	运算放大器、模拟/数字混合器件	指示器件、记录器件	计算测量器件、信号发生器	电流表	（脉冲）计数器	电度表（电能表）	可编程控制器	环形计数器	记录仪器、信号发生器	时钟、操作时间表	电压表	脉冲调制器

种类	电力电路的开关					电阻器						
字母符号	Q / QF	Q / QK	Q / QL	Q / QM	Q / QS	R	R	R / RP	R / RS	R / RT	R / RV	S
中文名称	断路器	刀开关	负荷开关	电动机保护开关	隔离开关	电阻器	变阻器	电位器	测量分路表	热敏电阻器	压敏电阻器	拨号接触器、连接极

种类	控制电路的开关选择器									变压器		
字母符号	S	S / SA	S / SB	S / SL	S / SM	S / SP	S / SQ	S / SR	S / ST	T / TA	T / TAN	T / TC
中文名称	机电式有或无传感器	控制开关、选择开关、电子模拟开关	按钮开关、停止按钮	液体标高传感器	主令开关、伺服电动机	压力传感器	位置传感器	转数传感器	温度传感器	电流互感器	零序电流互感器	控制电路电源用变压器

种类	变压器							调制器变换器				
字母符号	T / TI	T / TM	T / TP	T / TR	T / TS	T / TU	T / TV	U	U / UR	U / UI	U / UPW	U / UD
中文名称	逆变变压器	电力变压器	脉冲变压器	整流变压器	磁稳压器	自耦变压器	电压互感器	鉴频器、编码器、电报译码器	变流器、整流器	逆变器	脉冲调制器	解调器

种类	电真空器件半导体器件							传输通道、波导、天线				
字母符号	U / UF	V	V / VC	V / VD	V / VE	V / VZ	V / VT	V / VS	W	W	W / WB	W / WF
中文名称	变频器	气体放电管、二极管、晶闸管	控制电路用电源的整流器	二极管	电子管	稳压二极管	晶体三极管、场效应晶体管	晶闸管	导线、电缆、波导、波导定向耦合器	偶极天线、抛物面天线	母线	闪光信号小母线

种类	端子、插头、插座						电气操作的机械装置					
字母符号	X	X	X / XB	X / XJ	X / XP	X / XS	X / XT	Y	Y / YA	Y / YB	Y / YC	Y / YH
中文名称	连接插头和插座、接线柱	电缆封端和接头、焊接端子板	连接片	测试塞孔	插头	插座	端子板	气阀	电磁铁	电磁制动器	电磁离合器	电磁吸盘

种类	电气操作的机械装置		终端设备、混合变压器、滤波器、均衡器、限幅器			
字母符号	Y / YM	Y / YV	Z	Z	Z	Z
中文名称	电动阀	电磁阀	电缆平衡网络	晶体滤波器	压缩扩张器	网络

图4-2 （续）

2 辅助文字符号

电气设备、装置和元器件的种类和名称可用基本文字符号表示，而它们的功能、状态和特征则用辅助文字符号表示。图4-3为典型电工电路中的辅助文字符号。

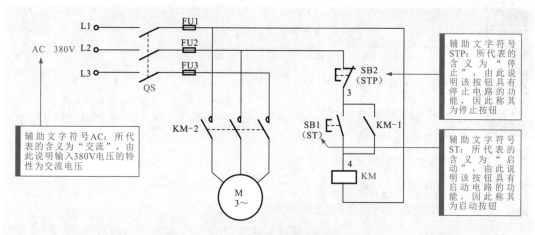

图4-3 典型电工电路中的辅助文字符号

辅助文字符号
STP：所代表的含义为"停止"，由此说明该按钮具有停止电路的功能，因此称其为停止按钮

辅助文字符号AC：所代表的含义为"交流"，由此说明输入380V电压的特性为交流电压

辅助文字符号ST：所代表的含义为"启动"，由此说明该按钮具有启动电路的功能，因此称其为启动按钮

补充说明

辅助文字符号通常由表示功能、状态和特征的英文单词的前一、二位字母构成，也可由常用缩略语或约定俗成的习惯用法构成，一般不能超过三个字母。例如，IN表示输入，ON表示闭合，STE表示步进；表示"启动"采用START的前两个字母ST；表示"停止"（STOP）的辅助文字符号必须再加一个字母，为STP。辅助文字符号也可放在表示种类的单字母符号后边组合成双字母符号，此时辅助文字符号一般采用表示功能、状态和特征的英文单词的第一个字母，如ST表示启动、YB表示电磁制动器等。

某些辅助文字符号本身具有独立的、确切的意义，也可以单独使用。例如，N表示交流电源的中性线，DC表示直流电，AC表示交流电，PE表示保护接地等。图4-4为电工电路中常用的辅助文字符号。

文字符号	A	A	AC	A，AUT	ACC	ADD	ADJ	AUX	ASY	B，BRK	BK
名称	电流	模拟	交流	自动	加速	附加	可调	辅助	异步	制动	黑

文字符号	BL	BW	C	CW	CCW	D	D	D	D	DC	DEC
名称	蓝	向后	控制	顺时针	逆时针	延时（延迟）	差动	数字	降	直流	减

文字符号	E	EM	F	FB	FW	GN	H	IN	IND	INC	N
名称	接地	紧急	快速	反馈	正、向前	绿	高	输入	感应	增	中性线

图4-4 电工电路中常用的辅助文字符号

文字符号	L	L	L	LA	M	M	M	M，MAN	ON	OFF	RD
名称	左	限制	低	闭锁	主	中	中间线	手动	闭合	断开	红

文字符号	OUT	P	P	PE	PEN	PU	R	R	R	RES	R，RST
名称	输出	压力	保护	保护接地	保护接地与中性线共用	不接地保护	记录	右	反	备用	复位

文字符号	V	RUN	S	SAT	ST	S，SET	STE	STP	SYN	T	T
名称	真空	运转	信号	饱和	启动	位置定位	步进	停止	同步	温度	时间

文字符号	TE	V	V	YE	WH
名称	无噪声（防干扰）接地	电压	速度	黄	白

图4-4（续）

3 组合文字符号

组合文字符号通常由字母加数字代码构成，是目前最常采用的一种文字符号。其中，字母表示各种电气设备、装置和元器件的种类或名称（为基本文字符号），数字表示其对应的编号（序号）。图4-5所示为典型电工电路中的组合文字符号。

将数字代码与字母符号组合起来使用，可说明同一类电气设备、元器件的不同编号。例如，电工电路中有三个相同类型的继电器，则其文字符号分别标识为KA1、KA2、KA3。反过来说，在电工电路中，相同字母标识的器件为同一类器件，则字母后面的数字最大值表示该线路中该器件的总个数。

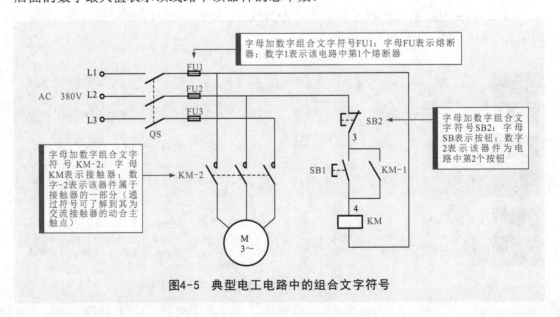

图4-5 典型电工电路中的组合文字符号

图4-5中，以字母FU作为文字标识的器件有3个，即FU1、FU2、FU3，分别表示该线路中的第1个熔断器、第2个熔断器、第3个熔断器，表明该线路中有3个熔断器；KM-1、KM-2中的基本文字符号均为KM，说明这两个器件与KM属于同一个器件，是KM中所包含的两个部分，即接触器KM中的两个触点。

4 专用文字符号

在电工电路中，有些时候为了清楚地表示接线端子和特定导线的类型、颜色或用途，通常用专用文字符号表示。

（1）表示接线端子和特定导线的专用文字符号。在电工电路图中，一些具有特殊用途的接线端子、导线等通常采用一些专用文字符号进行标识，这里我们归纳总结了一些常用的特殊用途的专用文字符号。图4-6为特殊用途的专用文字符号。

符号	L1	L2	L3	N	U	V	W	L+	L-	M	E	PE
名称	交流系统中电源第一相	交流系统中电源第二相	交流系统中电源第三相	中性线	交流系统中设备第一相	交流系统中设备第二相	交流系统中设备第三相	直流系统电源正极	直流系统电源负极	直流系统电源中间线	接地	保护接地

符号	PU	PEN	TE	MM	CC	AC	DC
名称	不接地保护	保护接地线和中间线共用	无噪声接地	机壳或机架	等电位	交流电	直流电

图4-6 特殊用途的专用文字符号

（2）表示颜色的文字符号。由于大多数电工电路图等技术资料为黑白颜色，很多导线的颜色无法正确区分，因此在电工电路图上通常用字母代号表示导线的颜色，用于区分导线的功能。图4-7为常见的表示颜色的文字符号。

符号	RD	YE	GN	BU	VT	WH	GY	BK	BN	OG	GNYE	SR
颜色	红	黄	绿	蓝	紫、紫红	白	灰、蓝灰	黑	棕	橙	绿黄	银白
符号	TQ	GD	PK									
颜色	青绿	金黄	粉红									

图4-7 常见的表示颜色的文字符号

第1章
第2章
第3章
第4章
第5章
第6章
第7章
第8章
第9章
第10章
第11章
第12章
第13章
第14章
第15章
第16章

除了上述几种基本的文字符号外，为了实现与国际接轨，近几年生产的大多数电气仪表中也都采用了大量的英文语句或单词，甚至是缩写等作为文字符号来表示仪表的类型、功能、量程和性能等。

通常，一些文字符号直接用于标识仪表的类型及名称，有些文字符号则表示仪表上的相关量程、用途等。图4-8为仪表或仪表上的专用文字符号。

符号	A	mA	μA	kA	Ah	V	mV	kV	W	kW	var	Wh
名称	安培表（电流表）	毫安表	微安表	千安表	安培小时表	伏特表（电压表）	毫伏表	千伏表	瓦特表（功率表）	千瓦表	乏表（无功功率表）	电度表（瓦时表）
符号	varh	Hz	λ	cosφ	φ	Ω	MΩ	n	h	θ(t°)	±	ΣA
名称	乏时表	频率表	波长表	功率因数表	相位表	欧姆表	绝缘电阻表	转速表	小时表	温度表（计）	极性表	测量仪表（如电量测量表）
符号	DCV	DCA	ACV	OHM (OHMS)	BATT	OFF	MDOEL	HEF	COM	ON/OFF	HOLD	MADE IN CHINA
含义	直流电压	直流电流	交流电压	欧姆	电池	关、关机	型号	三极管直流电流放大倍数测量插孔与挡位	模拟地公共插口	开/关	数据保持	中国制造
用途	直流电压测量	直流电流测量	交流电压测量	欧姆阻值的测量								
备注	用V或V-表示	用A或A-表示	用V或V～表示	用Ω或R表示								

国产7050、7001、7002、7005、7007等指针万用表设有该量程

图4-8　其他常见的专用文字符号

4.1.2 电工电路的图形符号标识

当我们看到一张电气控制线路图时，其所包含的不同元器件、装置、线路及安装连接等并不是这些物理部件的实际外形，而是由每种物理部件对应的图样或简图进行体现的，我们把这种"图样"或"简图"称为图形符号。

图形符号是构成电气控制线路图的基本单元，就像一篇文章中的"词汇"。因此，我们要理解电气控制线路的原理，首先要正确地了解、熟悉和识别这些符号的形式、内容、含义，以及它们之间的相互关系。

1 电工电路中电子元器件的图形符号

电子元器件是构成电工电路的基本电子器件，常用的电子元器件有很多种，而且每种电子元器件都用其自己的图形符号进行标识。

图4-9所示为典型的光控照明电工实用电路。识读图中电子元器件的图形符号含义，可建立起与实物电子元器件的对应关系，这是学习识图过程的第一步。

双向晶闸管

可调电阻器

普通电阻器

图形符号在电路中表示双向晶闸管，用字母VS标识，在电路中用于调节电压、电流或用作交流无触点开关，一旦导通，即使失去触发电压，也能继续保持导通状态

图形符号在电路中表示可调电阻器（可变电阻器），用字母RP标识，在电路中可通过调整其阻值改变电路中的相关参数

图形符号在电路中表示普通电阻器，用字母R标识，在电路中起到限流、降压等作用

EL

RP 91k

R 100

~220V

VS

VD

A

C2 0.1μ

MG

C1 0.1μ

图形符号在电路中表示普通电容器，用字母C标识，是一种电能储存元件，在电路中起到滤波等作用，而且具有允许交流电流通过、阻止直流电流通过的特性

图形符号在电路中表示双向触发二极管，用字母VD标识，在电路中常用来触发双向晶闸管或用于过电压保护、定时等

图形符号在电路中表示光敏电阻器，用字母MG标识，在电路中用于将感测的光信号转换为电信号，并被电路所识别

双向触发二极管

光敏电阻器

电容器

图4-9 典型的光控照明电工实用电路

电工电路中，常用的电子元器件主要有电阻器、电容器、电感器、二极管、三极管、场效应晶体管和晶闸管等。图4-10为常用电子元器件的图形符号。

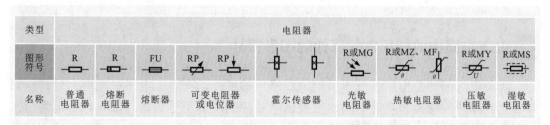

类型	电阻器									
图形符号	R	R	FU	RP	RP			R或MG	R或MZ、MF	R或MY	R或MS
名称	普通电阻器	熔断电阻器	熔断器	可变电阻器或电位器		霍尔传感器		光敏电阻器	热敏电阻器	压敏电阻器	湿敏电阻器

图4-10 常用电子元器件的图形符号

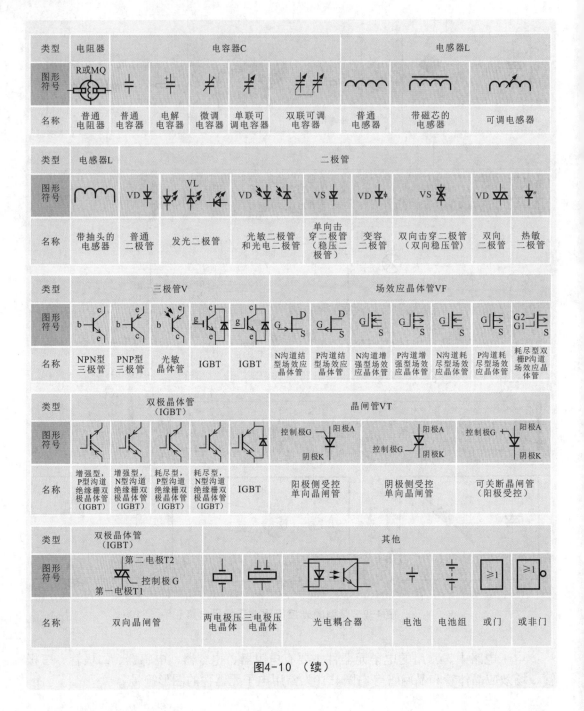

图4-10 （续）

2 电工电路中的低压电气部件的图形符号

低压电气部件是指用于低压供配电线路中的部件，在电工电路中应用十分广泛。低压电气部件的种类和功能不同，应根据其相应的图形符号识别。图4-11所示为电工电路中常用低压电气部件的图形符号。

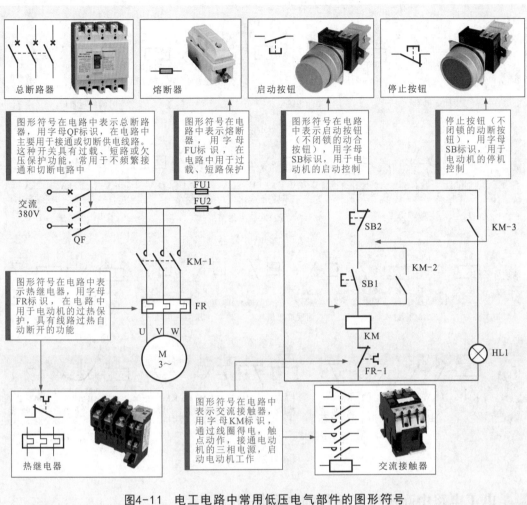

图4-11 电工电路中常用低压电气部件的图形符号

电工电路中，常用的低压电气部件主要包括交直流接触器、各种继电器、低压开关等。图4-12为常用低压电气部件的图形符号。

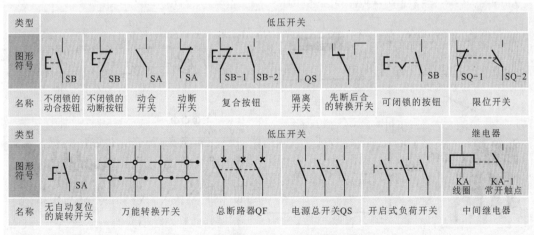

图4-12 常用低压电气部件的图形符号

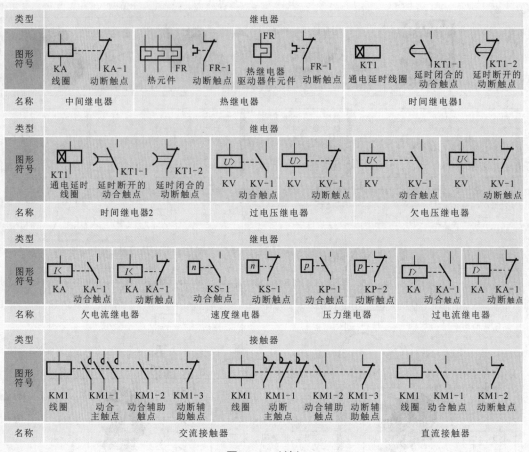

类型	继电器									
图形符号	KA 线圈	KA-1 动断触点	热元件 FR	FR-1 动断触点	热继电器驱动器件元件 FR	FR-1 动断触点	KT1 通电延时线圈	KT1-1 延时闭合的动合触点	KT1-2 延时断开的动断触点	
名称	中间继电器		热继电器				时间继电器1			

类型	继电器									
图形符号	KT1 通电延时线圈	KT1-1 延时断开的动合触点	KT1-2 延时闭合的动断触点	U> KV	KV-1 动合触点	U> KV	KV-1 动断触点	U< KV	KV-1 动合触点	U< KV / KV-1 动断触点
名称	时间继电器2			过电压继电器				欠电压继电器		

类型	继电器										
图形符号	I< KA	KA-1 动合触点	I< KA	KA-1 动断触点	n KS-1 动合触点	n KS-1 动断触点	p KP-1 动合触点	p KP-2 动断触点	I> KA	KA-1 动合触点	I> KA / KA-1 动断触点
名称	欠电流继电器				速度继电器		压力继电器		过电流继电器		

类型	接触器										
图形符号	KM1 线圈	KM1-1 动合主触点	KM1-2 动合辅助触点	KM1-3 动断辅助触点	KM1 线圈	KM1-1 动断主触点	KM1-2 动合辅助触点	KM1-3 动断辅助触点	KM1 线圈	KM1-1 动合触点	KM1-2 动断触点
名称	交流接触器								直流接触器		

图4-12 （续）

3 电工电路中高压电气部件的图形符号

高压电气部件是指应用于高压供配电线路中的电气部件。在电工电路中，高压电气部件都用于电力供配电线路中，通常在电路图中也是由其相应的图形符号标识。

图4-13所示为典型的高压配电线路图。

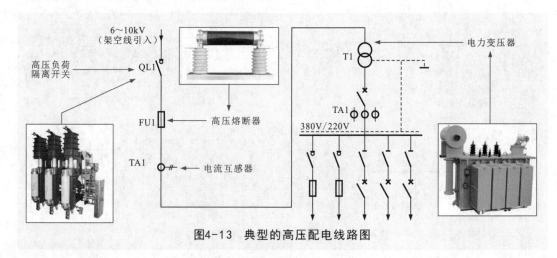

图4-13 典型的高压配电线路图

在电工电路中，常用的高压电气部件主要包括避雷器、高压熔断器（跌落式熔断器）、高压断路器、电力变压器、电流互感器、电压互感器等。其对应的图形符号如图4-14所示。

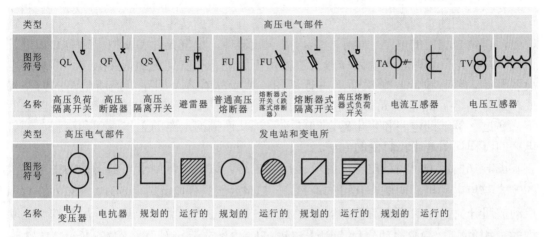

图4-14 高压电气部件的图形符号

识读电工电路的过程中常常会遇到各种各样功能部件的图形符号，用于标识其所代表的物理部件，如各种电声器件、灯控或电控开关、信号器件、电动机、普通变压器等。在学习识图的过程中，需要先认识这些功能部件的图形符号，否则将无法理解电路。除此之外，在电工电路中还常常绘制有具有专门含义的图形符号，认识这些图形符号对于快速和准确地理解电路十分必要。

图4-15为电工电路中常用功能部件和其他常用的图形符号。

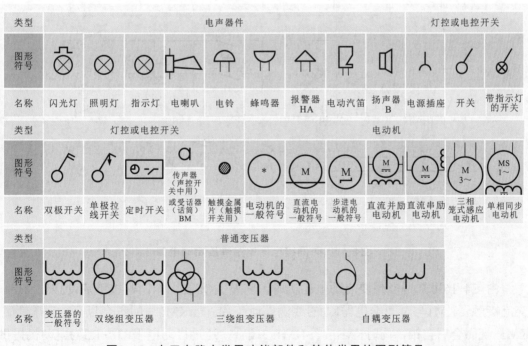

图4-15 电工电路中常用功能部件和其他常用的图形符号

4.2　电工电路的识图方法

4.2.1　电工电路的识图要领

看电路图的首要原则是先看说明，对电路有整体的认识后，熟悉电气元件的电路符号，再结合相应的电工、电子电路，电子元器件、电气元件和典型电路等知识进行识读。在看电气图时，主电路一般会遵循从下到上、从左到右的识图顺序，即从用电设备开始，经控制元件顺次而下进行识图；或者先看各个回路，搞清电路的回路构成，从分析各回路上的元件所达到的负载和原理开始。看辅助电路图时，要自上而下，通过了解辅助电路和主电路之间的关系，从而搞清电路的工作原理和流程。顺着电路的流程识图是比较简便的方法。

图4-16所示为时间继电器电阻降压启动电路，该电路适用于要求平稳的中等容量的笼式异步电动机。由图4-16可知，FU1～FU4为四只保险元件，SB1、SB2为停止和启动按钮开关；KM1为交流接触器，KM1-1～KM1-3为三组动合触点，用于控制电动机的三相供电，KM1-4动合触点用于自锁；KM2为交流接触器，KM2-1～KM2-3 三组动合触点用于切换三只降压电阻的接入与断开；KT为时间继电器，有一组动合延时闭合触点KT1；FR为热继电器。

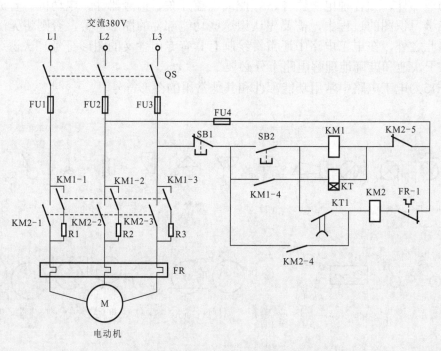

图4-16　时间继电器电阻降压启动电路

由图4-16可知，当想要启动电动机时，将开关QS合上，同时按下启动按钮SB2，交流接触器KM1与时间继电器KT的线圈同时工作。当KM1线圈吸合以后，动合触点KM1-4 闭合后自锁，同时KM1-1～KM1-3闭合，通过启动电阻R1～R3为电动机提供三相交流电源，使电动机处于启动工作状态。当KT工作后进入延时状态，达到预定时间后，KT1闭合接通了KM2线圈的供电，使KM2-4闭合自锁，同时KM2-1～KM2-3闭合使R1～R3电阻被短接，电动机进入全压正常工作状态。

识读电气线路图时，可以结合以下四个方面的内容，遵循一定的原则，一步步地进行分析。

1 结合电气图形符号、标记符号等

电气图主要是利用各种电气图形符号来表示其结构和工作原理的。因此，结合上面介绍的电气图形符号等，就可以轻松地对电气图进行识读。

2 结合电工、电子技术的基础知识

在电工领域中，比如输变配电、照明、电子电路、仪器仪表和家电产品等，所有电路等方面的知识都是建立在电工、电子技术基础之上的，所以要想看懂电气图，必须具备一定的电工、电子技术方面的知识。

3 结合典型电路

典型电路是电气图中最基本也是最常见的电路，这种电路的特点是既可以单独应用，也可以应用于其他电路中作为关键点扩展后使用。许多电气图都是由很多的典型电路结合而成的。

例如，电动机的启动、控制、保护等电路或晶闸管触发电路等，都是由各个电路组成的。在读图过程中，只要抓准典型电路，将复杂的电气图划分为一个个典型的单元电路，就可以读懂任何复杂的电路图。

4 结合电气或电子元件的结构和工作原理

各种电气图都是由各种电气元件或电子元器件和配线等组成的，只有了解各种元器件的结构、工作原理、性能及相互之间的控制关系，才能帮助电工技术人员尽快地读懂电路图。

图4-17所示为晶闸管调光灯线路图。识读该电路图时，可以先从各部分元器件的功能进行分析，确定哪些部位属于调光电路。从元器件的符号可以看出，RP1表示可调电位器，其功能是进行亮度的调整，晶闸管VS1右侧的电路是用来进行亮度调整的，元器件R4、RP1、C1、VT1、R3、R2等组成了振荡器电路，而VD1～VD4则是由四个整流二极管组成的整流电路。

知道这些元器件的功能以后，识图就变得简单了。市电220V电压为灯泡EL供电且经过整流后提供给各元器件所需要的电压，当调大RP1的阻值时，由于电容C1需较长时间充电才能使VT1达到峰点电压，故晶闸管的导通电压就比较小，灯泡亮度就暗；当调小RP1的阻值时，情况与上述相反，灯泡亮度变亮。VT1是单结晶体管，当电源经RP1为C1充电后，e极电压升高时，b2、b1和e之间便导通，导通后e的电压降低，电源又重新为C1充电，这样就形成了振荡状态，晶闸管G极便受到振荡脉冲的触发，从而控制流过灯泡的电流。

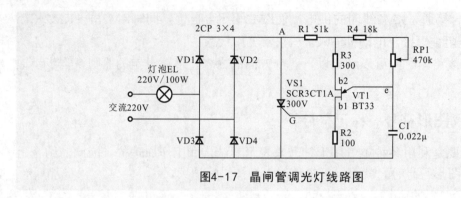

图4-17 晶闸管调光灯线路图

4.2.2 电工电路的识图步骤

简单来说，识图可分为7个步骤，即区分电路类型→明确用途→建立对应关系，划分电路→寻找工作条件→寻找控制部件→确立控制关系→理清信号流程，最终掌握控制机理和电路功能。

1 区分电路类型

电工电路的类型有很多种，根据所表达的内容、包含信息及组成元素的不同，一般可分为电工接线图和电工原理图。不同类型电路图的识读原则和重点均不相同，识图时首先要区分属于哪种电路。

图4-18所示为简单的电工接线图。

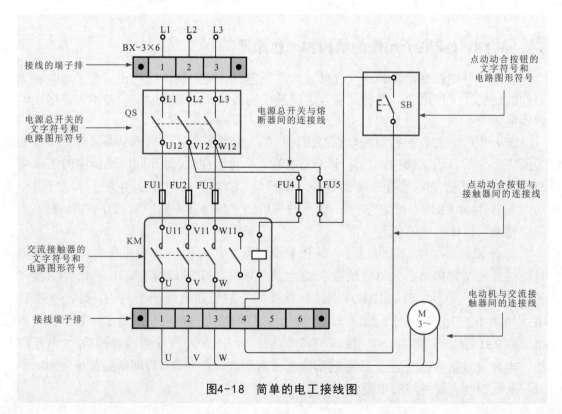

图4-18 简单的电工接线图

图4-18中用文字符号和电路图形符号标识出了所使用的基本物理部件，用连接线和连接端子标识出了物理部件之间的实际连接关系和接线位置，属于接线图。

接线图的特点是体现各组成物理部件的实际位置关系，并通过导线连接体现安装和接线关系，可用于安装接线、线路检查、线路维修和故障处理等场合。

图4-19所示为简单的电工原理图。

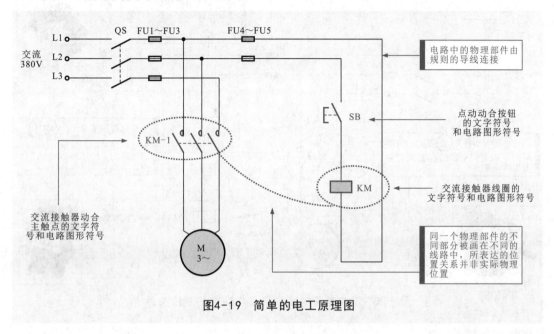

图4-19 简单的电工原理图

图4-19中也用文字符号和电路图形符号标识出了所使用的基本物理部件，并用规则的导线连接，除了标准的符号标识和连接线外，没有画出其他不必要的部件，属于电工原理图。其特点是完整体现电路特性和电气作用原理。

由此可知，通过识别图纸所示的电路元素的信息可以准确区分电路的类型。当区分出电路类型后，便可以根据所对应类型电路的特点进行识读。一般识读电工接线图的重点应在各种物理部件的位置和接线关系上；识读电工原理图的重点应在各物理部件之间的电气关系上，如控制关系等。

2 明确用途

明确电路的用途是指导识图的总纲领，即先从整体上把握电路的用途，明确电路最终实现的结果，以此作为指导识图的总体思路。例如，根据电路中的元素信息可以看到该图为一种电动机的点动控制电路，以此抓住其中的"点动""控制""电动机"等关键信息作为识图时的重要信息。

3 建立对应关系，划分电路

将电路中的文字符号和电路图形符号标识与实际物理部件建立一一对应关系，进一步明确电路所表达的含义，对识读电路关系十分重要。图4-20所示为建立电工电路中符号与实物的对应关系。

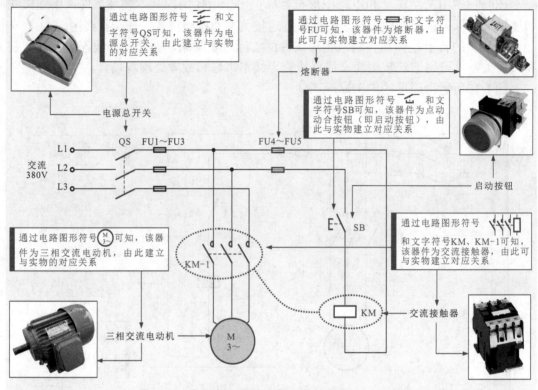

通过电路图形符号 和文字符号QS可知，该器件为电源总开关，由此建立与实物的对应关系

通过电路图形符号 和文字符号FU可知，该器件为熔断器，由此可与实物建立对应关系

熔断器

通过电路图形符号 和文字符号SB可知，该器件为点动动合按钮（即启动按钮），由此与实物建立对应关系

电源总开关

启动按钮

通过电路图形符号 可知，该器件为三相交流电动机，由此建立与实物的对应关系

通过电路图形符号 和文字符号KM、KM-1可知，该器件为交流接触器，由此可与实物建立对应关系

三相交流电动机

交流接触器

图4-20 建立电工电路中符号与实物的对应关系

补充说明

电源总开关：用字母QS标识，在电路中用于接通三相电源。

熔断器：用字母FU标识，在电路中用于过载、短路保护。

交流接触器：用字母KM标识，通过线圈的得电，触点动作，接通电动机的三相电源，启动电动机工作。

启动按钮（点动常开按钮）：用字母SB标识，用于电动机的启动控制。

三相交流电动机：简称电动机，用字母M标识，在电路中通过控制部件控制，接通电源启动运转，为不同的机械设备提供动力。

通常，当建立对应关系了解各符号所代表的物理部件的含义后，还可以根据物理部件的自身特点和功能对电路进行模块划分，如图4-21所示，特别是对于一些较复杂的电工电路，通过对电路进行模块划分，可以十分明确地了解电路的结构。

4 寻找工作条件

当建立好电路中各种符号与实物的对应关系后，可通过所了解部件的功能寻找电路中的工作条件。当工作条件具备时，电路中的物理部件才可以进入工作状态。

5 寻找控制部件

控制部件通常也称为操作部件。电工电路就是通过操作部件对电路进行控制的，是电路中的关键部件，也是控制电路中是否将工作条件接入电路中或控制电路中的被控部件是否执行所需要动作的核心部件。

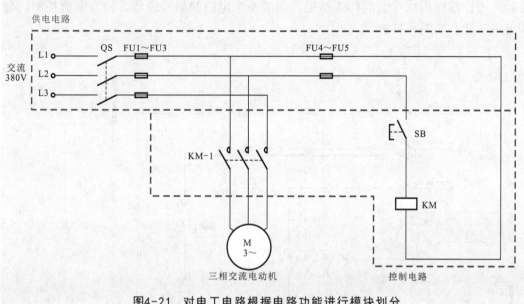

图4-21 对电工电路根据电路功能进行模块划分

6 确立控制关系

找到控制部件后，根据线路的连接情况，确立控制部件与被控制部件之间的控制关系，并将控制关系作为理清信号流程的主线，如图4-22所示。

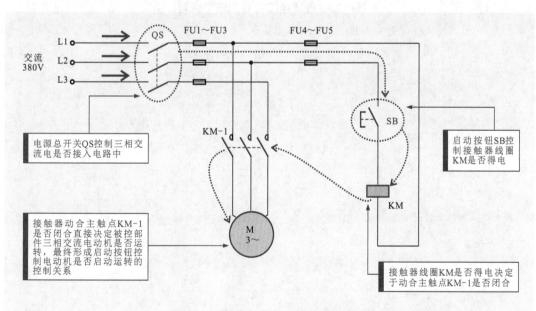

图4-22 确立电工电路中的控制关系

7 理清信号流程，最终掌握控制机理和电路功能

　　确立控制关系后，可以操作控制部件实现控制功能，同时弄清每操作一个控制部件后，被控部件所执行的动作或结果，理清整个电路的信号流程，最终掌握控制机理和电路功能，如图4-23所示。

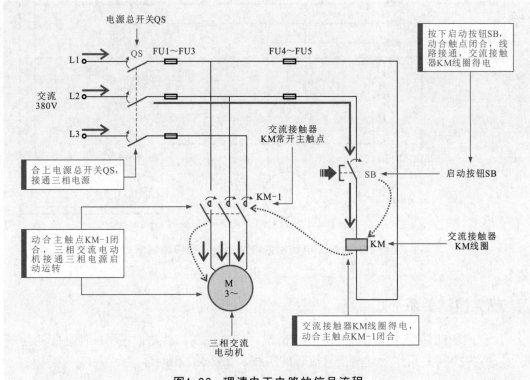

图4-23　理清电工电路的信号流程

本章系统介绍电工计算。

● 电路计算
◇ 直流电路计算
◇ 交流电路计算

● 单元电路计算
◇ 整流电路计算
◇ 滤波电路计算
◇ 振荡电路计算
◇ 放大电路计算

● 变压器与电动机计算
◇ 变压器计算
◇ 电动机计算

第5章

电工计算

5.1 电路计算

5.1.1 直流电路计算

1 电压与电流的计算

在直流电路中，电压与电流多使用欧姆定律计算，即流过电阻的电流与电阻两端的电压成正比。这就是欧姆定律的基本概念，是电路中最基本的定律之一。

欧姆定律有两种形式，即部分电路中的欧姆定律和全电路中的欧姆定律。

图5-1所示为不含电源的部分电路。当在电阻两端加上电压时，电阻中就有电流通过。通过实验可知：流过电阻的电流I与电阻两端的电压U成正比，与电阻值R成反比。这一结论称为部分电路的欧姆定律，用公式表示为

$$I = \frac{U}{R}$$

图5-2所示为含电源的全电路。含有电源的闭合电路称为全电路。在全电路中，电流与电源的电动势成正比，与电路中的内电阻（电源的电阻）和外电阻之和成反比。这个规律称为全电路的欧姆定律，用公式表示为

$$I = \frac{E}{R+r} \qquad 即 \qquad U = E - Ir$$

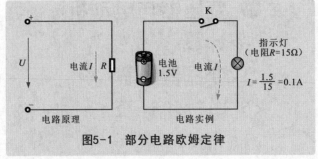

图5-1 部分电路欧姆定律

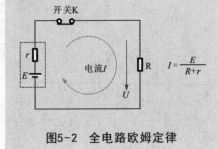

图5-2 全电路欧姆定律

2 电功率和电能的计算

电流在单位时间内所做的功称为电功率，以字母P表示，即$P = W/t = UIt/t = UI$。

式中，U的单位为V，I的单位为A，P的单位为W。

电能是指使用电以各种形式做功（即产生能量）的能力。在直流电路中，当已知设备的功率为P时，其t时间内消耗或产生的电能为$W=Pt$。

在国际单位制中，电能的单位为焦耳（J），在日常用电中，常用千瓦时（kW·h）表示，生活中常说的1度电即为1kW·h。结合欧姆定律，电能计算公式还可以表示为

$$W=Pt=UIt=I^2Rt=\frac{U^2}{R}t$$

5.1.2 | 交流电路计算

1 正弦交流电周期、频率和角频率的计算

（1）周期。交流电完成一次周期性变化所需的时间称为交流电的周期，用符号T表示，单位为s、ms、μs。图5-3所示为交流电的周期。

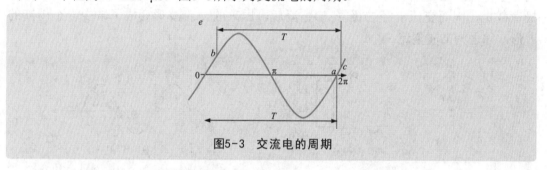

图5-3 交流电的周期

（2）频率。交流电在单位时间内周期性变化的次数称为交流电的频率，用符号f表示，单位为赫兹，简称赫，用字母Hz表示。

频率是周期的倒数，即

$$f=\frac{1}{T}$$

在我国的电力系统中，国家规定动力和照明用电的频率为50Hz，该频率称为"工频"，周期为0.02s。

（3）角频率。正弦交流电在每秒钟内变化的电角度称为角频率，用符号ω表示，单位为弧度/秒，用字母rad/s表示。周期、频率和角频率的关系为

$$\omega=\frac{2\pi}{T}=2\pi f$$

2 有效值的计算

交流电的有效值是根据交流电做功的能力来衡量的，把一直流电流和一交流电流分别通过同一电阻，如果经过相同的时间产生相同的热量，我们就把这个直流电流的数值叫作这一交流电的有效值。

正弦交流电流和正弦交流电压的有效值分别用大写字母I、U表示，最大值用I_m、U_m表示。交流电的最大值和有效值的关系为

$$I = \frac{1}{\sqrt{2}} I_m = 0.707 I_m \qquad U = \frac{1}{\sqrt{2}} U_m = 0.707 U_m$$

5.2 单元电路计算

5.2.1 整流电路计算

整流就是指将交流电变为直流电的过程。具有整流功能的电路称为整流电路。常见的整流电路主要有单相半波整流电路、单相全波整流电路、单相桥式整流电路和三相桥式整流电路等。

1 单相半波整流电路

图5-4所示为单相半波整流电路模型及相关电压、电流波形。由于二极管具有单向导电特性，在交流电压处于正半周时，二极管导通；在交流电压处于负半周时，二极管截止，因而交流电经二极管VD整流后，原来的交流波形变成了缺少半个周期的波形，称之为半波整流。

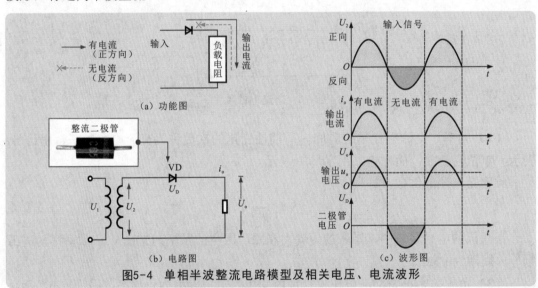

图5-4 单相半波整流电路模型及相关电压、电流波形

在半波整流电路中，负载上得到的脉动电压是含有直流成分的。这个直流电压U_o等于半波电压在一个周期内的平均值，它等于变压器次级电压有效值U_2的45%，即

$$U_o = 0.45 U_2$$

2 单相全波整流电路

图5-5所示为单相全波整流电路模型及相关电压、电流波形。全波整流电路是在半波整流电路的基础上加以改进而得到的。它是利用具有中心抽头的变压器与两个二极管配合，使VD1和VD2在正半周和负半周内轮流导通，而且两者流过R_L的电流保持同一方向，从而使正、负半周在负载上均有输出电压。

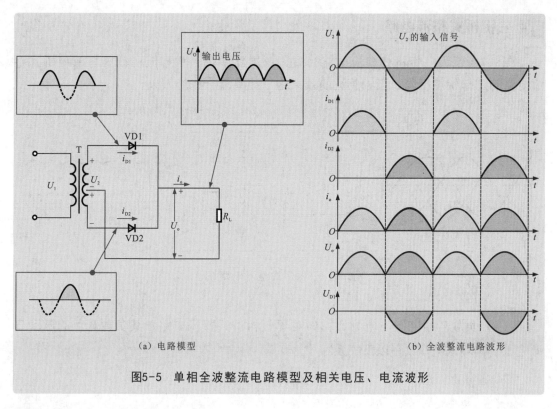

（a）电路模型　　　　　　　（b）全波整流电路波形

图5-5　单相全波整流电路模型及相关电压、电流波形

3　单相桥式整流电路

图5-6所示为单相桥式整流电路模型及相关电压波形。桥式整流电路是指由4只整流二极管搭成整流桥结构形式的整流电路。

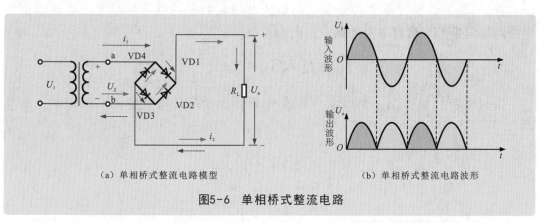

（a）单相桥式整流电路模型　　　　　　（b）单相桥式整流电路波形

图5-6　单相桥式整流电路

桥式整流电路输出的直流电压同样为

$$U_o = 0.9U_2$$

而二极管反向峰值电压是全波整流电路的一半，即

$$U_{RM} = \sqrt{2}U_2$$

第1章 第2章 第3章 第4章 第5章 第6章 第7章 第8章 第9章 第10章 第11章 第12章 第13章 第14章 第15章 第16章

4 三相桥式整流电路

图5-7所示为三相桥式整流电路模型。该电路中每一相整流和输出与单相桥式整流电路的工作状态相同。三相整流的效果为三相整流合成的效果。

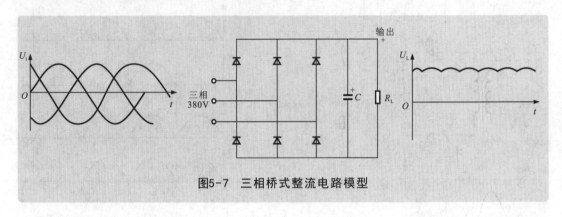

图5-7　三相桥式整流电路模型

（1）负载R_L的电压与电流计算。对于三相桥式整流电路，其负载R_L上的脉动直流电压U_L与输入电压U_i有以下关系

$$U_L=2.34U_i$$

负载R_L流过的电流为

$$I_L=\frac{U_L}{R_L}=2.34\frac{U_i}{R_L}$$

（2）整流二极管承受的最大反向电压及通过的平均电流。对于三相桥式整流电路，每只整流二极管承受的最大反向电压U_{RM}为

$$U_{RM}=\sqrt{2}\times\sqrt{3}U_i\approx2.45U_i$$

每只整流二极管在一个周期内导通$\frac{1}{3}$周期，故流过每只整流二极管的平均电流为

$$I_F=\frac{1}{3}I_L\approx0.78\frac{U_i}{R_L}$$

5.2.2 滤波电路计算

滤波是指利用电容器、电感器等电抗性元件对交、直流阻抗的不同，滤除直流电路中的干扰波，输出脉动较小的直流电压或电流。具有滤波功能的电路称为滤波电路。

常见的滤波电路主要有电容滤波电路和电感滤波电路。

1 电容滤波电路的计算

图5-8所示为典型电容滤波电路模型及相关电压波形。

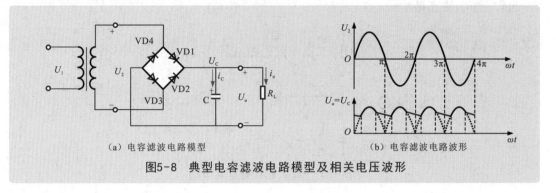

（a）电容滤波电路模型　　　　　（b）电容滤波电路波形

图5-8　典型电容滤波电路模型及相关电压波形

在半波整流电容滤波电路中，近似认为

$$U_L = U_o = U_2$$

在桥式整流电容滤波电路中，近似认为

$$U_L = U_o = 1.2\,U_2$$

2 电感滤波电路的计算

图5-9所示为典型电感滤波电路模型及相关电压波形。

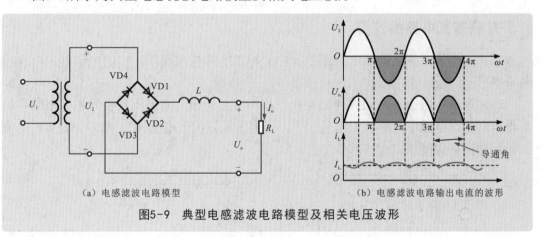

（a）电感滤波电路模型　　　　　（b）电感滤波电路输出电流的波形

图5-9　典型电感滤波电路模型及相关电压波形

单相全波和单相桥式整流电感滤波电路的输出直流电压、电流为

$$U_o = 0.9\,U_2 \ , \ I_o = \frac{U_o}{R_L}$$

5.2.3 | 振荡电路计算

振荡电路是一种产生信号的电路，在很多电子设备中都离不开这种电路。常见的有串联谐振电路和并联谐振电路。

1 串联谐振电路的计算

图5-10所示为RLC串联谐振电路模型。RLC串联电路由电阻器、电感器和电容器与交流电源串联连接构成。

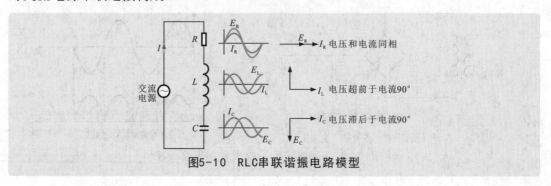

图5-10 RLC串联谐振电路模型

在RLC串联电路中，流经各部分的电流都相等，但各个元件上的电压降相互异相。电阻器上的电压降与电流相位相同，电感器上的电压降超前于电流90°，电容器上的电压降滞后于电流90°。在该串联电路中，电阻器、电感器和电容器上的电压降取决于电路电流及R、X_L（电感器L感抗）和X_C（电容器C容抗），则

$$E_R=IR \qquad E_L=IX_L \qquad E_C=IX_C$$

在RLC串联电路的谐振频率为

$$f_0=\frac{1}{2\pi\sqrt{LC}}$$

2 并联谐振电路的计算

图5-11为RLC并联谐振电路模型。RLC并联电路包含并联连接的电阻器、电容器和电感器。

RLC并联电路中各种元件两端电压互相相等且同相，而电流互相异相。电阻电流与电压同相，电感电流滞后于电压90°，电容电流超前于电压90°。RLC并联电路电流矢量图如图5-12所示。

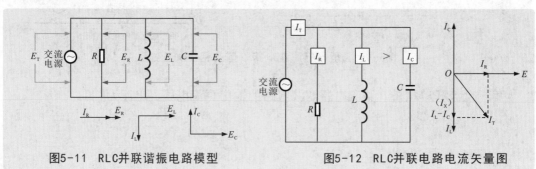

图5-11 RLC并联谐振电路模型　　　图5-12 RLC并联电路电流矢量图

在RLC并联电路的谐振频率与串联谐振电路相同，为

$$f_0=\frac{1}{2\pi\sqrt{LC}}$$

5.2.4 放大电路计算

图5-13所示为放大电路直流通路模型。根据直流通路可以确定和计算放大电路的静态值。

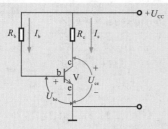

例如，当U_{cc}=12V，R_c=2kΩ，R_b=300kΩ，$\overline{\beta}$=50时，放大电路的静态值为

$$I_b \approx \frac{U_{cc}}{R_b} = \frac{12}{300\times10^3}\text{A} = 0.04\times10^{-3}\text{A} = 0.04\text{mA} = 40\mu\text{A}$$

$$I_c \approx \overline{\beta}I_b = 50\times0.04\text{mA} = 2\text{mA}$$

$$U_{ce} = U_{cc} - R_cI_c = 12 - (2\times10^3)\times(2\times10^{-3}) = 8\ (\text{V})$$

图5-13 放大电路直流通路模型

根据直流通路模型，放大电路静态时的基极电流为

$$I_b = \frac{U_{CC}-U_{be}}{R_b} \approx \frac{U_{CC}}{R_b}$$

由于U_{be}（硅管约为0.6V）比U_{CC}小得多，可忽略不计

由I_b可得出静态时的集电极电流为

$$I_c = \overline{\beta}I_b + I_{ceo} \approx \overline{\beta}I_b \approx \beta I_b$$

静态时的集-射极电压为

$$U_{ce} = U_{CC} - R_cI_c$$

5.3 变压器与电动机计算

5.3.1 变压器计算

变压器是实现电压变化的设备。数据计算包括电压变换、负荷率和效率计算等。

1 电压变换计算

电压变换是电源变压器的主要功能特点，变压器电压变换模型如图5-14所示。

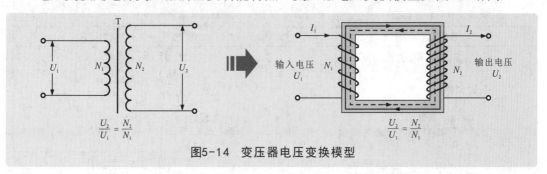

图5-14 变压器电压变换模型

空载时，输出电压与输入电压之比等于次级线圈的匝数N_2与初级线圈的匝数N_1之比，即$U_2/U_1=N_2/N_1$。

变压器的输出电流与输出电压成反比（$I_2/I_1=N_1/N_2$），通常降压变压器输出的电压降低，但输出的电流增强了，具有输出强电流的能力。

2 负荷率、效率计算

变压器负荷率、效率计算见表5-1。

表5-1　变压器负荷率、效率的计算

变压器负荷率计算公式	变压器效率计算公式
$$\beta=\frac{S}{S_e}=\frac{I_2}{I_{2e}}=\frac{P_2}{S_e\cos\varphi_2}$$ 式中： S—变压器的计算容量（V·A或kV·A）； S_e—变压器的额定容量（V·A或kV·A）； 　单相变压器：$S_e=U_{2e}I_{2e}$； 　三相变压器：$S_e=\sqrt{3}\,U_{2e}I_{2e}$； U_{2e}—变压器二次侧额定电压（kV）； I_{2e}—变压器二次侧额定电流（A）； I_2—实测变压器二次侧电流（A）； P_2—变压器输出有功功率（kW）。 注：当测量I_2有困难时，也可近似用I_1/I_e（变压器一次侧测量电流和一次侧额定电流之比）计算变压器的负荷率。	$$\eta=\frac{P_2}{P_1}\times100\%$$ 当忽略变压器中阻抗电压的影响时，则 $$\eta=\frac{\beta S_e\cos\varphi_2}{\beta PS_e\cos\varphi_2+P_0+\beta^2P_d}\times100\%$$ $$=\frac{\sqrt{3}\,U_2I_2\cos\varphi_2}{\sqrt{3}\,U_2I_2\cos\varphi_2+P_0+\beta^2P_d}\times100\%$$ 式中： P_2—变压器输出有功功率（kW）； P_1—变压器输入有功功率（kW）； P_0—变压器空载损耗，即铁耗（kW）； P_d—变压器短路损耗，即铜耗（kW）。 注：通常，大型变压器的效率一般在99%以上，中小型变压器的效率一般在95%～98%。

5.3.2 电动机计算

电动机是一种利用电磁感应原理将电能转换为机械能的动力设备。电动机种类较多，其中异步电动机应用最为广泛，该类电动机的常用计算数据主要有负荷率、效率和功率因数、输入和输出功率等，见表5-2。

表5-2　电动机负荷率、效率、功率因数和输入和输出功率的计算

电动机负荷率计算公式	电动机效率计算公式
电动机在任意负荷下的负荷率公式为 $$\beta=\frac{P}{P_e}\times100\%;\qquad\beta\approx\sqrt{\frac{I_1^2-I_0^2}{I_e^2-I_0^2}}$$ 式中： P—电动机实际符合功率（kW）； P_e—电动机额定功率（kW）； I_1—电动机定子电流（A）； I_e—电动机额定电流（A）； I_0—电动机空载电流（A）。	电动机在任意负荷下的效率公式为 $$\eta=\frac{P_2}{P_1}\times100\%=\frac{P_2}{P_2+\sum\Delta P}\times100\%=\frac{\beta P_e}{\beta P_e+\left[\left(\frac{1}{\eta_e}-1\right)P_e-P_0\right]\beta^2+P_0}\times100\%$$ 式中： P_1，P_2—电动机输入和输出功率（kW）； $\sum\Delta P$—电动机所有损耗之和（kW）； P_0—电动机空载损耗（kW）； η_e—电动机额定效率，为80%～90%。
电动机功率因数计算公式	**电动机输入/输出功率计算公式**
$$\cos\varphi=\frac{P_2}{\sqrt{3}\,U_1I_1\eta}\times10^3=\frac{\beta P_e}{\sqrt{3}\,U_1I_1\eta}\times10^3$$ 式中： U_1—电动机定子电压（V）； I_1—电动机定子电流（A）； P_2—电动机输出功率（kW）； P_e—电动机额定功率（kW）； η—电动机效率； β—电动机负荷率。	输入功率：$\quad P_1=\sqrt{3}\,UI\cos\varphi\times10^{-3}$ 输出功率：$\quad P_2=\sqrt{3}\,UI\eta\cos\varphi\times10^{-3}$ $$P_2=\beta P_e=\sqrt{\frac{I_1^2-I_0^2}{I_e^2-I_0^2}}\,P_e$$ 式中： U—加在电动机接线端子上的线电压（V）； I—负荷电流（A）； 其他参数同上。
三相异步电动机定子线电流	**三相异步电动机空载电流计算公式**
额定电流：$\quad I_e=\dfrac{P_e\times10^3}{\sqrt{3}\,U_e\eta_e\cos\varphi_e}$ 实际工作电流：$\quad I=\dfrac{P_2\times10^3}{\sqrt{3}\,U\eta\cos\varphi}$ 式中： $\cos\varphi_e$—电动机额定功率因数，一般为0.82～0.88。	公式1：$I_0=K\left[(1-\cos\varphi_e)\sqrt{1-3\cos^2\varphi_e}\right]I_e$ 公式2：$I_0=kI_e$ 公式3：$I_0=I_e\cos\varphi_e(2.26-\xi\cos\varphi_e)$ 式中： K、k—系数；（K、k值根据电动机极数的不同而不同，具体需要核查电动机具体型号参数表）； ξ—系数 当$\cos\varphi_e\leqslant0.85$时，取2.1；当$\cos\varphi_e>0.85$时，取2.15）。

6

本章系统介绍电工
工具和电工仪表。

- 加工工具和防护
工具
- 攀高工具和开凿
工具
- 焊接工具
- 验电器
- 电流表和电压表
- 钳形表和绝缘电
阻表
- 万用表和电桥

第6章
电工工具和电工仪表

6.1 加工工具和防护工具

6.1.1 加工工具

电工加工工具是指在电工作业中在弯折、裁剪、紧固、剥削等操作时经常使用的工具。常见的电工加工工具主要有钳子、螺钉旋具、扳手、电工刀等。

1 钳子

钳子在导线加工、线缆弯制、设备安装等场合都有广泛的应用。从结构上看，钳子主要由钳头和钳柄两部分构成。根据钳头设计和功能上的区别，钳子又可以分为钢丝钳、斜口钳、尖嘴钳、剥线钳、压线钳和网线钳等，如图6-1所示。

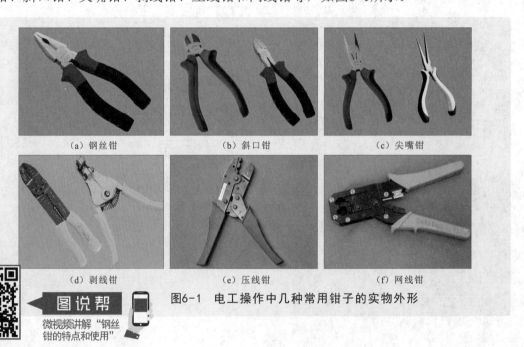

（a）钢丝钳　　　　　（b）斜口钳　　　　　（c）尖嘴钳

（d）剥线钳　　　　　（e）压线钳　　　　　（f）网线钳

图说帮　微视频讲解"钢丝钳的特点和使用"

图6-1　电工操作中几种常用钳子的实物外形

2 螺钉旋具

螺钉旋具又称螺丝刀，俗称改锥，是用来紧固和拆卸螺钉的工具，是电工必备工具之一。螺钉旋具的种类和规格很多，按头部形状的不同可以分为一字槽螺钉旋具、十字槽螺钉旋具。

电工作业时，选择的螺钉旋具的头部尺寸和形状要与螺钉的尾槽尺寸和形状相匹配，严禁用大规格螺钉旋具拆装小螺钉或用小规格螺钉旋具拆装大螺钉。

图6-2所示为螺钉旋具的实物外形及用螺钉旋具紧固日光灯螺钉的操作。

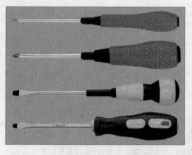
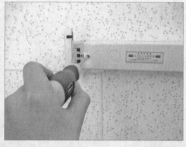

图6-2 螺钉旋具的实物外形及用螺钉旋具紧固日光灯螺钉的操作

3 扳手

在电工操作中，扳手常用于紧固和拆卸螺钉或螺母。在扳手的柄部一端或两端带有夹柄，用于施加外力。在日常操作中常使用的扳手有活口扳手和固定扳手，固定扳手根据开口形状的不同又可以分为开口扳手和梅花棘轮扳手等，如图6-3所示。

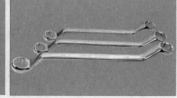

（a）活口扳手　　　　　　　　（b）开口扳手　　　　　　　　（c）梅花棘轮扳手

图6-3 几种常见扳手的实物外形

4 电工刀

电工刀是电工在安装与维修过程中经常使用到的工具，它可以用来剖削电线和电缆的绝缘层、削制木桩及软金属等。电工刀在剖削电线的绝缘层时，刀略微向内倾斜，刀面与导线成45°，这样不易削坏电线线芯。图6-4所示为电工刀的实物外形及使用方法。

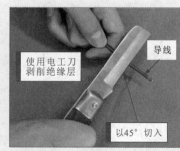

图6-4 电工刀的实物外形及使用方法

注意：切忌刀刃垂直切割电线绝缘层，以免削伤线芯。电工刀的刀柄是没有绝缘层的，不能直接在带电体上进行操作。

6.1.2 | 防护工具

防护工具是用来防护人身安全的重要工具。在装饰装修电工操作中，常用的防护工具主要有安全帽、绝缘鞋、绝缘手套、安全带、保险绳等，其实物外形及使用规范如图6-5所示。

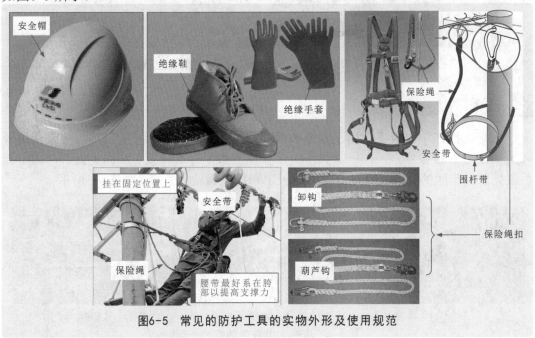

图6-5　常见的防护工具的实物外形及使用规范

6.2　攀高工具和开凿工具

6.2.1 | 攀高工具

电工作业时常常会高空作业，因此攀高工具在电工工作中必不可少。电工常用的攀高工具主要有梯子、踏板、脚扣，如图6-6所示。

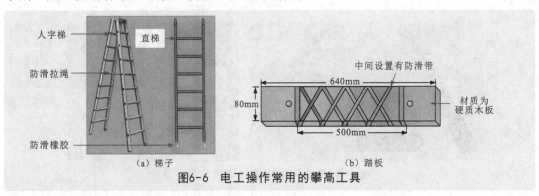

图6-6　电工操作常用的攀高工具

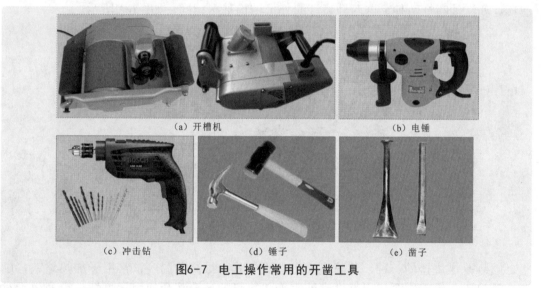

（c）脚扣

图6-6 （续）

6.2.2 开凿工具

开凿工具是敷设管路和安装设备时对墙面进行开凿处理的加工工具。由于开凿时可能需要开凿不同深度或宽度的孔或线槽，常使用的开凿工具有开槽机、电锤、冲击钻、锤子和凿子等，如图6-7所示。

（a）开槽机　　　　　　　　　　　　（b）电锤

（c）冲击钻　　　　（d）锤子　　　　（e）凿子

图6-7 电工操作常用的开凿工具

6.3 焊接工具

电工操作中常用的焊接工具主要有电烙铁、喷灯、气焊设备和电焊设备等。

6.3.1 电烙铁

在电工作业过程中，电烙铁是经常使用的焊接工具，根据其不同的受热方式，可以分为内热式和外热式两种，其外形结构如图6-8所示。

电工作业时，要根据焊接对象来选用功率适当的电烙铁。例如，在装修电子控制线路中，焊接对象为电子元器件，一般选用20～40W的内热式电烙铁；在焊接较粗的多股铜芯绝缘线头时，根据铜芯直径的大小，一般选用75～150W的外热式电烙铁；在对面积较大的工件进行烫锡处理时，要选用功率为300W左右的电烙铁。

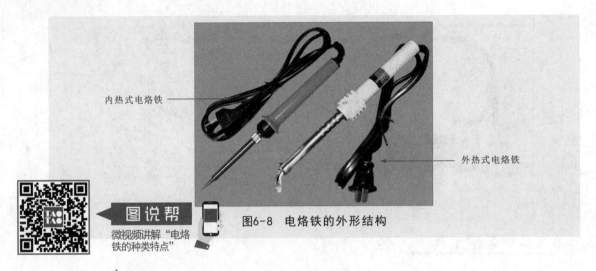

内热式电烙铁

外热式电烙铁

图说帮

微视频讲解"电烙铁的种类特点"

图6-8　电烙铁的外形结构

6.3.2 喷灯

喷灯是一种利用汽油或煤油做燃料的加热工具。按使用燃料的不同，可以分为煤油喷灯和汽油喷灯两种。这两种喷灯的外形结构基本相同，如图6-9所示。

进油阀

放油阀

加油旋塞

打气阀

手柄

灯头

预热燃烧盘

筒体

图6-9　喷灯的外形结构

喷灯是燃烧器的一种，其喷嘴喷出的火焰具有很高的温度，常用于加热烙铁、烘烤套管等。一般在需要使用燃烧汽油来加热物料的场合都会使用到喷灯，也多用于对烙铁和工件的加热及对大截面导线连接处的加固、烫锡、熔接、使弯曲成型等。

6.3.3 气焊设备

气焊是一种利用可燃气体与助燃气体混合燃烧生成的火焰作为热源，将金属管路焊接在一起的焊接方法。气焊设备主要由氧气瓶、燃气瓶和焊枪组成，燃气瓶和氧气瓶通过软管与焊枪连接，如图6-10所示。

6.3.4 电焊设备

电焊是利用电能，通过加热加压，借助金属原子的结合与扩散作用，使两件或两件以上的焊件（材料）牢固地连接在一起的一种操作工艺。

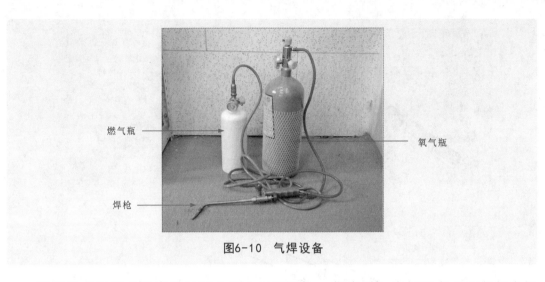

图6-10 气焊设备

常见的电焊设备的实物外形如图6-11所示。一般来说，电焊设备主要包括电焊机、电焊钳、接地夹和焊条等。

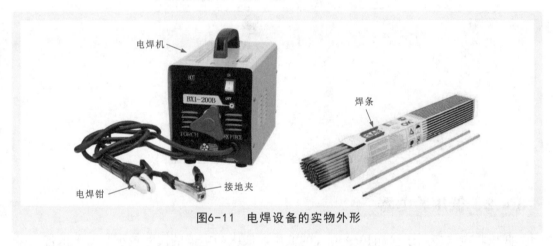

图6-11 电焊设备的实物外形

焊接操作主要包括引弧、运条和灭弧，焊接过程中应注意焊接姿势、焊条运动方式及运条速度。

6.4 验电器

6.4.1 高压验电器

图6-12所示为高压验电器。高压验电器多用于检测500V以上的高压。高压验电器还可以分为接触式高压验电器和非接触式高压验电器。接触式高压验电器由手柄、金属感应探头、指示灯等构成；感应式高压验电器由手柄、感应测试端、开关按钮、指示灯或扬声器等构成。

目前，高压验电器多以非接触式的感应型验电器为主，其测试端多为圆柱形，并同时具有闪灯、蜂鸣两种报警方式，它适用于电压为500V以上的高压。高压验电器可安装绝缘延长杆，使其可检测较高处的架空高压线，如图6-13所示。

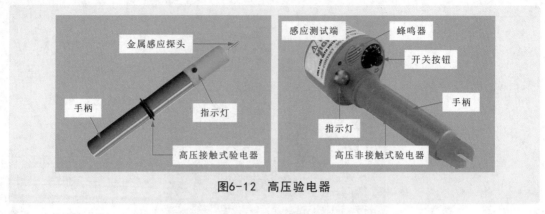

图6-12　高压验电器

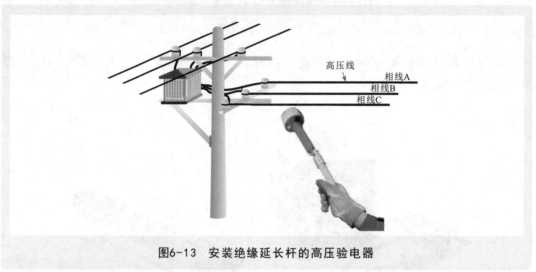

图6-13　安装绝缘延长杆的高压验电器

6.4.2 | 低压验电器

　　低压验电器多用于检测12～500V的低压，低压验电器的尺寸较小，便于携带，多设计为螺钉旋具形或钢笔形。低压验电器可以分为低压氖管验电器和低压电子验电器，如图6-14所示。低压氖管验电器由金属探头、电阻、氖管、尾部金属部分和弹簧等构成；低压电子验电器由金属探头、指示灯、显示屏、按钮等构成。

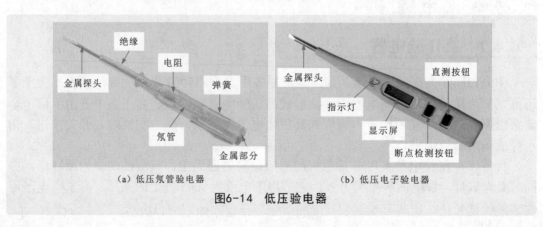

（a）低压氖管验电器　　　　　　　　（b）低压电子验电器

图6-14　低压验电器

如图6-15所示，在使用低压氖管验电器检测电源插座是否正常时，需用手握住验电器尾端的金属部分，将其插入电源插座的各个插孔中，在正常情况下，检测相线插孔时，验电器中的氖管会发出亮光；检查零线和地线插孔时，氖管不发光。

食指和中指夹住绝缘部分

拇指顶住金属部分检测电源插座

图6-15 低压氖管验电器的使用方法

使用低压电子验电器检测电源插座的电压时，可以按住电子验电器上的"直测按钮"，当插入相线孔时，电子验电器的显示屏上即可显示该孔的电压，指示灯亮；当插入零线孔时，电子验电器的显示屏上无电压显示，指示灯不亮，如图6-16所示。

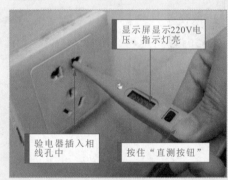
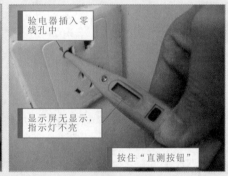

显示屏显示220V电压，指示灯亮

验电器插入相线孔中

按住"直测按钮"

验电器插入零线孔中

显示屏无显示，指示灯不亮

按住"直测按钮"

图6-16 使用电子验电器检测电源插座

图说帮

微视频讲解"低压验电器的特点与使用"

6.5 电流表和电压表

6.5.1 电流表

电流表是常用的测量工具，按功能可以分为直流电流表和交流电流表两种。直流电流表只能测量直流电路的电流，交流电流表只能测量交流电路的电流，两种仪表不能互换使用。

1 直流电流表

直流电流表是用于测量直流线路电流的仪表，其外形如图6-17所示。

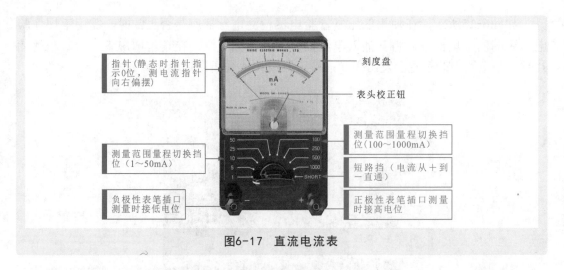

图6-17　直流电流表

直流电流表有直接接入法和间接接入法两种接线方式，在连接时要注意直流电流表的正、负极性，连接方法如图6-18所示。电工使用电流表测量电流时，选择合适的电流表量程，若测量时不能预知被测电流时，可以选择较大量程测量后再做适当切换。

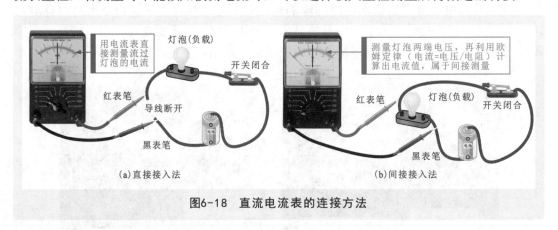

图6-18　直流电流表的连接方法

2　交流电流表

交流电流表是测量交流电路中电流的仪表，其外形如图6-19所示。

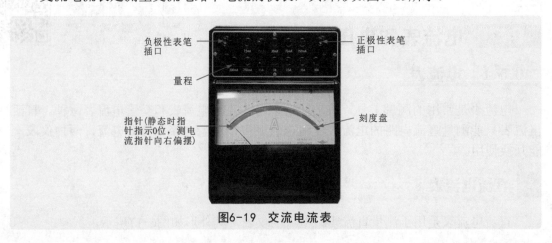

图6-19　交流电流表

交流电流表与直流电流表的连接方法相似，可串联在电路中，也可通过电流互感器测量线路电流。通过电流互感器间接测量线路电流，适用于量程小的电流表测线路大电流的情况。交流电流表的连接方法如图6-20所示。

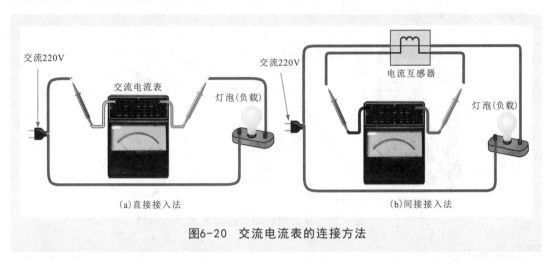

(a)直接接入法　　　　　　　　　　(b)间接接入法

图6-20　交流电流表的连接方法

用交流电流表测量三相交流电相线电流，是电工最常用的方法。及时掌握三相电是否平衡，是电工的首要任务之一。

▨ **补充说明**

注意：交流电流表连接时，要注意表笔极性，黑表笔连接接地端，红表笔连接互感器未接地的一端。

6.5.2 │ 电压表

1 直流电压表

直流电压表是测量直流电路中直流电压的仪表，其外形如图6-21所示。

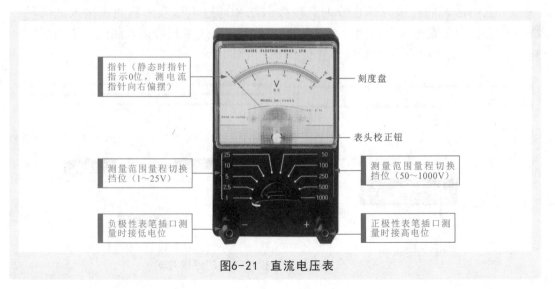

指针（静态时指针指示0位，测电流指针向右偏摆）

刻度盘

表头校正钮

测量范围量程切换挡位（1～25V）

测量范围量程切换挡位（50～1000V）

负极性表笔插口测量时接低电位

正极性表笔插口测量时接高电位

图6-21　直流电压表

直流电压表有两种接线方式，一种是直接测量电路中的直流电压，另一种是串联负载（如灯泡）测量直流电压，连接方法如图6-22所示。使用直流电压表测量时，要注意直流电压表的正、负极性，选择合适的电压表量程；若测量时不能预知被测电压时，可以选择较大量程测量后再做适当切换。

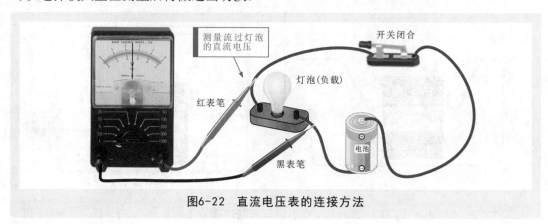

图6-22　直流电压表的连接方法

2　交流电压表

交流电压表是测量交流电路电压的仪表，其外形如图6-23所示。

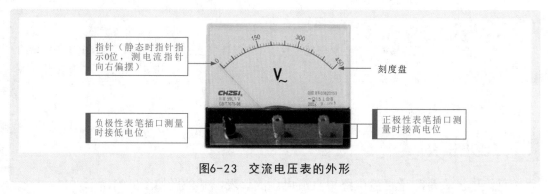

图6-23　交流电压表的外形

交流电压表的连接方式也分为直接接入法和通过电压互感器间接接入法两种。图6-24所示为交流电压表直接接入法的连接方式，在采用直接接入法测交流电压时，电压表的量程必须大于被测线路电压值。

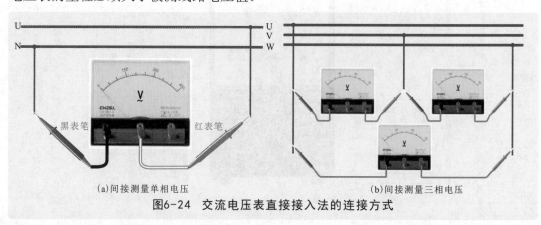

(a)间接测量单相电压　　　　　　　　　(b)间接测量三相电压

图6-24　交流电压表直接接入法的连接方式

图6-25所示为交流电压表的间接接入法的连接方式。

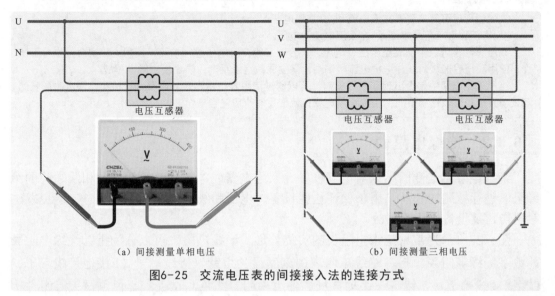

（a）间接测量单相电压　　　　　　　（b）间接测量三相电压

图6-25　交流电压表的间接接入法的连接方式

6.6 钳形表和绝缘电阻表

微视频讲解"钳形表的功能与使用"

6.6.1 钳形表

钳形表是用于检测交流电流的仪表，在其表头上有一个钳形头，因此将其称为钳形表。与万用表等电工仪器不同，钳形表在测量电流时不需要与待测线路进行连接，而是通过电磁感应原理对线路中的电流进行测量，是一种使用相当方便的测量仪器。

钳形表根据其结构的不同可以分为模拟式（指针式）钳形表和数字式钳形表两种，如图6-26所示。

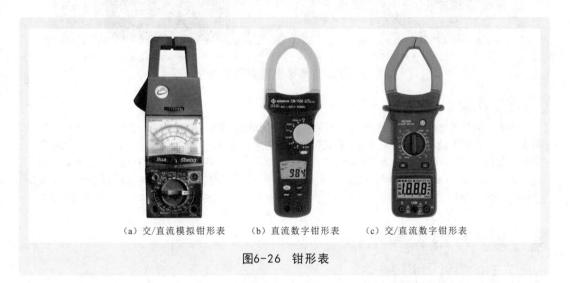

（a）交/直流模拟钳形表　　（b）直流数字钳形表　　（c）交/直流数字钳形表

图6-26　钳形表

钳形表将一些万用表的功能融入其中，其种类也多种多样。若按照功能来分类，钳形表可分为交流钳形表、交/直流钳形表、高压钳形表和漏电钳形表等。

> **补充说明**
>
> 交流钳形表可用来测量交流电流和交/直流电压。
>
> 交/直流钳形表可用来测量交/直流电流和电压。
>
> 高压钳形表可以检测高压电压、电流，适合对三相交流电压进行检测，使用比较安全，也易于操作；使用高压钳形表对线路进行电流检测时，需要佩戴绝缘手套，防止发生触电事故。
>
> 当不确定电路中是否出现漏电现象时，可以通过使用漏电钳形表对电路进行检测。漏电钳形表的测试与其他钳形表略有不同，但测量原理相似，使用时也应注意安全。

6.6.2 绝缘电阻表

绝缘电阻表是专门用来对电气设备、家用电器或电气线路等对地及相线之间的绝缘阻值进行检测的工具，用于保证这些设备、电器和线路工作在正常状态，避免发生触电伤亡及设备损坏等事故。

图6-27所示为常见绝缘电阻表的实物外形。绝缘电阻表可以分为指针绝缘电阻表和数字绝缘电阻表。指针绝缘电阻表由刻度盘、指针、接线端子（E接地接线端子、L相线接线端子）、铭牌、手动摇杆、使用说明、红色测试夹和黑色测试夹等组件构成。数字绝缘电阻表由数字显示屏、测试线连接插孔、背光灯开关、时间设置按钮、测试旋钮、量程调节开关等组件构成。

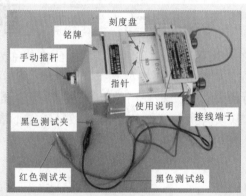
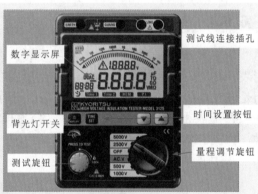

（a）指针绝缘电阻表　　　　　　　　（b）数字绝缘电阻表

图6-27　常见绝缘电阻表的实物外形

> **补充说明**
>
> 绝缘电阻表通常只能产生一种电压，当需要测量不同电压下的绝缘强度时，就要更换不同电压的绝缘电阻表。若测量额定电压在500V以下的设备或线路的绝缘电阻，可选用500V或1000V的绝缘电阻表；测量额定电压在500V以上的设备或线路的绝缘电阻时，应选用1000～2500V的绝缘电阻表；测量绝缘子时，应选用2500～5000V的绝缘电阻表。一般情况下，测量低压电器设备的绝缘电阻时可选用0～200MΩ量程的绝缘电阻表。

6.7 万用表和电桥

6.7.1 指针万用表

指针万用表又称模拟万用表，它是由表头指针指示测量的数值，响应速度较快，内阻较小，但测量精度较低，其外形如图6-28所示。

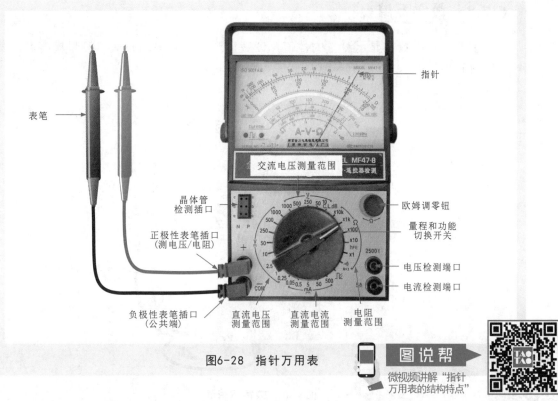

图6-28　指针万用表

微视频讲解"指针万用表的结构特点"

图6-29所示为指针万用表检测电压的操作演示。首先根据待测对象调整挡位量程。以测量电池电压为例，将指针万用表的挡位调整为"DC 10 V"，并将黑表笔插入指针万用表公共端"COM"孔中，将红表笔插入指针式万用表"V. Ω .mA"孔中。然后将指针万用表水平放置在桌子上，将黑表笔接到电池的负极端，红表笔接到电池的正极端，即可根据表盘的刻度读取指针万用表上的读数。

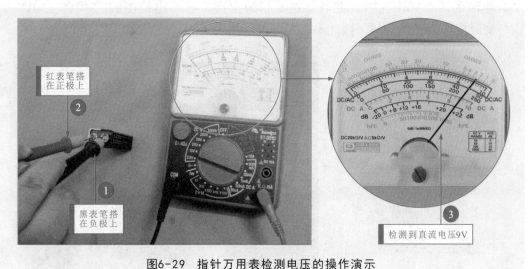

图6-29　指针万用表检测电压的操作演示

6.7.2 │ 数字万用表

数字万用表以数字显示测量的数值，读数直观方便，内阻较大，测量精度高，其外形如图6-30所示。

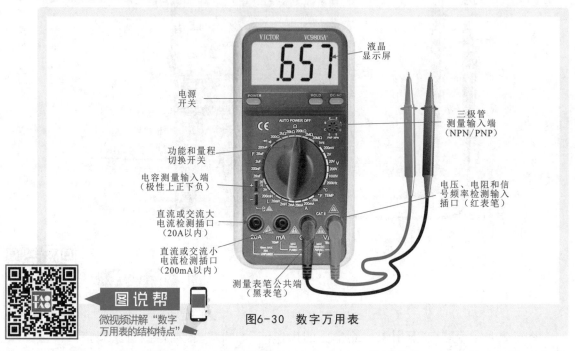

电源开关

功能和量程切换开关

电容测量输入端（极性上正下负）

直流或交流大电流检测插口（20A以内）

直流或交流小电流检测插口（200mA以内）

液晶显示屏

三极管测量输入端（NPN/PNP）

电压、电阻和信号频率检测输入插口（红表笔）

测量表笔公共端（黑表笔）

微视频讲解"数字万用表的结构特点"

图6-30　数字万用表

图6-31所示为数字万用表检测电压的操作演示。使用数字万用表的电压挡进行检测时，首先应当了解待测线路的工作条件，选择量程。以检测市电供电电压为例，应选择750V挡，按下电源键开启数字万用表，并且按下"DC/AC"切换键，将其切换为交流电压检测，在数字显示屏上会显示"AC"交流标识。然后将两支表笔分别插入交流电源的两个插座孔中，此时会在显示屏上直接显示出检测到的"AC 220V"电压。交流电压无极性之分，因此不必考虑红、黑表笔的极性。

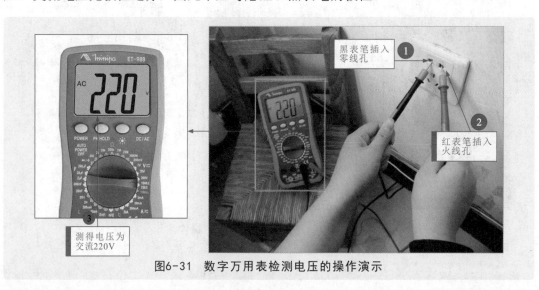

① 黑表笔插入零线孔

② 红表笔插入火线孔

③ 测得电压为交流220V

图6-31　数字万用表检测电压的操作演示

6.7.3 电桥

电桥是一种应用比较广泛的电磁测量仪表，采用比较法测量各种量，如电阻、电容、电感等，灵敏度和准确度较高。典型电桥的实物外形如图6-32所示。

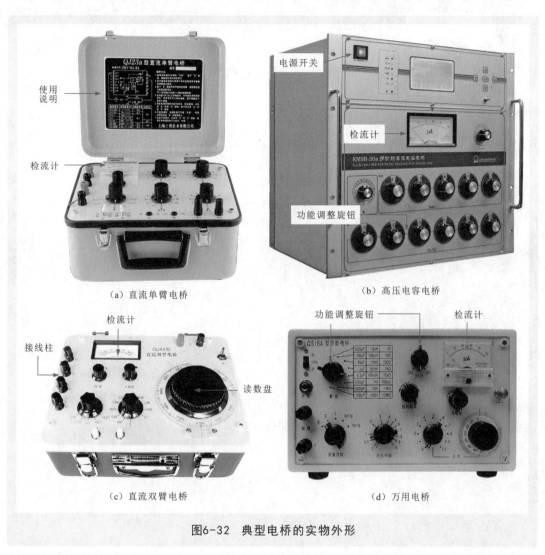

（a）直流单臂电桥 （b）高压电容电桥

（c）直流双臂电桥 （d）万用电桥

图6-32 典型电桥的实物外形

电桥主要分为直流电桥和交流电桥。直流电桥主要用来测量电阻，根据不同的结构又可以分为直流单臂电桥、直流双臂电桥和直流单双臂电桥。单臂电桥适用于检测阻值为1Ω～10MΩ的元器件；双臂电桥适用于检测1Ω以下的低值电阻；交流电桥主要用于测量电容、电感和阻抗等参数，也可以兼测电阻，主要分为万用电桥、高压电容电桥、万用阻抗电桥等。此外，随着数字技术的广泛使用，市场上还出现了一种数字电桥。

本章系统介绍电动机相关知识。

● 直流电动机
● 交流电动机
● 电动机拆卸
● 电动机检修

第7章

电动机

7.1 直流电动机

直流电动机主要采用直流供电方式。因此可以说，所有由直流电源（电源有正、负极之分）供电的电动机都可以称为直流电动机。直流电动机按照定子磁场的不同，可以分为永磁式直流电动机和电磁式直流电动机。

7.1.1 永磁式直流电动机

永磁式直流电动机的定子磁极是由永久磁体组成的，利用永久磁体提供磁场，使转子在磁场的作用下旋转。

永磁式直流电动机主要由定子、转子和电刷、换向器构成，如图7-1所示。其中，定子磁体与圆柱形外壳制成一体，转子绕组绕制在铁芯上与转轴制成一体，绕组的引线焊接在换向器上，通过电刷供电，电刷安装在定子机座上，与外部电源相连。

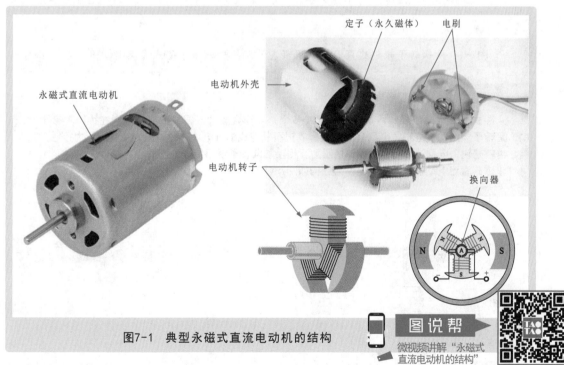

永磁式直流电动机　电动机外壳　定子（永久磁体）　电刷　电动机转子　换向器

N N A S S + −

图7-1　典型永磁式直流电动机的结构

图说帮

微视频讲解"永磁式直流电动机的结构"

永磁式直流电动机中各主要部件的控制关系如图7-2所示。

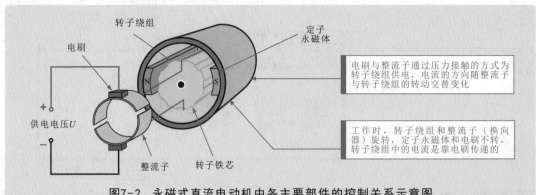

图7-2　永磁式直流电动机中各主要部件的控制关系示意图

电刷与整流子通过压力接触的方式为转子绕组供电，电流的方向随整流子与转子绕组的转动交替变化

工作时，转子绕组和整流子（换向器）旋转，定子永磁体和电刷不转，转子绕组中的电流是靠电刷传递的

💡 补充说明

　　永磁式直流电动机根据内部转子构造的不同，可以细分为两极转子永磁式直流电动机和三极转子永磁式直流电动机，如图7-3所示。

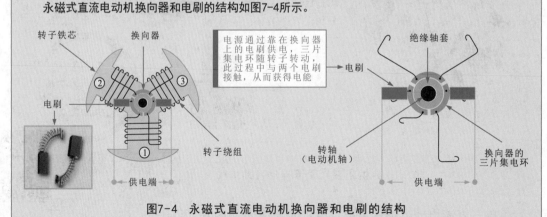

图7-3　两极转子永磁式直流电动机（左）和三极转子永磁式直流电动机（右）

💡 补充说明

　　永磁式直流电动机换向器是将三个（或多个）环形金属片（铜或银材料）嵌在绝缘轴套上制成的，是转子绕组的供电端。电刷是由铜石墨或银石墨组成的导电块，通过压力弹簧的压力接触到换向器。也就是说，电刷和换向器是靠弹性压力互相接触向转子绕组传送电流的。

　　永磁式直流电动机换向器和电刷的结构如图7-4所示。

图7-4　永磁式直流电动机换向器和电刷的结构

图7-5所示为永磁式直流电动机（两极转子）的转动过程。

转子0° 开始

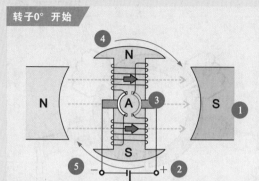

1. 假设转子磁极的方向与定子垂直。

2. 直流电源正极经电刷为绕组供电。

3. 电流经整流子后同时为两个转子绕组供电，最后经整流子的另一侧回到电源负极。

4. 根据左手定则，转子铁芯会受到磁场的作用产生转矩。

5. 转子磁极S会受定子磁极N的吸引，转子磁极N会受定子磁极S的吸引，开始顺时针转动。

转子转过60°

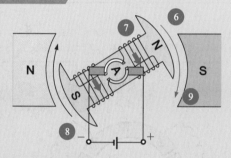

6. 转子在定子磁场的作用下顺时针转过60°。

7. 转子绕组的电流方向不变。

8. 转子磁极的N和S分别靠近定子磁极的S和N，受到的引力增强。

9. 吸引力增强，转矩也增加，转子会迅速向90°的方向转动。

转子转过90°

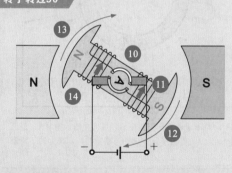

10. 当转子转动超过90°时，电刷便与另一侧的整流子接触。

11. 转子绕组中的电流方向反转。

12. 原来转子磁极的极性也发生变化，靠近定子S极的转子磁极由N变成S，受到定子S的排斥。

13. 靠近定子N极的转子磁极由S变成N，受到定子N的排斥。

14. 同性磁极相斥，转子继续按顺时针方向转动。

转子转过180°

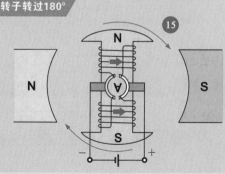

15. 当转子转动的角度超过180°时，磁极状态与0°时原理相同，转子继续顺时针旋转。

> 转子转到90°时，电刷位于整流子的空挡，转子绕组中的电流瞬间消失，转子磁场也消失，但转子由于惯性会继续顺时针转动

微视频讲解"永磁式直流电动机（两极转子）的工作原理"

图7-5 永磁式直流电动机（两极转子）的转动过程

图7-6所示为永磁式直流电动机（三极转子）的转动过程。

转子0° 开始

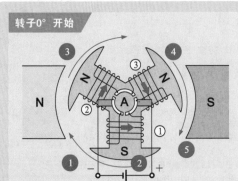

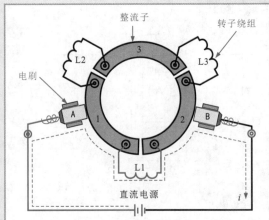

① 转子磁极为①S、②N、③N。

② S极处于中心，不受力。

③ 左侧转子的N与定子N靠近，两者相斥。

④ 右侧转子的N与定子S靠近，受到吸引。

⑤ 转子会受到顺时针的转矩而旋转。

电刷压接在整流子上，直流电压经电刷A、整流子1、转子绕组L1、整流子2、电刷B形成回路，实现为转子绕组L1供电。

转子转过60°

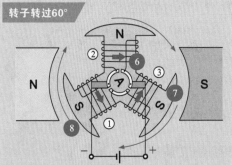

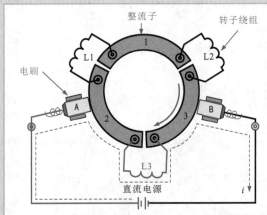

⑥ 转子转过60°时，电刷与整流子相互位置发生变化。

⑦ 转子磁极③的极性由N变成了S，受到定子磁极S的排斥而继续顺时针旋转。

⑧ 转子①仍为S极，受到定子N极顺时针方向的吸引。

转子带动整流子转动一定角度后，直流电压经电刷A、整流子2、转子绕组L3、整流子3、电刷B形成回路，实现为转子绕组L3供电。

转子转过120°

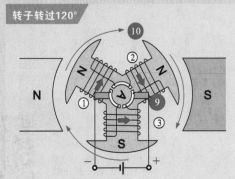

⑨ 转子转过120°时，电刷与整流子的位置又发生变化。

⑩ 磁极由S变成N，与初始位置状态相同，转子继续顺时针转动。

整流子的三片滑环会在与转子一同转动的过程中与两个电刷的刷片接触，从而获得电能

图7-6 永磁式直流电动机（三极转子）的转动过程

7.1.2 电磁式直流电动机

电磁式直流电动机是将用于产生定子磁场的永磁体用电磁铁取代，定子铁芯上绕有绕组（线圈），转子部分是由转子铁芯、绕组（线圈）、整流子及转轴组成的。

图7-7所示为典型电磁式直流电动机的结构。

图7-7　典型电磁式直流电动机的结构

微视频讲解"电磁式直流电动机的内部结构"

电磁式直流电动机根据内部结构和供电方式的不同，可以细分为他励式直流电动机、并励式直流电动机、串励式直流电动机和复励式直流电动机。

1 他励式直流电动机的工作原理

他励式直流电动机的转子绕组和定子绕组分别接到各自的电源上。这种电动机需要两套直流电源供电。图7-8所示为他励式直流电动机的工作原理。

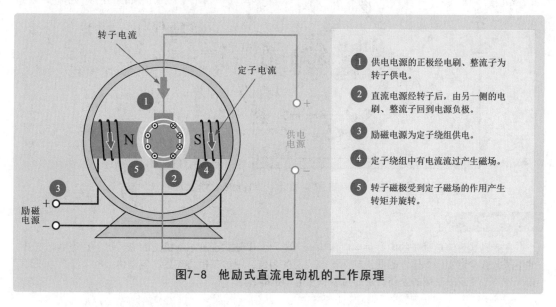

① 供电电源的正极经电刷、整流子为转子供电。

② 直流电源经转子后，由另一侧的电刷、整流子回到电源负极。

③ 励磁电源为定子绕组供电。

④ 定子绕组中有电流流过产生磁场。

⑤ 转子磁极受到定子磁场的作用产生转矩并旋转。

图7-8　他励式直流电动机的工作原理

2 并励式直流电动机的工作原理

并励式直流电动机的转子绕组和定子绕组并联，由一组直流电源供电。电动机的总电流等于转子与定子电流之和。图7-9所示为并励式直流电动机的工作原理。

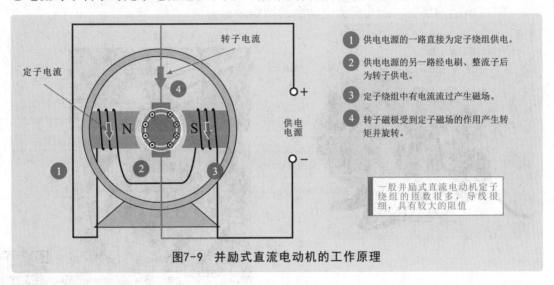

① 供电电源的一路直接为定子绕组供电。

② 供电电源的另一路经电刷、整流子后为转子供电。

③ 定子绕组中有电流流过产生磁场。

④ 转子磁极受到定子磁场的作用产生转矩并旋转。

一般并励式直流电动机定子绕组的匝数很多，导线很细，具有较大的阻值

图7-9 并励式直流电动机的工作原理

3 串励式直流电动机的工作原理

串励式直流电动机的转子绕组和定子绕组串联，由一组直流电源供电。定子绕组中的电流就是转子绕组中的电流。图7-10所示为串励式直流电动机的工作原理。

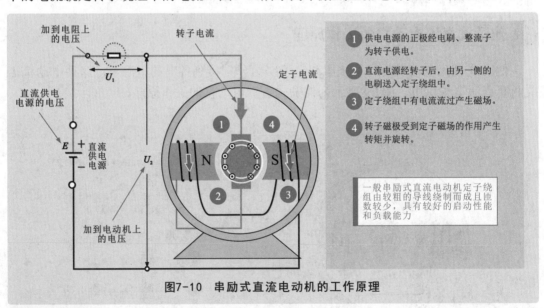

① 供电电源的正极经电刷、整流子为转子供电。

② 直流电源经转子后，由另一侧的电刷送入定子绕组中。

③ 定子绕组中有电流流过产生磁场。

④ 转子磁极受到定子磁场的作用产生转矩并旋转。

一般串励式直流电动机定子绕组由较粗的导线绕制而成且匝数较少，具有较好的启动性能和负载能力

图7-10 串励式直流电动机的工作原理

补充说明

在串励式直流电动机的电源供电电路中串入电阻，串励式直流电动机上的电压等于直流供电电源的电压减去电阻上的电压。因此，如果改变电阻的阻值，则加在串励式直流电动机上的电压会发生变化，最终改变定子磁场的强弱，从而可以调整电动机的转速。

4 复励式直流电动机的工作原理

复励式直流电动机的定子绕组设有两组：一组与电动机的转子串联；另一组与转子绕组并联。复励式直流电动机根据连接方式可以分为和动式复合绕组电动机和差动式复合绕组电动机。图7-11所示为复励式直流电动机的工作原理。

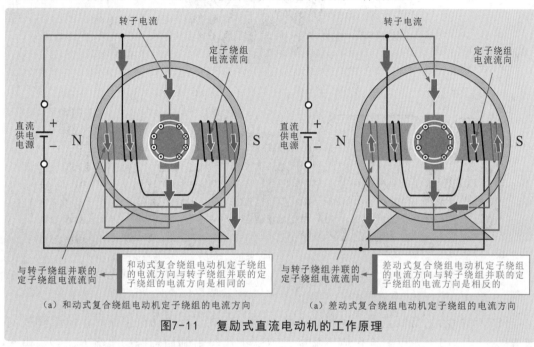

（a）和动式复合绕组电动机定子绕组的电流方向　　　（a）差动式复合绕组电动机定子绕组的电流方向

图7-11　复励式直流电动机的工作原理

7.1.3 │ 有刷直流电动机

有刷直流电动机是指内部包含电刷和换向器的一类直流电动机。

如图7-12所示，有刷直流电动机的定子是由永磁体组成的。转子是由绕组和整流子（换向器）构成的。电刷安装在定子机座上。电源通过电刷和换向器实现电动机绕组（线圈）中电流方向的变化。

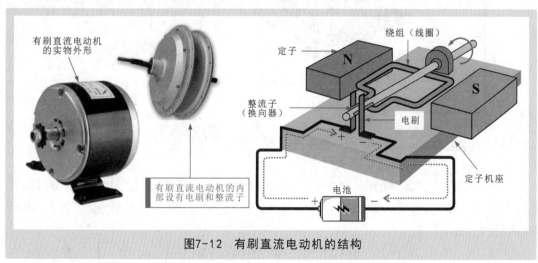

图7-12　有刷直流电动机的结构

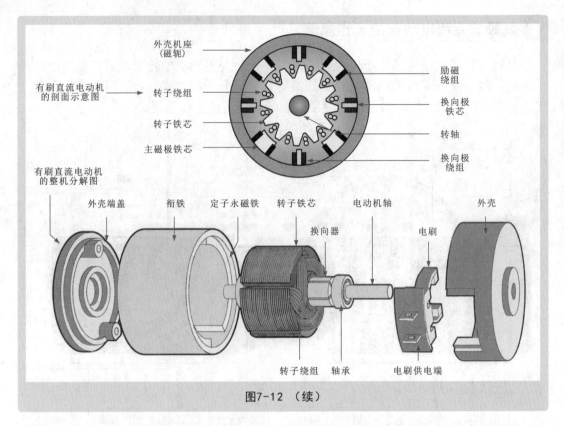

图7-12 （续）

图7-13所示为有刷直流电动机的工作原理。有刷直流电动机工作时，绕组和换向器旋转，主磁极（定子）和电刷不旋转，直流电源经电刷加到转子绕组上，绕组电流的方向是随电动机转动的换向器及与其相关的电刷位置变化而交替变化的。

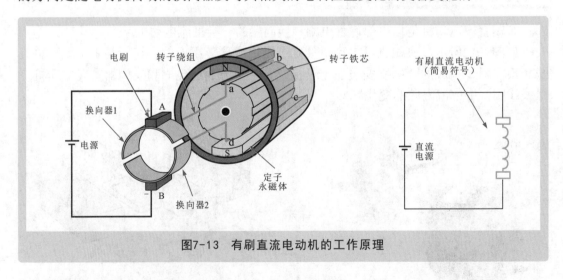

图7-13 有刷直流电动机的工作原理

有刷直流电动机接通电源的瞬间，直流电源的正、负两极通过电刷A和B与直流电动机的转子绕组接通，直流电流经电刷A、换向器1、绕组ab和cd、换向器2、电刷B返回到电源的负极。

当有刷直流电动机转子转到90°时，两个绕组边处于磁场物理中性面且电刷不与与换向器接触，绕组中没有电流流过，F=0，转矩消失。

由于机械惯性作用，有刷直流电动机的转子将冲过90°，继续旋转至180°，这时绕组中又有电流流过，此时直流电流经电刷A、换向器2、绕组dc和ba、换向器1、电刷B返回到电源的负极。

7.1.4 无刷直流电动机

无刷直流电动机去掉了电刷和整流子，转子是由永久磁钢制成的，绕组绕制在定子上。图7-14所示为典型无刷直流电动机的结构。定子上的霍尔元件用于检测转子磁极的位置，以便借助该位置信号控制定子绕组中的电流方向和相位，并驱动转子旋转。

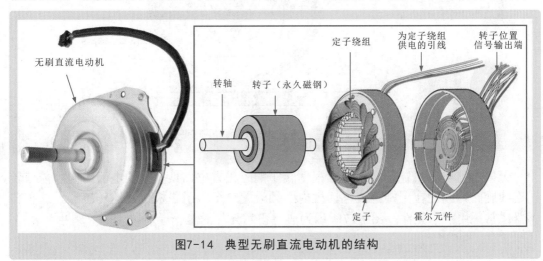

图7-14 典型无刷直流电动机的结构

无刷直流电动机与有刷直流电动机的主要区别在于，无刷直流电动机没有电刷和换向器。无刷直流电动机的外形多种多样，但基本结构均相同，都是由外壳、转轴、轴承、定子绕组、转子磁钢、霍尔元件等构成的。图7-15所示为无刷直流电动机霍尔元件的安装位置。

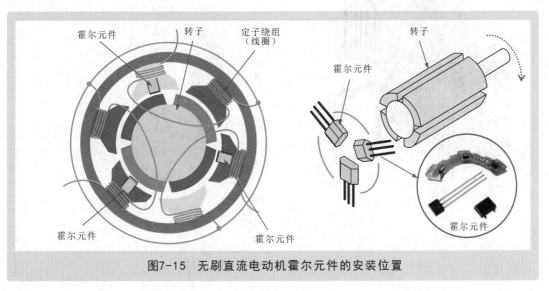

图7-15 无刷直流电动机霍尔元件的安装位置

　　无刷直流电动机的转子由永久磁钢构成，它的圆周上设有多对磁极（N、S）。绕组绕制在定子上，当接通直流电源时，电源为定子绕组供电，磁钢受到定子磁场的作用产生转矩并旋转。图7-16所示为无刷直流电动机的结构原理。

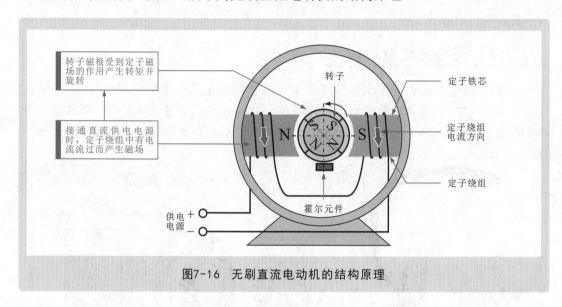

图7-16　无刷直流电动机的结构原理

　　无刷直流电动机定子绕组必须根据转子的磁极方位切换其中的电流方向才能使转子连续旋转，因此在无刷直流电动机内必须设置一个转子磁极位置的传感器。这种传感器通常采用霍尔元件。图7-17所示为典型霍尔元件的工作原理。

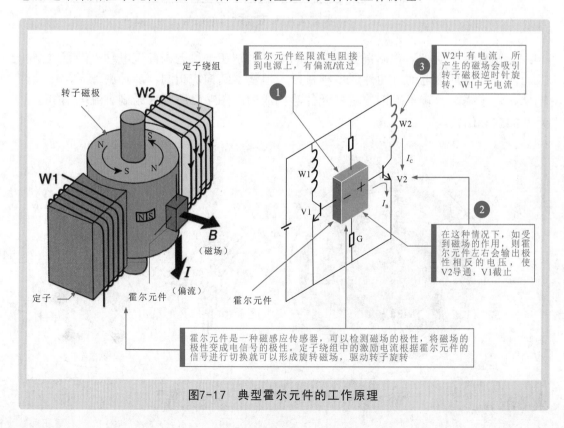

图7-17　典型霍尔元件的工作原理

7.2 | 交流电动机

交流电动机主要采用交流供电方式（单相220V或三相380V）。因此，所有由交流电源直接供电的电动机都可以称为交流电动机。交流电动机根据供电方式的不同，可分为单相交流电动机和三相交流电动机两大类。

7.2.1 | 单相交流电动机

在一般情况下，单相交流电动机是指采用单相电源（一根相线、一根零线构成的交流220V电源）供电的交流电动机（下面以单相交流异步电动机为例介绍）。

如图7-18所示，单相交流电动机的结构与直流电动机基本相同，都是由静止的定子、旋转的转子、转轴、轴承、端盖等部分构成的。

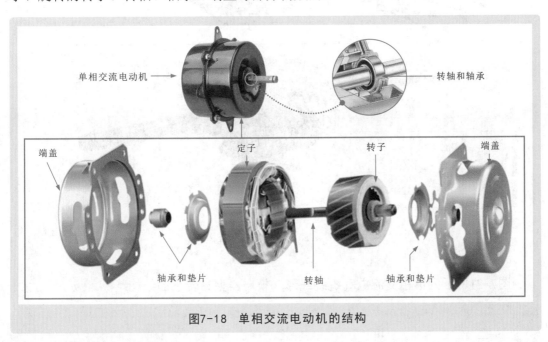

图7-18 单相交流电动机的结构

1 单相交流电动机的定子

如图7-19所示，单相交流电动机的定子主要是由定子铁芯、定子绕组和引出线等部分构成的。

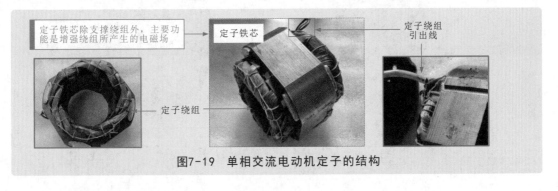

图7-19 单相交流电动机定子的结构

2 单相交流电动机的转子

单相交流异步电动机的转子是指电动机工作时发生转动的部分，主要有笼形转子和绕线形转子（换向器型）两种结构。图7-20所示为单相交流电动机笼形转子的结构。

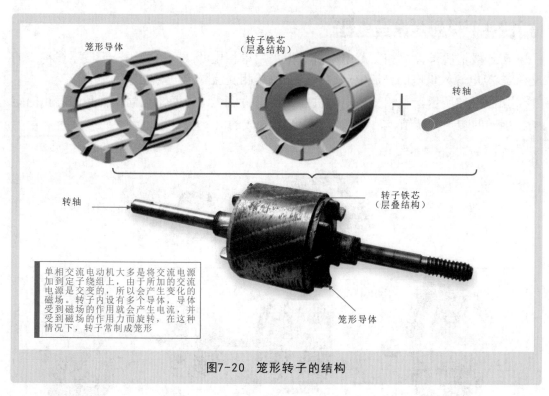

单相交流电动机大多是将交流电源加到定子绕组上，由于所加的交流电源是交变的，所以会产生变化的磁场。转子内设有多个导体，导体受到磁场的作用就会产生电流，并受到磁场的作用力而旋转，在这种情况下，转子常制成笼形

图7-20　笼形转子的结构

图7-21所示为单相交流电动机绕线形（换向器型）转子的结构。

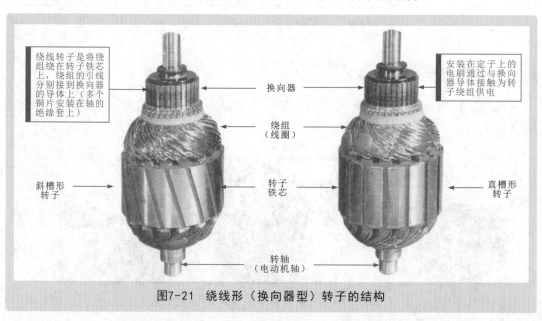

绕线转子是将绕组绕在转子铁芯上，绕组的引线分别接到换向器上的导体上（多个铜片安装在轴的绝缘套上）

安装在定子上的电刷通过与换向器导体接触为转子绕组供电

图7-21　绕线形（换向器型）转子的结构

单相交流电动机是在市电交流供电的条件下，通过转子的转动，最终将电能转换成机械能。

如图7-22所示，将多个闭环的线圈（转子绕组）交错置于磁场中，并安装到转子铁芯中，当定子磁场旋转时，转子绕组受到磁场力也会随之旋转，这就是单相交流电动机的转动原理。

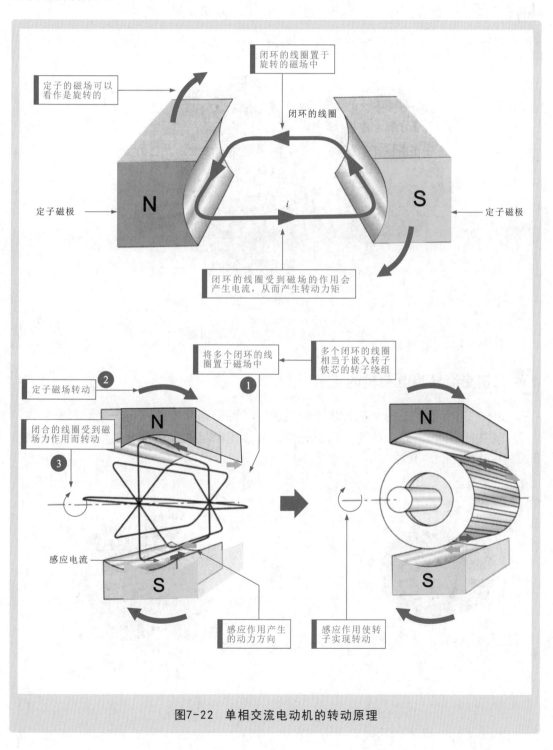

图7-22 单相交流电动机的转动原理

7.2.2 三相交流电动机

三相交流电动机是指具有三相绕组，并由三相交流电源供电的电动机。该电动机的转矩较大、效率较高，多用于大功率动力设备中。

如图7-23所示，三相交流异步电动机与单相交流异步电动机的结构相似，同样是由静止的定子、旋转的转子、转轴、轴承、端盖、外壳等部分构成的。

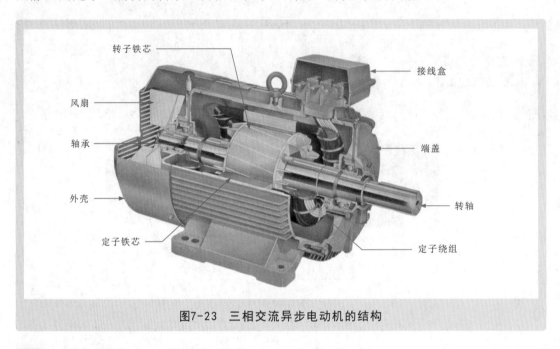

转子铁芯　　接线盒　　风扇　　轴承　　端盖　　外壳　　转轴　　定子铁芯　　定子绕组

图7-23　三相交流异步电动机的结构

1　三相交流异步电动机的定子

如图7-24所示，三相交流异步电动机的定子部分通常安装固定在电动机外壳内，与外壳制成一体。在通常情况下，三相交流异步电动机的定子部分主要是由定子绕组和定子的铁芯部分构成的。

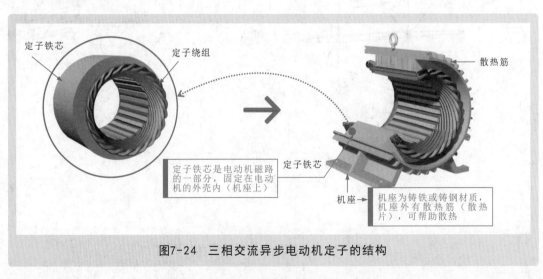

定子铁芯　　定子绕组　　散热筋

定子铁芯是电动机磁路的一部分，固定在电动机的外壳内（机座上）

定子铁芯　　机座

机座为铸铁或铸钢材质，机座外有散热筋（散热片），可帮助散热

图7-24　三相交流异步电动机定子的结构

2 三相交流异步电动机的转子

转子是三相交流异步电动机的旋转部分，通过感应电动机定子形成的旋转磁场产生感应转矩而转动。三相交流异步电动机的转子有两种结构形式，即笼形转子和绕线形转子。图7-25所示为三相交流异步电动机笼形转子的结构。

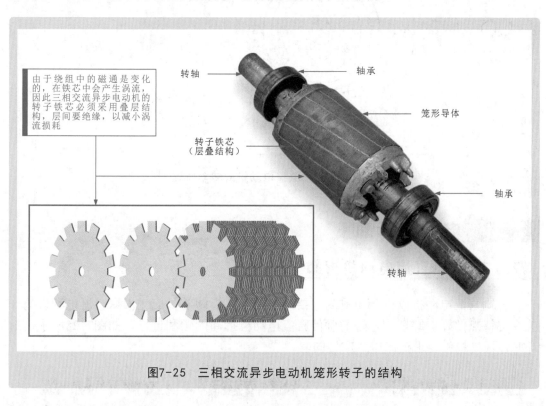

由于绕组中的磁通是变化的，在铁芯中会产生涡流，因此三相交流异步电动机的转子铁芯必须采用叠层结构，层间要绝缘，以减小涡流损耗

转轴
轴承
笼形导体
转子铁芯
（层叠结构）
轴承
转轴

图7-25　三相交流异步电动机笼形转子的结构

图7-26所示为三相交流异步电动机绕线形转子的结构。

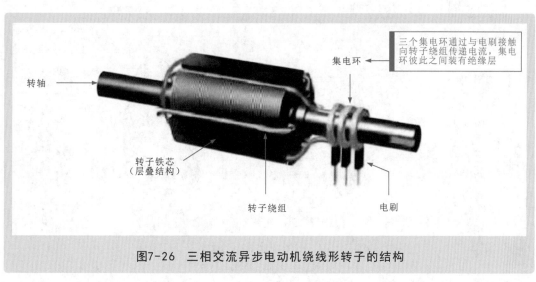

三个集电环通过与电刷接触向转子绕组传递电流，集电环彼此之间装有绝缘层

转轴
集电环
转子铁芯
（层叠结构）
转子绕组
电刷

图7-26　三相交流异步电动机绕线形转子的结构

如图7-27所示，三相交流异步电动机在三相交流供电的条件下工作。

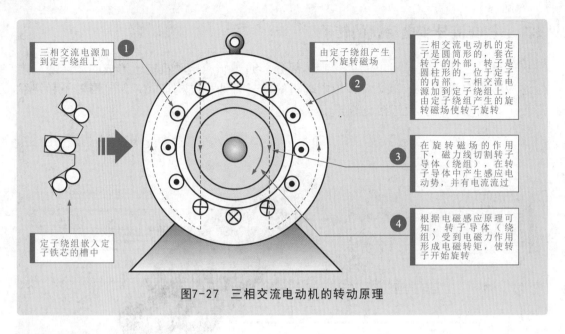

三相交流电源加到定子绕组上 ①

由定子绕组产生一个旋转磁场 ②

三相交流电动机的定子是圆筒形的，套在转子的外部；转子是圆柱形的，位于定子的内部。三相交流电源加到定子绕组上，由定子绕组产生的旋转磁场使转子旋转

在旋转磁场的作用下，磁力线切割转子导体（绕组），在转子导体中产生感应电动势，并有电流流过 ③

定子绕组嵌入定子铁芯的槽中

根据电磁感应原理可知，转子导体（绕组）受到电磁力作用形成电磁转矩，使转子开始旋转 ④

图7-27　三相交流电动机的转动原理

7.3　电动机拆卸

7.3.1　有刷直流电动机拆卸

有刷直流电动机以内部电刷为主要结构特点，拆卸前，应先根据直流电动机的安装固定特点做好拆卸规划，进而确保直流电动机拆卸的顺利进行，如图7-28所示，拆卸时，根据检修要求拆卸电刷和换向器。

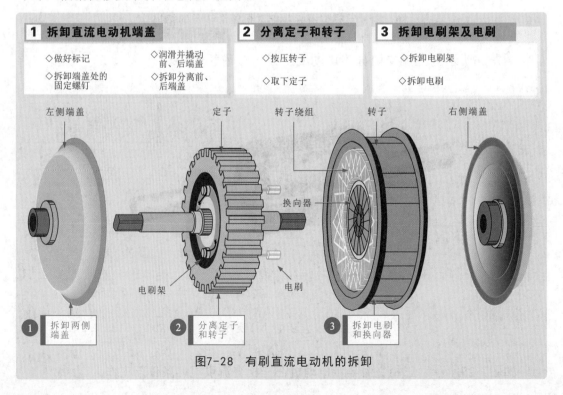

1 拆卸直流电动机端盖
◇做好标记
◇拆卸端盖处的固定螺钉
◇润滑并撬动前、后端盖
◇拆卸分离前、后端盖

2 分离定子和转子
◇按压转子
◇取下定子

3 拆卸电刷架及电刷
◇拆卸电刷架
◇拆卸电刷

左侧端盖　　定子　　转子绕组　　转子　　右侧端盖

换向器

电刷架　　　　　　　　电刷

① 拆卸两侧端盖
② 分离定子和转子
③ 拆卸电刷和换向器

图7-28　有刷直流电动机的拆卸

1 有刷直流电动机端盖的拆卸

拆卸直流电动机的端盖，首先要做好标记，然后拆卸固定螺钉，最后通过润滑和撬动的方式即可将直流电动机的端盖分离，如图7-29所示。

图7-29　直流电动机端盖的拆卸方法

2 分离电动机的定子和转子部分

打开端盖后，即可看到有刷直流电动机的定子和转子部分，由于有刷直流电动机的定子与转子之间是通过磁场相互作用的，因此可以直接分离，用力向下按压转子部分即可分离。有刷直流电动机定子及转子部分的分离操作如图7-30所示。

图7-30　有刷直流电动机定子及转子部分的分离操作

3 拆卸电刷和电刷架

有刷直流电动机的定子和转子分离后，可以看到电刷是固定在定子上的，接下来需要将电刷从定子上取下，如图7-31所示。

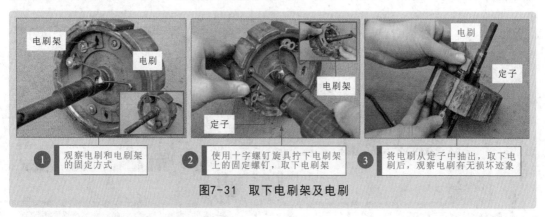

① 观察电刷和电刷架的固定方式

② 使用十字螺钉旋具拧下电刷架上的固定螺钉，取下电刷架

③ 将电刷从定子中抽出，取下电刷后，观察电刷有无损坏迹象

图7-31　取下电刷架及电刷

7.3.2　无刷直流电动机拆卸

如图7-32所示，无刷直流电动机的拆卸可大致划分为两侧端盖的拆卸、定子与转子分离两个步骤。

① 拆卸端盖

待拆无刷直流电动机　　　左侧端盖　　　右侧端盖

左侧端盖　　　定子　　　转子　　　右侧端盖

② 分离定子和转子

图7-32　无刷直流电动机的拆卸步骤

1 拆卸后盖

如图7-33所示，在拆卸无刷直流电动机前，首先应清洁操作场地，防止杂物吸附到电动机内的磁钢上，影响电动机的性能，然后按操作规范分离出端盖部分。

① 使用记号笔在无刷电动机的前、后端盖上做好拆装标记，以便重装时能够完全对应

内六角螺钉旋具
固定螺钉
② 使用内六角螺钉旋具将无刷直流电动机前、后端盖的固定螺钉按对角顺序分别拧下

一字槽螺钉旋具
③ 在后端盖与无刷直流电动机的缝隙处分别插入一字槽螺钉旋具，轻轻向外侧撬动

④ 从无刷直流电动机上取下松动的后端盖，并将另一侧端盖也取下

图7-33 无刷直流电动机端盖的拆卸方法

2 分离无刷直流电动机的定子与转子

如图7-34所示，打开端盖后，可以看到无刷直流电动机的定子和转子部分，由于无刷直流电动机的定子与转子之间是通过磁场相互作用的，因此，适当用力向下按压转子部分即可直接分离。

① 向下用力按压无刷直流电动机的转子部分

定子
转子
② 将定子和转子部分分离

图7-34 分离无刷直流电动机的定子与转子

7.3.3　单相交流电动机拆卸

如图7-35所示，单相交流电动机的结构多种多样，基本拆卸方法大致相同，这里以常见电风扇中的单相交流电动机为例进行介绍。

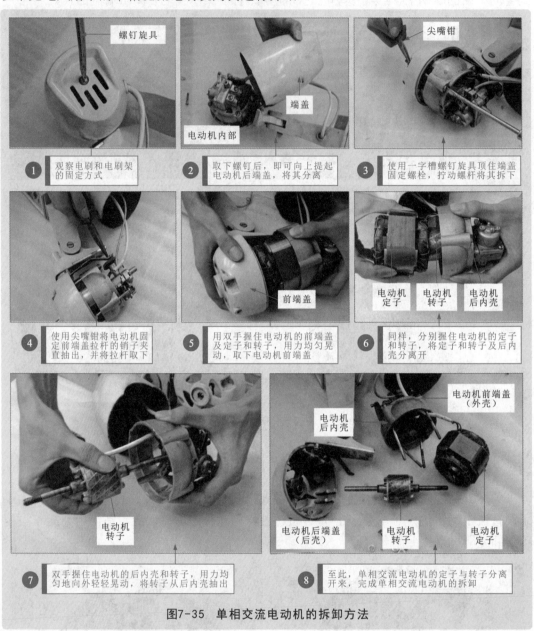

图7-35　单相交流电动机的拆卸方法

7.3.4　三相交流电动机拆卸

三相交流电动机的结构是多种多样的，但基本的拆卸方法大致相同。如图7-36所示，一般可将三相交流电动机的拆卸划分为拆卸交流电动机的接线盒、拆卸交流电动机的散热风扇、拆卸交流电动机的端盖、分离交流电动机的定子与转子、拆卸交流电动机的轴承五个环节。

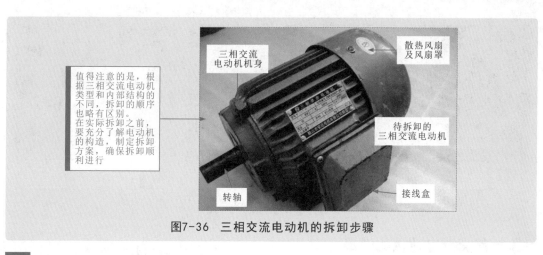

值得注意的是，根据三相交流电动机类型和内部结构的不同，拆卸的顺序也略有区别。
在实际拆卸之前，要充分了解电动机的构造，制定拆卸方案，确保拆卸顺利进行

三相交流电动机机身

散热风扇及风扇罩

待拆卸的三相交流电动机

接线盒

转轴

图7-36 三相交流电动机的拆卸步骤

1 拆卸交流电动机的接线盒

如图7-37所示，三相交流电动机的接线盒安装在电动机的侧端，由4个固定螺钉固定，拆卸时，将固定螺钉拧下即可将接线盒外壳取下。

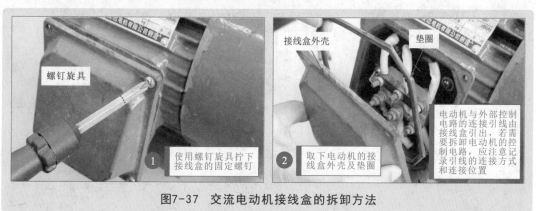

螺钉旋具

接线盒外壳

垫圈

❶ 使用螺钉旋具拧下接线盒的固定螺钉

❷ 取下电动机的接线盒外壳及垫圈

电动机与外部控制电路的连接引线由接线盒引出，若需要拆卸电动机的控制电路，应注意记录引线的连接方式和连接位置

图7-37 交流电动机接线盒的拆卸方法

2 拆卸交流电动机的散热风扇

如图7-38所示，典型交流电动机的散热叶片安装在电动机的后端叶片护罩中，拆卸时，需先将叶片护罩取下后，再拆下散热叶片。

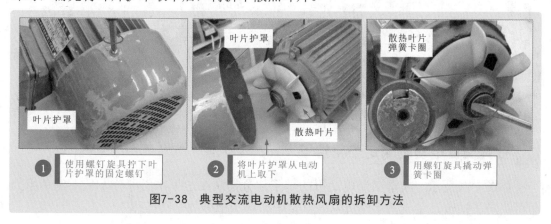

叶片护罩

叶片护罩

散热叶片

散热叶片弹簧卡圈

❶ 使用螺钉旋具拧下叶片护罩的固定螺钉

❷ 将叶片护罩从电动机上取下

❸ 用螺钉旋具撬动弹簧卡圈

图7-38 典型交流电动机散热风扇的拆卸方法

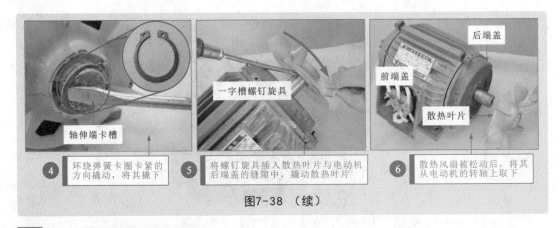

轴伸端卡槽	一字槽螺钉旋具	后端盖 前端盖 散热叶片
④ 环绕弹簧卡圈卡紧的方向撬动，将其撬下	⑤ 将螺钉旋具插入散热叶片与电动机后端盖的缝隙中，撬动散热叶片	⑥ 散热风扇被松动后，将其从电动机的转轴上取下

图7-38 （续）

3 拆卸交流电动机的端盖

　　如图7-39所示，典型交流电动机端盖由前端盖和后端盖构成，由固定螺钉固定在电动机外壳上。拆卸时，拧下固定螺钉，然后撬开端盖，注意不要损伤配合部分。

扳手 前端盖	锤子 凿子	锤子
① 使用扳手将电动机前端盖的固定螺母拧下	② 将凿子插入前端盖和定子的缝隙处，从多个方位均匀撬开端盖，使端盖与机身分离	③ 待前端盖松动后，用锤子轻轻敲打，将前端盖取下
轴承 前端盖	扳手	后端盖
④ 取下前端盖后，即可看到电动机绕组和轴承部分	⑤ 用扳手拧动另一个端盖上的固定螺母，并撬动使其松动	⑥ 由于前端盖已经被拆下，因此该端盖没有紧固力，后端盖无法与轴承分离，这里先连同转子一同取下

图7-39 交流电动机端盖的拆卸方法

补充说明

　　典型交流电动机后端盖通过轴承与转子紧固在一起，拆卸时，需要先将转子从定子中分离出来后再拆卸，与轴承分离，因此这部分内容的讲解将融入轴承的拆卸操作中。

4 分离交流电动机的定子和转子

　　如图7-40所示，典型交流电动机的转子部分插装在定子中心部分，从一侧稍用力即可将转子抽出，完成三相交流电动机定子和转子部分的分离操作。

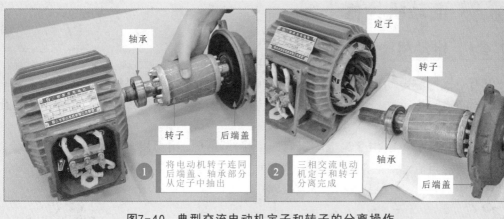

图7-40　典型交流电动机定子和转子的分离操作

5　拆卸交流电动机的轴承

　　拆卸交流电动机的轴承时，应先将后端盖从轴承上取下后，再分别对转轴两端的轴承进行拆卸。在拆卸前，首先记录轴承在转轴上的位置，为安装做好准备。

　　图7-41所示为典型交流电动机轴承的拆卸方法。

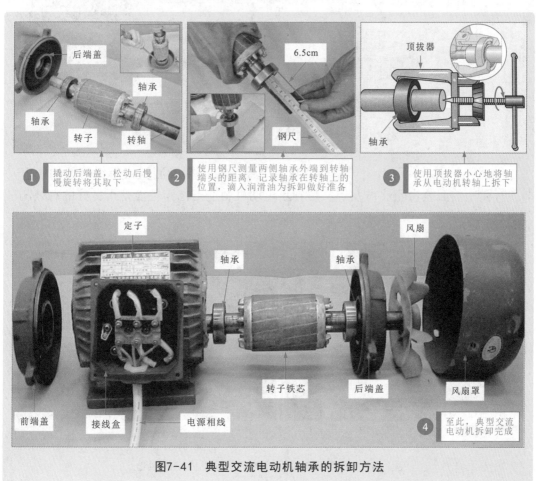

图7-41　典型交流电动机轴承的拆卸方法

第1章
第2章
第3章
第4章
第5章
第6章
第7章
第8章
第9章
第10章
第11章
第12章
第13章
第14章
第15章
第16章

7.4 电动机检修

7.4.1 电动机绕组阻值检测方法

用万用表检测电动机绕组的阻值是一种比较常用、简单、易操作的测试方法。该方法可粗略检测出电动机内各相绕组的阻值，根据检测结果可大致判断出电动机绕组有无短路或断路故障。

如图7-42所示，单相交流电动机有三个接线端子，用万用表分别检测任意两个接线端子之间的阻值，然后对测量值进行比对，根据比对结果判断绕组的情况。

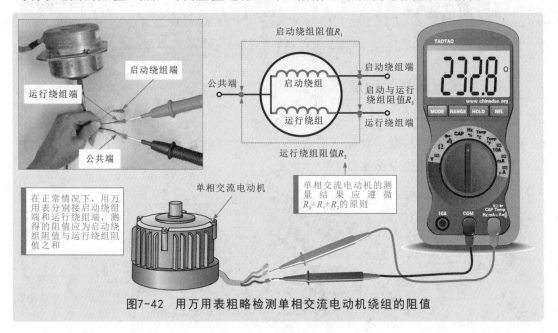

图7-42　用万用表粗略检测单相交流电动机绕组的阻值

如图7-43所示，用万用电桥检测电动机绕组可以精确测量出每组绕组的阻值，即使有微小的偏差也能够被发现，是判断电动机制造工艺和性能是否良好的有效测试方法。

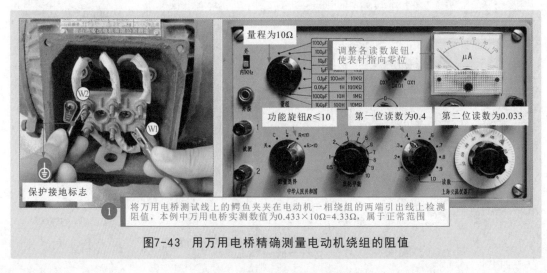

图7-43　用万用电桥精确测量电动机绕组的阻值

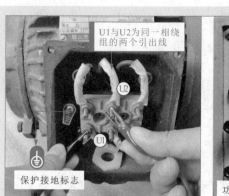

U1与U2为同一相绕组的两个引出线

保护接地标志

功能旋钮R≤10　　第一位读数为0.4　　第二位读数为0.033

② 使用相同的方法，将鳄鱼夹夹在电动机第二相绕组的两端引出线上检测阻值，本例中万用电桥实测数值为0.433×10Ω=4.33Ω，属于正常范围

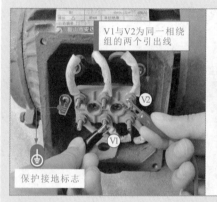

V1与V2为同一相绕组的两个引出线

保护接地标志

功能旋钮R≤10　　第一位读数为0.4　　第二位读数为0.033

③ 将万用电桥测试线上的鳄鱼夹夹在电动机第三相绕组的两端引出线上检测阻值，本例中万用电桥实测数值为0.433×10Ω=4.33Ω，属于正常范围

图7-43 （续）

图说帮

微视频讲解"万用电桥精确测量电动机绕组阻值的方法"

✎ 补充说明

　　通过以上检测可知，在正常情况下，三相交流电动机每相绕组的阻值约为4.33Ω，若测得三组绕组的阻值不同，则绕组内可能有短路或断路情况。

　　若通过检测发现阻值出现较大的偏差，则表明电动机的绕组已损坏。

7.4.2 电动机绝缘电阻的检测方法

　　检测电动机绝缘电阻一般要借助绝缘电阻表实现。使用绝缘电阻表测量电动机的绝缘电阻是检测设备绝缘状态最基本的方法。这种测量手段能有效发现设备受潮、部件局部脏污、绝缘击穿、引线接外壳及老化等问题。

1 检测电动机绕组与外壳之间的绝缘阻值

　　如图7-44所示，借助绝缘电阻表检测三相交流电动机绕组与外壳之间的绝缘阻值。

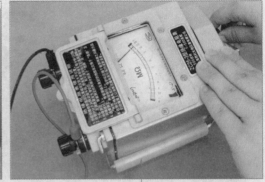

黑色测试线

红色测试线

① 将绝缘电阻表的黑色测试线接在交流电动机的接地端上，红色测试线接在其中一相绕组的出线端子上

② 顺时针匀速转动绝缘电阻表的手柄，观察指针的摆动变化，实测绝缘阻值大于1MΩ，正常

图7-44　三相交流电动机绕组与外壳之间绝缘阻值的检测方法

补充说明

使用绝缘电阻表检测交流电动机绕组与外壳间的绝缘阻值时，应匀速转动绝缘电阻表的手柄，并观察指针的摆动情况。本例中，实测绝缘阻值均大于1MΩ。

为确保测量值的准确度，需要待绝缘电阻表的指针慢慢回到初始位置后，再顺时针摇动绝缘电阻表的手柄，检测其他绕组与外壳的绝缘阻值是否正常，若检测结果远小于1MΩ，则说明电动机绝缘性能不良或内部导电部分与外壳之间有漏电情况。

2　检测电动机绕组与绕组之间的绝缘阻值

如图7-45所示，借助绝缘电阻表可检测三相交流电动机绕组与绕组之间的绝缘阻值（三组绕组分别两两检测，即检测U-V、U-W、V-W之间）。

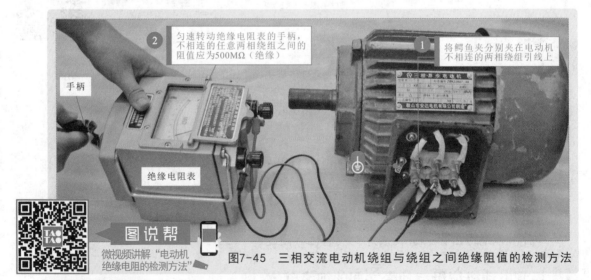

② 匀速转动绝缘电阻表的手柄，不相连的任意两相绕组之间的阻值应为500MΩ（绝缘）

① 将鳄鱼夹分别夹在电动机不相连的两相绕组引线上

手柄

绝缘电阻表

图说帮
微视频讲解"电动机绝缘电阻的检测方法"

图7-45　三相交流电动机绕组与绕组之间绝缘阻值的检测方法

补充说明

检测绕组间绝缘阻值时，需取下绕组间的接线片，即确保电动机绕组之间没有任何连接关系。若测得电动机的绕组与绕组之间的绝缘阻值为零或阻值较小，则说明电动机绕组与绕组之间存在短路现象。

7.4.3 | 电动机空载电流的检测方法

检测电动机的空载电流就是在电动机未带任何负载的情况下检测绕组中的运行电流，多用于单相交流电动机和三相交流电动机的检测。图7-46所示为借助钳形表检测三相交流电动机的空载电流。

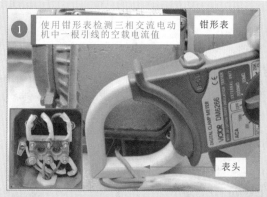

① 使用钳形表检测三相交流电动机中一根引线的空载电流值

钳形表

表头

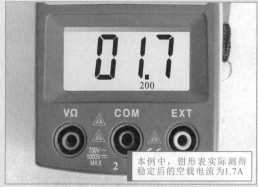

本例中，钳形表实际测得稳定后的空载电流为1.7A

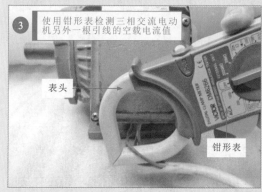

③ 使用钳形表检测三相交流电动机另外一根引线的空载电流值

表头

钳形表

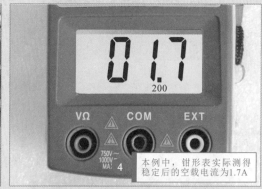

本例中，钳形表实际测得稳定后的空载电流为1.7A

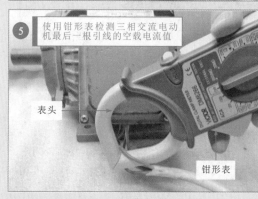

⑤ 使用钳形表检测三相交流电动机最后一根引线的空载电流值

表头

钳形表

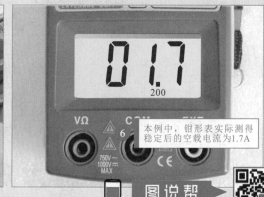

本例中，钳形表实际测得稳定后的空载电流为1.7A

图7-46 借助钳形表检测三相交流电动机的空载电流

图说帮

微视频讲解"钳形表检测三相交流电动机空载电流的方法"

补充说明

若测得的空载电流过大或三相空载电流不均衡，则说明电动机存在异常。一般情况下，空载电流过大的原因主要是电动机内部铁芯不良、电动机转子与定子之间的间隙过大、电动机线圈的匝数过少、电动机绕组连接错误。

需要注意的是，实测电动机为2极1.5kW容量的电动机，空载电流约为额定电流的40%～55%。

7.4.4 | 电动机转速的检测方法

如图7-47所示，电动机的转速是指电动机运行时每分钟旋转的次数，测试电动机的实际转速并与铭牌上的额定转速对照比较，可判断出电动机是否存在超速或堵转现象。检测电动机的转速一般使用专用的电动机转速表。

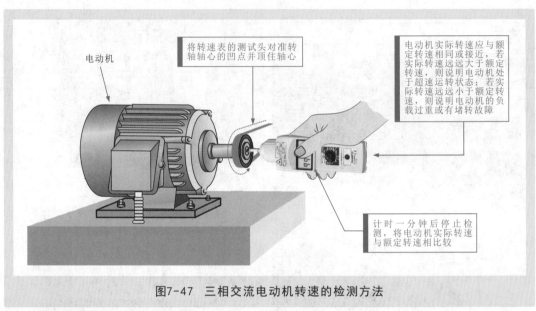

将转速表的测试头对准转轴轴心的凹点并顶住轴心

电动机

电动机实际转速应与额定转速相同或接近，若实际转速远远大于额定转速，则说明电动机处于超速运转状态；若实际转速远远小于额定转速，则说明电动机的负载过重或有堵转故障

计时一分钟后停止检测，将电动机实际转速与额定转速相比较

图7-47 三相交流电动机转速的检测方法

💡 补充说明

如图7-48所示，对于没有铭牌的电动机，要先确定额定转速，通常可借助指针万用表简单判断。

当万用表指针摆动一次时，表明电流正、负变化一个周期，为2极电动机；当万用表指针摆动两次时，则为4极电动机；依此类推，三次则为6极电动机

类型 \ 极数	2极	4极	6极
同步电动机	3000r/min	1500r/min	1000r/min
异步电动机	2800r/min以上	1400r/min以上	900r/min以上

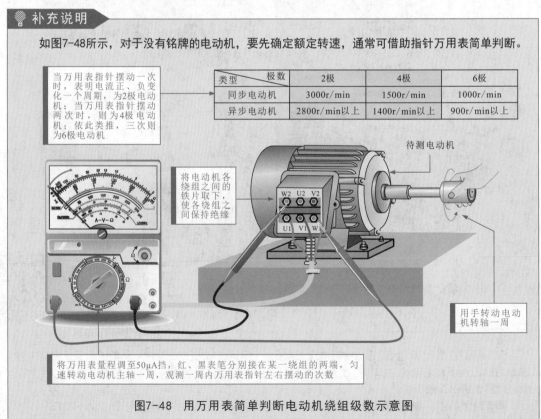

待测电动机

将电动机各绕组之间的铁片取下，使各绕组之间保持绝缘

W2 U2 V2
U1 V1 W1

用手转动电动机转轴一周

将万用表量程调至50μA挡，红、黑表笔分别接在某一绕组的两端，匀速转动电动机主轴一周，观测一周内万用表指针左右摆动的次数

图7-48 用万用表简单判断电动机绕组级数示意图

8

本章系统介绍导线加工与连接。

● 导线的剥线加工

◇ 塑料硬导线的剥线加工

◇ 塑料软导线的剥线加工

◇ 塑料护套线的剥线加工

● 导线的连接

◇ 单股导线缠绕式对接

◇ 单股导线缠绕式T形连接

◇ 两根多股导线缠绕式
　对接

◇ 两根多股导线缠绕式T形
　连接

◇ 线缆的绞接

◇ 线缆的扭接

◇ 线缆的绕接

◇ 线缆的线夹连接

◇ 单芯导线与多芯导线的
　连接

◇ 多芯护套线的连接

第8章
导线加工与连接

8.1 导线的剥线加工

8.1.1 塑料硬导线的剥线加工

塑料硬导线通常使用钢丝钳、剥线钳、斜口钳及电工刀等操作工具进行剥线加工。

1 使用钢丝钳剥线加工塑料硬导线

图8-1所示为使用钢丝钳剥线加工塑料硬导线的方法。使用钢丝钳剥线加工塑料硬导线是在电工操作中经常使用的一种简单快捷的操作方法。

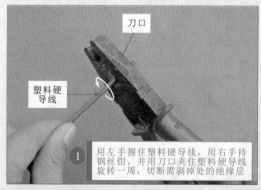

刀口

塑料硬导线

① 用左手握住塑料硬导线，用右手持钢丝钳，并用刀口夹住塑料硬导线旋转一周，切断需剥掉处的绝缘层

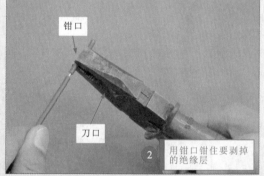

钳口

刀口

② 用钳口钳住要剥掉的绝缘层

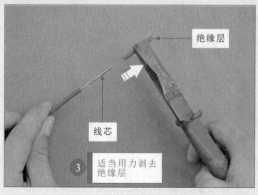

绝缘层

线芯

③ 适当用力剥去绝缘层

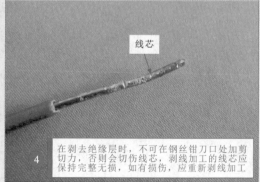

线芯

④ 在剥去绝缘层时，不可在钢丝钳刀口处加剪切力，否则会切伤线芯，剥线加工的线芯应保持完整无损，如有损伤，应重新剥线加工

图8-1 使用钢丝钳剥线加工塑料硬导线的方法

2 使用剥线钳剥线加工塑料硬导线

图8-2所示为使用剥线钳剥线加工塑料硬导线的方法，一般适用于剥线加工横截面积小于4mm²的塑料硬导线。

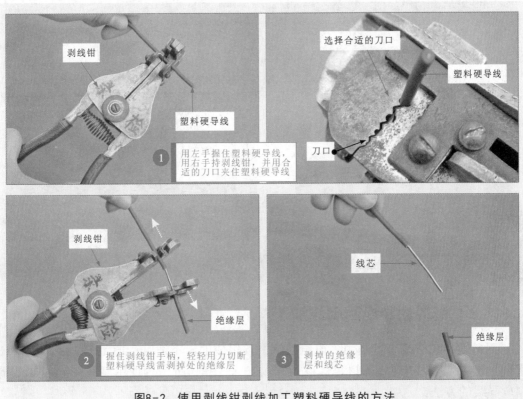

剥线钳

塑料硬导线

选择合适的刀口

塑料硬导线

刀口

① 用左手握住塑料硬导线，用右手持剥线钳，并用合适的刀口夹住塑料硬导线

剥线钳

绝缘层

② 握住剥线钳手柄，轻轻用力切断塑料硬导线需剥掉处的绝缘层

线芯

绝缘层

③ 剥掉的绝缘层和线芯

图8-2 使用剥线钳剥线加工塑料硬导线的方法

3 使用电工刀剥线加工塑料硬导线

图8-3所示为使用电工刀剥线加工塑料硬导线的方法。一般横截面积大于4mm²的塑料硬导线可以使用电工刀剥线加工。

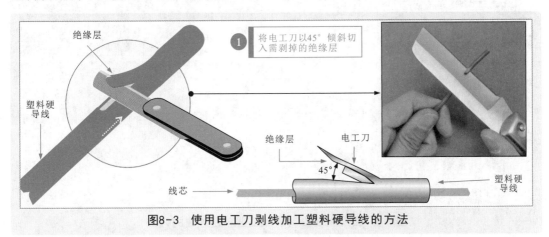

绝缘层

① 将电工刀以45°倾斜切入需剥掉的绝缘层

塑料硬导线

绝缘层

电工刀

45°

塑料硬导线

线芯

图8-3 使用电工刀剥线加工塑料硬导线的方法

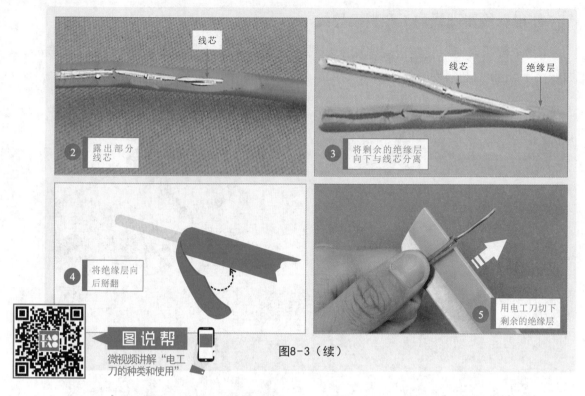

图8-3（续）

② 露出部分线芯

③ 将剩余的绝缘层向下与线芯分离

④ 将绝缘层向后掰翻

⑤ 用电工刀切下剩余的绝缘层

微视频讲解"电工刀的种类和使用"

8.1.2 塑料软导线的剥线加工

塑料软导线的线芯多是由多股铜（铝）丝组成的，不适宜用电工刀剥线加工，在实际操作中，多使用剥线钳和斜口钳剥线加工。图8-4所示为使用剥线钳剥线加工塑料软导线的方法。

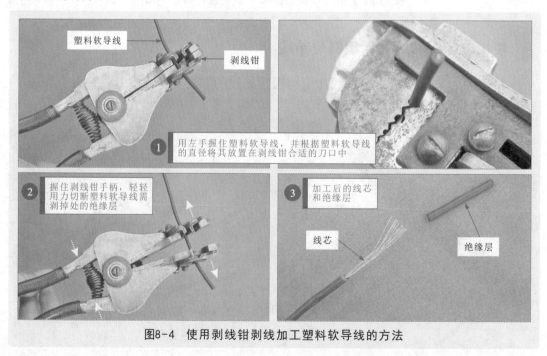

① 用左手握住塑料软导线，并根据塑料软导线的直径将其放置在剥线钳合适的刀口中

② 握住剥线钳手柄，轻轻用力切断塑料软导线需剥掉处的绝缘层

③ 加工后的线芯和绝缘层

线芯

绝缘层

图8-4 使用剥线钳剥线加工塑料软导线的方法

补充说明

在使用剥线钳剥线加工塑料软导线时，切不可选择小于塑料软导线线芯直径的刀口，否则会导致多根线芯与绝缘层一同被剥掉，如图8-5所示。

将塑料软导线放入较小刀口中切断线芯

图8-5　塑料软导线剥线加工时的错误操作

8.1.3 │ 塑料护套线的剥线加工

塑料护套线是将两根带有绝缘层的导线用护套层包裹在一起的线缆。在剥线加工时，要先剥掉护套层，再分别剥掉两根导线的绝缘层。图8-6所示为使用电工刀剥线加工塑料护套线的方法。

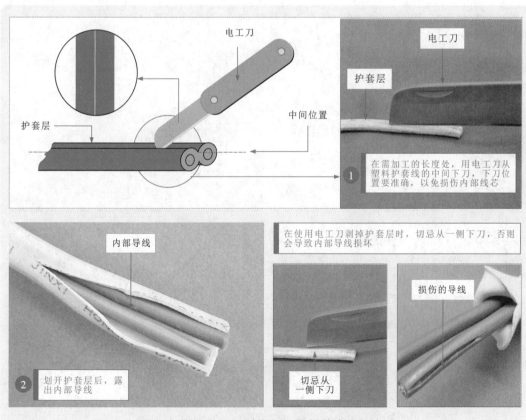

电工刀

护套层

中间位置

电工刀

护套层

1 在需加工的长度处，用电工刀从塑料护套线的中间下刀，下刀位置要准确，以免损伤内部线芯

内部导线

2 划开护套层后，露出内部导线

在使用电工刀剥掉护套层时，切忌从一侧下刀，否则会导致内部导线损坏

切忌从一侧下刀

损伤的导线

图8-6　使用电工刀剥线加工塑料护套线的方法

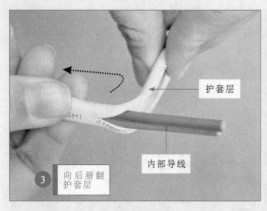
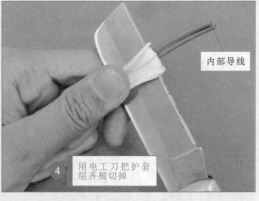

图8-6（续）

8.2 导线的连接

8.2.1 单股导线缠绕式对接

图说帮
微视频讲解"单股
导线缠绕式对接"

当连接两根较粗的单股导线时，通常选择缠绕式对接方法。图8-7所示为单股导线缠绕式对接的方法。

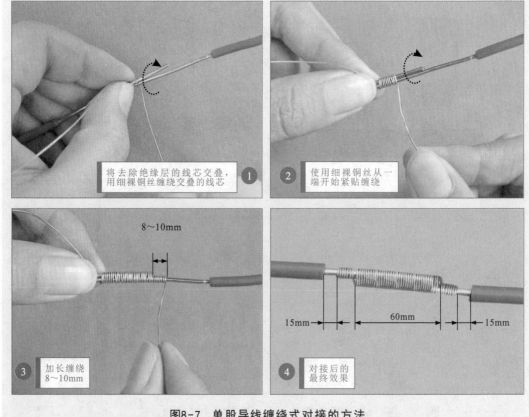

图8-7 单股导线缠绕式对接的方法

8.2.2 单股导线缠绕式T形连接

当一根支路单股导线和一根主路单股导线连接时，通常采用缠绕式T形连接方法。图8-8所示为单股导线缠绕式T形连接的方法。

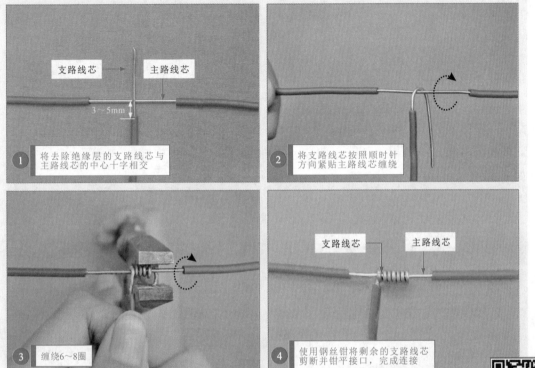

① 将去除绝缘层的支路线芯与主路线芯的中心十字相交

② 将支路线芯按照顺时针方向紧贴主路线芯缠绕

③ 缠绕6~8圈

④ 使用钢丝钳将剩余的支路线芯剪断并钳平接口，完成连接

图8-8　单股导线缠绕式T形连接的方法

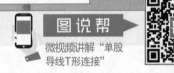

微视频讲解"单股导线T形连接"

补充说明

对于横截面积较小的单股塑料硬导线，可以将支路线芯在主路线芯上环绕扣结，并沿主路线芯顺时针贴绕，如图8-9所示。

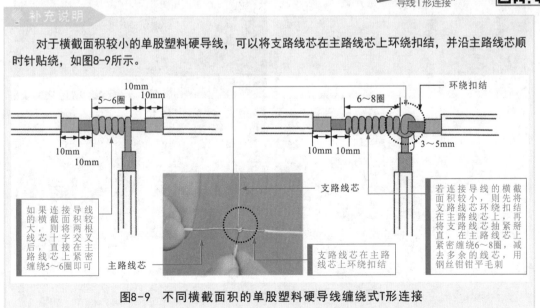

如果连接导线的横截面积较大，则将两根线芯十字交叉后，直接在主路线芯上紧密缠绕5~6圈即可

支路线芯在主路线芯上环绕扣结

若连接导线的横截面积较小，则先将支路线芯环绕扣结在主路线芯上，再将支路线芯抽紧扳直，在主路线芯上紧密缠绕6~8圈，减去多余的线芯，用钢丝钳钳平毛刺

图8-9　不同横截面积的单股塑料硬导线缠绕式T形连接

8.2.3 | 两根多股导线缠绕式对接

当连接两根多股导线时，可采用缠绕式对接的方法。图8-10所示为两根多股导线缠绕式对接的方法。

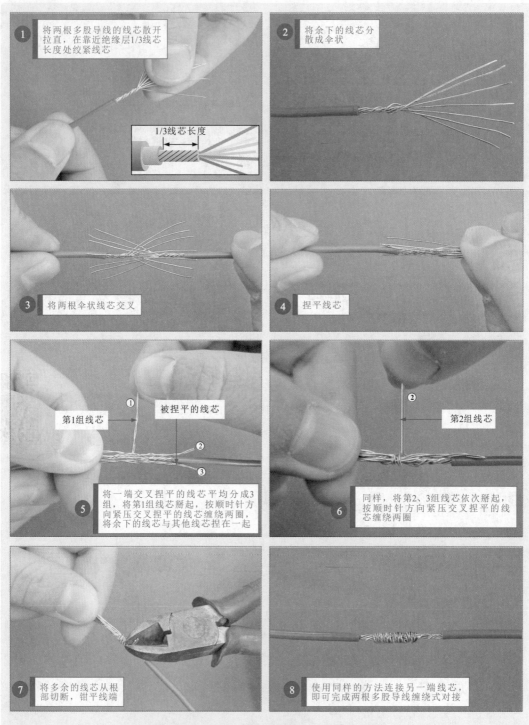

① 将两根多股导线的线芯散开拉直，在靠近绝缘层1/3线芯长度处绞紧线芯

1/3线芯长度

② 将余下的线芯分散成伞状

③ 将两根伞状线芯交叉

④ 捏平线芯

第1组线芯　被捏平的线芯

⑤ 将一端交叉捏平的线芯平均分成3组，将第1组线芯掰起，按顺时针方向紧压交叉捏平的线芯缠绕两圈，将余下的线芯与其他线芯捏在一起

第2组线芯

⑥ 同样，将第2、3组线芯依次掰起，按顺时针方向紧压交叉捏平的线芯缠绕两圈

⑦ 将多余的线芯从根部切断，钳平线端

⑧ 使用同样的方法连接另一端线芯，即可完成两根多股导线缠绕式对接

图8-10　两根多股导线缠绕式对接的方法

8.2.4 两根多股导线缠绕式T形连接

当一根支路多股导线与一根主路多股导线连接时，通常采用缠绕式T形连接的方法。图8-11所示为两根多股导线缠绕式T形连接的方法。

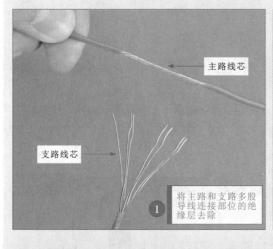

主路线芯

支路线芯

① 将主路和支路多股导线连接部位的绝缘层去除

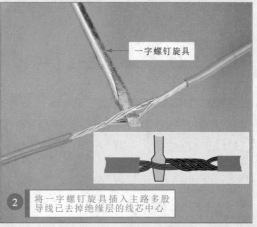

一字螺钉旋具

② 将一字螺钉旋具插入主路多股导线已去掉绝缘层的线芯中心

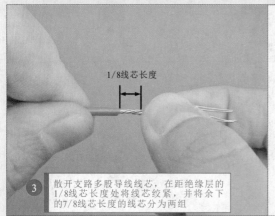

1/8线芯长度

③ 散开支路多股导线线芯，在距绝缘层的1/8线芯长度处将线芯绞紧，并将余下的7/8线芯长度的线芯分为两组

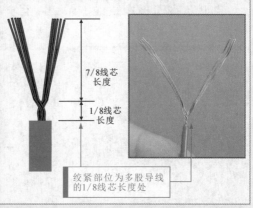

7/8线芯长度

1/8线芯长度

绞紧部位为多股导线的1/8线芯长度处

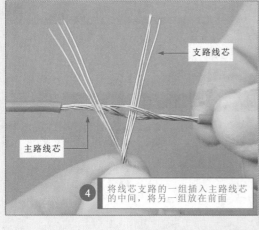

支路线芯

主路线芯

④ 将线芯支路的一组插入主路线芯的中间，将另一组放在前面

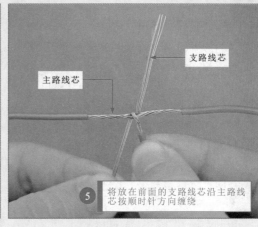

支路线芯

主路线芯

⑤ 将放在前面的支路线芯沿主路线芯按顺时针方向缠绕

图8-11 两根多股导线缠绕式T形连接的方法

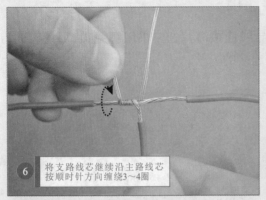

6　将支路线芯继续沿主路线芯按顺时针方向缠绕3～4圈

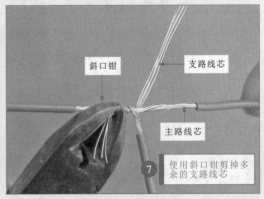

斜口钳　支路线芯　主路线芯

7　使用斜口钳剪掉多余的支路线芯

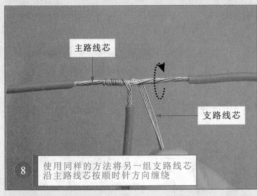

主路线芯　支路线芯

8　使用同样的方法将另一组支路线芯沿主路线芯按顺时针方向缠绕

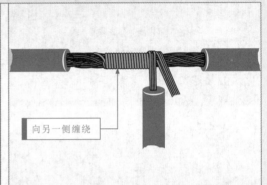

向另一侧缠绕

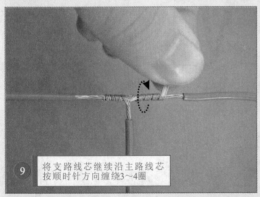

9　将支路线芯继续沿主路线芯按顺时针方向缠绕3～4圈

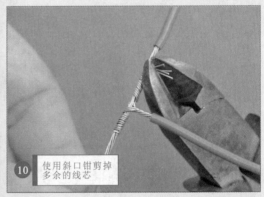

10　使用斜口钳剪掉多余的线芯

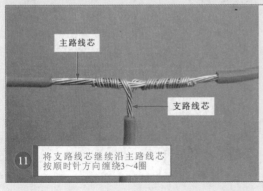

主路线芯　支路线芯

11　将支路线芯继续沿主路线芯按顺时针方向缠绕3～4圈

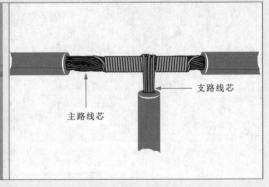

支路线芯　主路线芯

图8-11　（续）

8.2.5 | 线缆的绞接

当两根横截面积较小的单股导线连接时，通常采用绞接的方法。图8-12所示为单股导线的绞接操作。

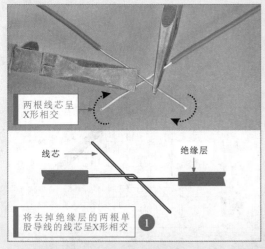

将去掉绝缘层的两根单股导线的线芯呈X形相交 **①**

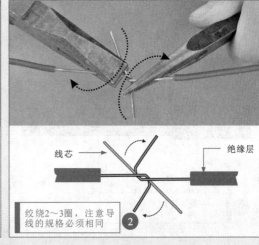

绞绕2~3圈，注意导线的规格必须相同 **②**

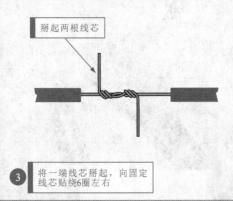

将一端线芯掰起，向固定线芯贴绕6圈左右 **③**

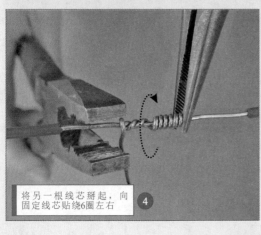

将另一根线芯掰起，向固定线芯贴绕6圈左右 **④**

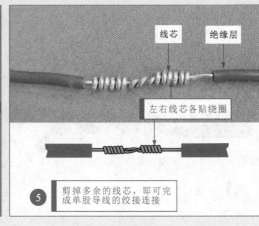

剪掉多余的线芯，即可完成单股导线的绞接连接 **⑤**

图8-12 单股导线的绞接操作

8.2.6 | 线缆的扭接

扭绞连接是将待连接的导线线芯平行同向放置后，将线芯同时互相缠绕。图8-13所示为线缆的扭接操作。

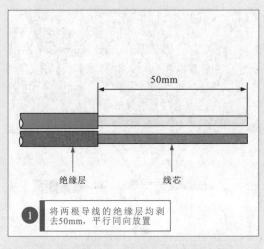

绝缘层　　　　　线芯

① 将两根导线的绝缘层均剥去50mm，平行同向放置

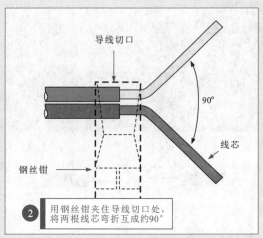

导线切口

90°

线芯

钢丝钳

② 用钢丝钳夹住导线切口处，将两根线芯弯折互成约90°

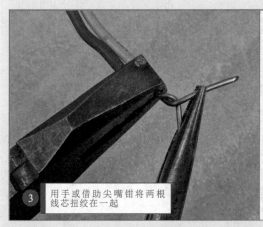

③ 用手或借助尖嘴钳将两根线芯扭绞在一起

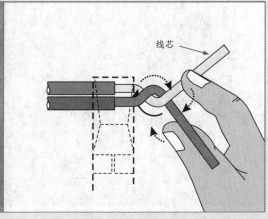

线芯

≈10mm

④ 将两根线芯互相对称扭绞，按规范扭绞3圈

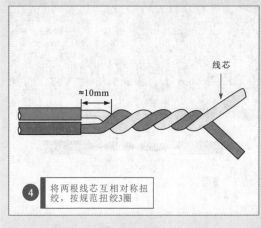

折回压紧

⑤ 将扭绞后的多余线芯折回压紧

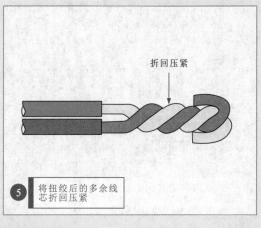

图8-13　线缆的扭接操作

8.2.7 线缆的绕接

绕接也称并头连接，一般适用于3根导线的连接，将第三根导线的线芯绕接在另外两根导线的线芯上。图8-14所示为线缆的绕接操作。

图说帮
微视频讲解"三根塑料硬导线的连接"

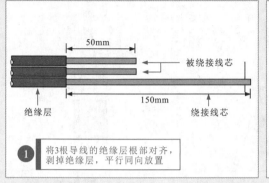

① 将3根导线的绝缘层根部对齐，剥掉绝缘层，平行同向放置

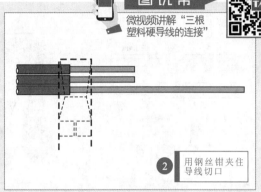

② 用钢丝钳夹住导线切口

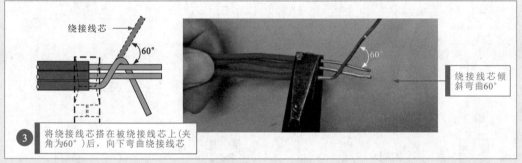

③ 将绕接线芯搭在被绕接线芯上（夹角为60°）后，向下弯曲绕接线芯

绕接线芯倾斜弯曲60°

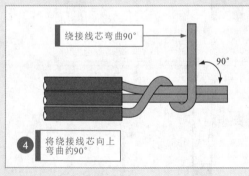

④ 将绕接线芯向上弯曲约90°

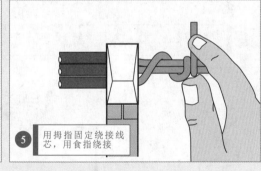

⑤ 用拇指固定绕接线芯，用食指绕接

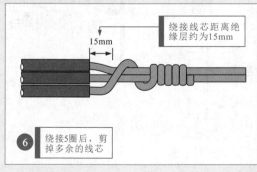

⑥ 绕接5圈后，剪掉多余的线芯

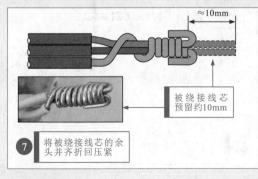

⑦ 将被绕接线芯的余头并齐折回压紧

图8-14 线缆的绕接操作

8.2.8 | 线缆的线夹连接

在电工操作中，常用线夹连接硬导线，操作简单，牢固可靠。图8-15所示为线缆的线夹连接操作。

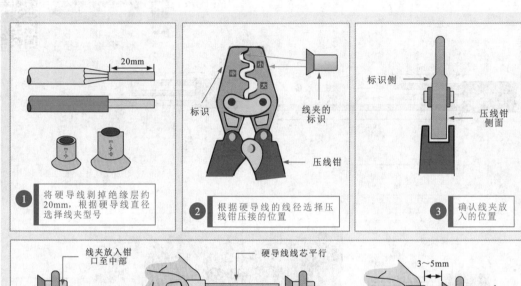

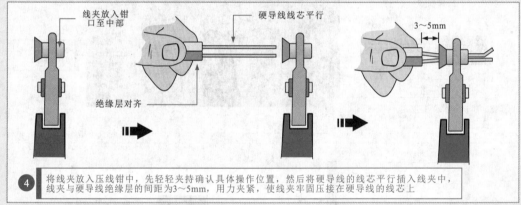

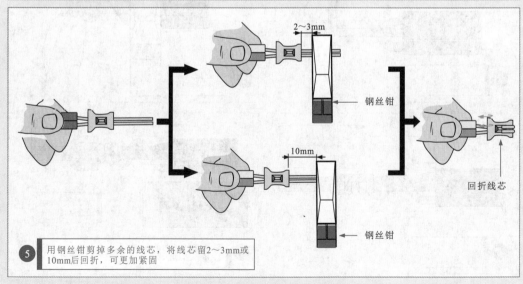

图8-15　线缆的线夹连接操作

8.2.9 单芯导线与多芯导线的连接

单芯导线与多芯导线连接时，应先将多芯导线的线芯拧紧，然后将拧紧的线芯在单芯导线上缠绕7～8圈，再将单芯导线弯折压紧到缠绕的多芯导线上，如图8-16所示。

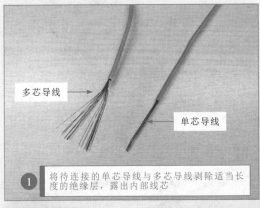
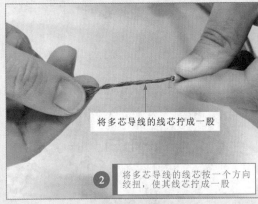

① 将待连接的单芯导线与多芯导线剥除适当长度的绝缘层，露出内部线芯

② 将多芯导线的线芯按一个方向绞扭，使其线芯拧成一股

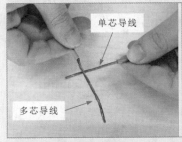

③ 将多芯导线沿着单芯导线线芯缠绕7～8圈

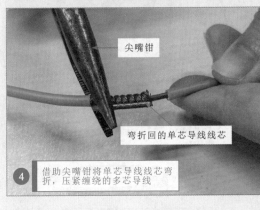
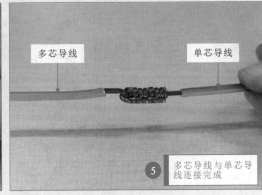

④ 借助尖嘴钳将单芯导线线芯弯折，压紧缠绕的多芯导线

⑤ 多芯导线与单芯导线连接完成

图8-16 单芯导线与多芯导线的连接方法

8.2.10 多芯护套线的连接

多芯护套线的连接与多股导线的连接方法相似，首先剥除护套层、内部线芯的绝缘层，露出适当长度的线芯，将每股线芯进行缠绕式对接，如图8-17所示。需要注意的是，为了更好地防止线间漏电或短路，多芯护套线连接时，各线芯的连接点应互相错开位置。

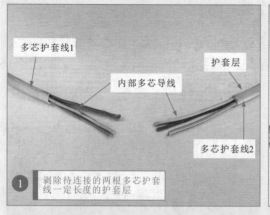

1　剥除待连接的两根多芯护套线一定长度的护套层

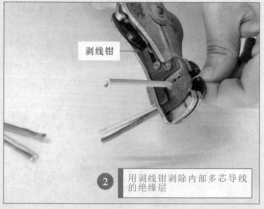

2　用剥线钳剥除内部多芯导线的绝缘层

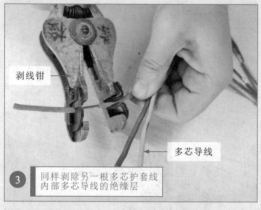

3　同样剥除另一根多芯护套线内部多芯导线的绝缘层

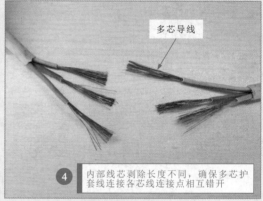

4　内部线芯剥除长度不同，确保多芯护套线连接各芯线连接点相互错开

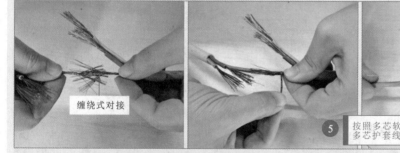

5　按照多芯软导线缠绕式对接的方法，将多芯护套线内的导线线芯缠绕式对接

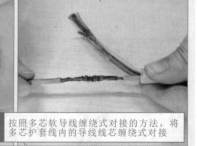

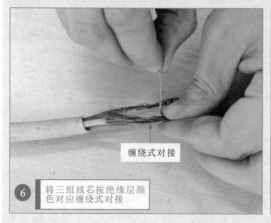

6　将三组线芯按绝缘层颜色对应缠绕式对接

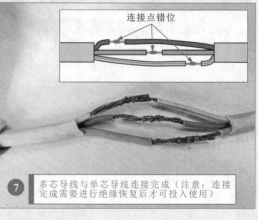

7　多芯导线与单芯导线连接完成（注意：连接完成需要进行绝缘恢复后才可投入使用）

图8-17　多芯护套线的连接

9

本章系统介绍电工
安全与触电急救。
● 电工触电
◇ 触电危害
◇ 触电分类
● 操作安全与应急
处理
◇ 操作安全
◇ 摆脱触电的应急
措施
◇ 触电急救的应急
措施
◇ 外伤急救措施
◇ 电气火灾应急
处理

第9章

电工安全与触电急救

9.1 电工触电

9.1.1 触电危害

触电是电工作业中最常发生的，也是危害最大的一类事故。触电所造成的危害主要体现在，当人体接触或接近带电体造成触电事故时，电流流经人体可对接触部位和人体内部器官等造成不同程度的伤害，甚至威胁到生命，造成严重的伤亡事故。

触电电流是造成人体伤害的主要原因。触电电流的大小不同，触电引起的伤害也会不同。触电电流按照伤害大小可分为感觉电流、摆脱电流、伤害电流和致死电流，如图9-1所示。

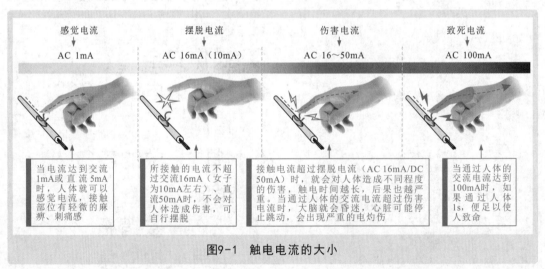

图9-1 触电电流的大小

根据触电电流危害程度的不同，触电危害主要表现为"电伤"和"电击"两大类。

"电伤"主要是指电流通过人体某一部分或电弧效应而造成的人体表面伤害，主要表现为烧伤或灼伤。在一般情况下，虽然"电伤"不会直接造成十分严重的伤害，但可能会因电伤造成精神紧张等情况，从而导致摔倒、坠落等二次事故，间接造成严重危害，需要注意防范。

"电击"是指电流通过人体内部造成内部器官，如心脏、肺部和中枢神经等的损伤。电流通过心脏时，危害性最大。相比较来说，"电击"比"电伤"造成的危害更大。

9.1.2 触电分类

人体组织中有60%以上是由含有导电物质的水分组成的。人体是导体，当人体接触设备的带电部分并形成电流通路时，就会有电流流过人体造成触电，如图9-2所示。

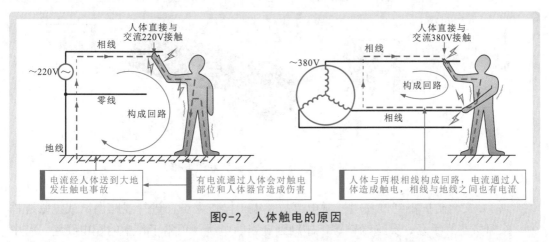

图9-2　人体触电的原因

触电事故是电工作业中威胁人身安全的严重事故。触电事故产生的原因多种多样，大多是因作业疏忽或违规操作，使身体直接或间接接触带电部位造成的。在电工操作过程中容易发生的触电危险有三类：一是单相触电，二是两相触电，三是跨步触电。

1 单相触电

单相触电是指在地面上或其他接地体上，人体的某一部分触及带电设备或线路中的某相带电体时，一相电流通过人体经大地回到中性点引起的触电。常见的单相触电多为电工操作人员在工作中因操作失误、工作不规范、安全防护不到位或非电工专业人员用电安全意识不到位等引起的。

（1）作业疏忽或违规操作易引发单相触电事故。电工人员连接线路时，因为操作不慎，手碰到线头引起单相触电事故；或是因为未在线路开关处悬挂警示标志和留守监护人员，致使不知情人员闭合开关，导致正在操作的人员发生单相触电，如图9-3所示。

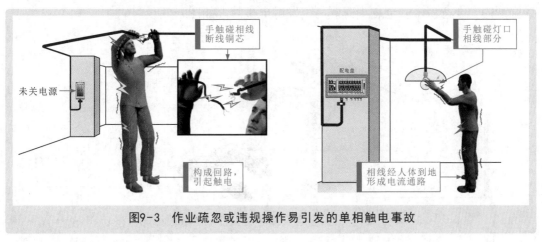

图9-3　作业疏忽或违规操作易引发的单相触电事故

（2）设备安全措施不完善易引发单相触电事故。电工人员进行作业时，若工具绝缘失效、绝缘防护措施不到位、未正确佩戴绝缘防护工具等，极易与带电设备或线路碰触，进而造成触电事故，如图9-4所示。

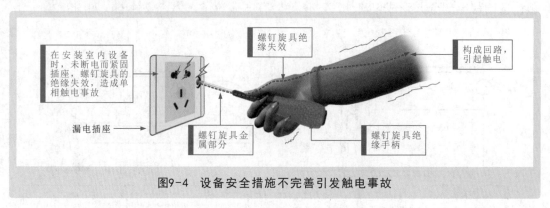

图9-4　设备安全措施不完善引发触电事故

（3）安全防护不到位易引发触电事故。电工操作人员在进行线路调试或维修过程中，未佩戴绝缘手套、穿绝缘鞋等，碰触到裸露的电线（正常工作中的配电线路，有电流流过），造成单相触电事故，如图9-5所示。

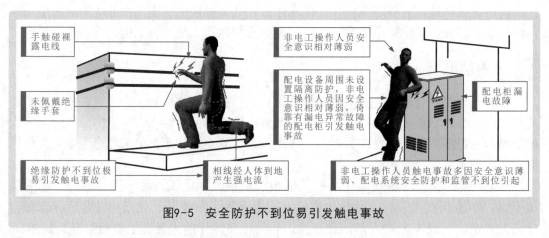

图9-5　安全防护不到位易引发触电事故

（4）安全意识薄弱易引发触电事故。电工作业的危险性要求所有电工人员必须具备强烈的安全意识，安全意识薄弱易引发触电事故，如图9-6所示。

图9-6　安全意识薄弱易引发触电事故

2 两相触电

两相触电是指人体两处同时触及两相带电体（三根相线中的两根）所引起的触电事故。这时人体承受的是交流380V电压，危险程度远大于单相触电，轻则导致烧伤或致残，重则引起死亡。图9-7所示为两相触电示意图。

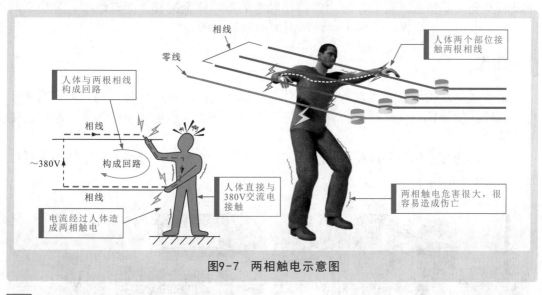

图9-7 两相触电示意图

3 跨步触电

高压输电线掉落到地面上时，由于电压很高，因此电线断头会使一定范围（半径为8~10m）的地面带电。以电线断头处为中心，离电线断头越远，电位越低。如果此时有人走入这个区域，则会造成跨步电压触电，步幅越大，造成的危害也就越大。图9-8所示为跨步触电示意图。

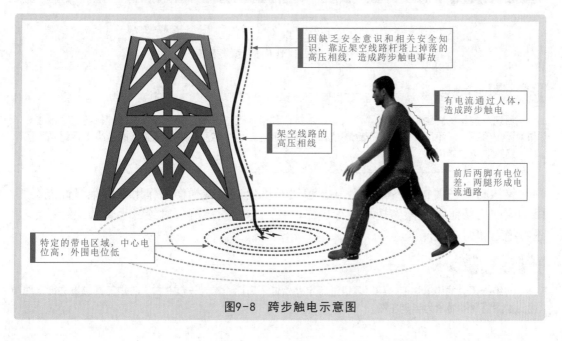

图9-8 跨步触电示意图

9.2 操作安全与应急处理

9.2.1 操作安全

由于触电的危害性较大，造成的后果非常严重，为了防止触电的发生，必须采用可靠的安全技术措施。目前，常用的防止触电的基本安全措施主要有绝缘、屏护、间距、安全电压、漏电保护、保护接地和保护接零等几种。

1 绝缘

绝缘通常是指通过绝缘材料在带电体与带电体之间、带电体与其他物体之间进行电气隔离，使设备能够长期安全、正常工作，同时防止人体触碰带电部分，避免发生触电事故。

良好的绝缘是设备和线路正常运行的必要条件，也是防止直接触电事故的重要措施，如图9-9所示。

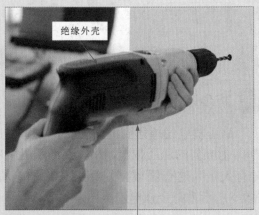

绝缘外壳

绝缘手套

操作人员拉合电气设备隔离开关时，佩戴绝缘手套，实现与电气设备操作杆之间的电气隔离

电工操作中的大多数工具、设备等采用绝缘材料制成外壳或手柄，实现与内部带电部分的电气隔离

图9-9　电工操作中的绝缘措施

💡 补充说明

目前，常用的绝缘材料有玻璃、云母、木材、塑料、胶木、布、纸、漆等，每种材料的绝缘性能和耐压数值都有所不同，应视情况合理选择。绝缘手套、绝缘鞋及各种维修工具的绝缘手柄都是为了起到绝缘防护的作用。

绝缘材料在腐蚀性气体、蒸气、潮气、粉尘、机械损伤的作用下，绝缘性能会下降，应严格按照电工操作规程进行操作，使用专业的检测仪对绝缘手套和绝缘鞋定期进行绝缘和耐高压测试。

💡 补充说明

对绝缘工具的绝缘性能、绝缘等级进行定期检查，周期通常为一年左右。防护工具应当进行定期耐压检测，周期通常为半年左右。

2 屏护

如图9-10所示，屏护通常是指使用防护装置将带电体所涉及的场所或区域范围进行防护隔离，防止电工操作人员和非电工人员因靠近带电体而引发直接触电事故。

图9-10 屏护措施

补充说明

常见的屏护防护措施有围栏屏护、护盖屏护、箱体屏护等。屏护装置必须具备足够的机械强度和较好的耐火性能。若材质为金属，则必须采取接地（或接零）处理，防止屏护装置意外带电造成触电事故。屏护应按电压等级的不同而设置，变配电设备必须安装完善的屏护装置。通常，室内围栏屏护高度不应低于1.2m，室外围栏屏护高度不应低于1.5m，栏条间距不应大于0.2m。

3 间距

间距一般是指进行作业时，操作人员与设备之间、带电体与地面之间、设备与设备之间应保持的安全距离，如图9-11所示。合理的间距可以防止人体触电、防止电气短路事故、防止火灾等事故的发生。

图9-11 间距措施

补充说明

带电体电压不同、类型不同、安装方式不同等，要求操作人员作业时所需保持的间距也不一样。安全距离一般取决于电压、设备类型、安装方式等相关的因素。间距类型及说明见表9-1。

表9-1　间距类型及说明

间距类型	说明
线路间距	线路间距是指厂区、市区、城镇低压架空线路的安全距离。一般情况下，低压架空线路导线与地面或水面的距离不应低于6m；330kV线路与附近建筑物之间的距离不应小于6m
设备间距	电气设备或配电装置的装设应考虑搬运、检修、操作和试验的方便性。为确保安全，电气设备周围需要保持必要的安全通道。例如，在配电室内，低压配电装置正面通道宽度，单列布置时应不小于1.5m
检修间距	检修间距是指在维护检修中人体及所带工具与带电体之间、与停电设备之间必须保持的足够的安全距离。 起重机械在架空线路附近作业时，要注意其与线路导线之间应保持足够的安全距离

4　安全电压

安全电压是指为了防止触电事故而规定的一系列不会危及人体的安全电压值，即把可能加在人身上的电压限制在某一范围之内，在该范围内的电压下通过人体的电流不超过允许的范围，不会造成人身触电，如图9-12所示。

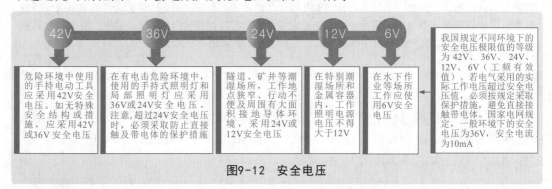

图9-12　安全电压

需要注意，安全电压仅为特低电压保护形式，不能认为仅采用了"安全"特低电压电源就可以绝对防止电击事故发生。安全特低电压必须由安全电源供电，如安全隔离变压器、蓄电池及独立供电的柴油发电机，即使在故障时仍能够确保输出端子上的电压不超过特低电压值的电源等。

5　漏电保护

漏电保护是指借助漏电保护器件实现对线路或设备的保护，防止人体触及漏电线路或设备时发生触电危险。

漏电是指电气设备或线路绝缘损坏或由其他原因造成导电部分破损时，如果电气设备的金属外壳接地，那么此时电流就由电气设备的金属外壳经大地构成通路，从而形成电流，即漏电电流。当漏电电流达到或超过其规定允许值（一般不大于30mA）时，漏电保护器件能够自动切断电源或报警，以保证人身安全，如图9-13所示。

6　保护接地和保护接零

保护接地和保护接零是间接触电防护措施中最基本的措施，如图9-14所示。

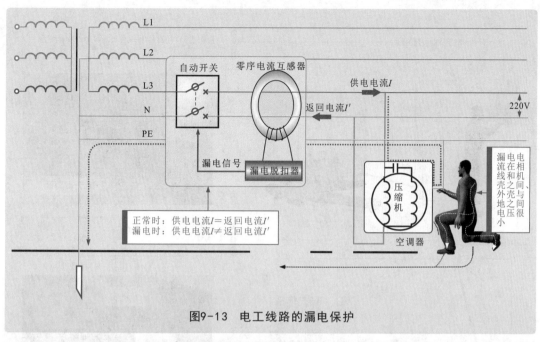

图9-13 电工线路的漏电保护

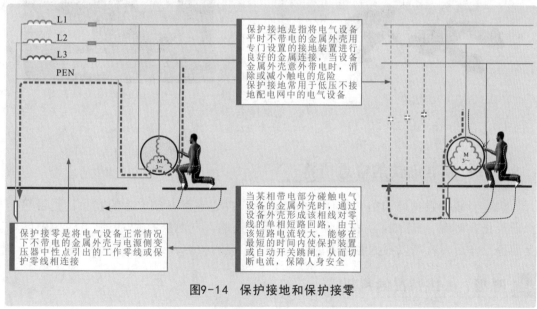

图9-14 保护接地和保护接零

9.2.2 摆脱触电的应急措施

触电事故发生后，救护者要保持冷静，首先观察现场，推断触电原因后，采取最直接、最有效的方法实施救援，让触电者尽快摆脱触电环境，如图9-15所示。

> 📎 **补充说明**
>
> 整个施救过程要迅速、果断。尽可能利用现场现有资源实施救援，以争取宝贵的救护时间。绝对不可直接拉拽触电者，否则极易造成连带触电。

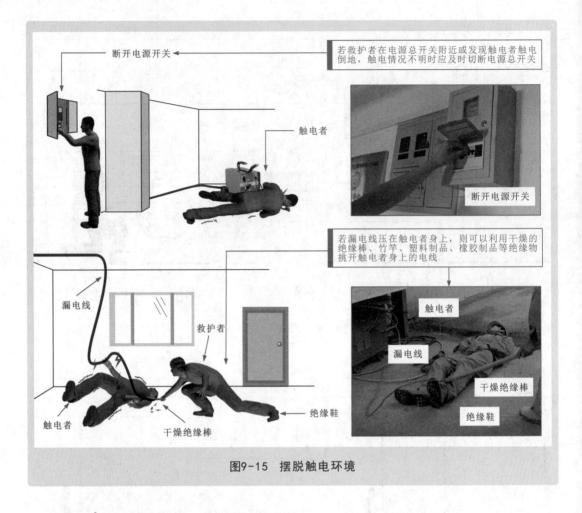

图9-15　摆脱触电环境

9.2.3 | 触电急救的应急措施

触电者脱离触电环境后，应让触电者仰卧，并迅速解开触电者的衣服、腰带等，保证其正常呼吸，疏散围观者，保证周围空气畅通，同时拨打120急救电话。做好以上准备工作后，就可以根据触电者的情况进行相应的救护。

1 呼吸、心跳情况的判断

当发生触电事故时，若触电者意识丧失，应在10s内迅速观察并判断伤者呼吸及心跳情况，如图9-16所示。

若触电者神志清醒，但有心慌、恶心、头痛、头昏、出冷汗、四肢发麻、全身无力等症状，则应让触电者平躺在地，并仔细观察触电者，最好不要让触电者站立或行走。

若触电者已经失去知觉，但仍有轻微的呼吸和心跳，则应让触电者就地仰卧平躺，使其气道通畅，应把触电者衣服及有碍于其呼吸的腰带等物解开，帮助其呼吸，并且在5s内呼叫触电者或轻拍触电者肩部，以判断触电者意识是否丧失。在触电者神志不清时，不要摇动触电者的头部或呼叫触电者。

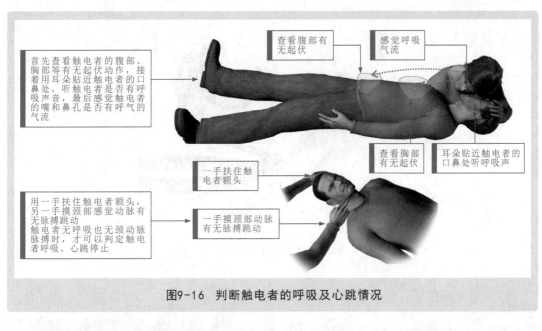

图9-16 判断触电者的呼吸及心跳情况

图9-17所示为触电者的正确躺卧姿势。天气炎热时，应让触电者在阴凉的环境下休息；天气寒冷时，应帮触电者保温并等待医生到来。

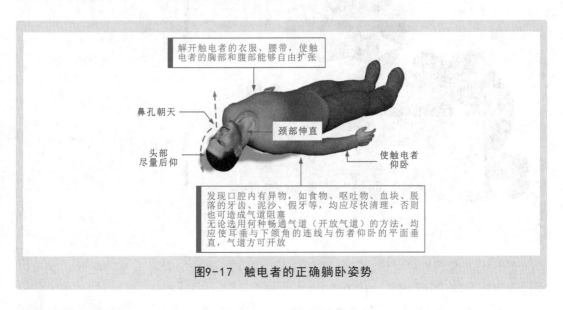

图9-17 触电者的正确躺卧姿势

2 急救措施

通常情况下，若正规医疗救援不能及时到位，而触电者已无呼吸，但有心跳时，应立即采用人工呼救法进行救治。

在进行人工呼吸前，首先要确保触电者口鼻的畅通。救护者最好用一只手捏紧触电者的鼻孔，使鼻孔紧闭，另一只手掰开触电者的嘴巴，除去口腔里的黏液、食物、假牙等杂物。如果触电者牙关紧闭，无法将嘴张开，可采取口对鼻吹气的方法。如果触电者的舌头后缩，应把舌头拉出来使其呼吸畅通，如图9-18所示。

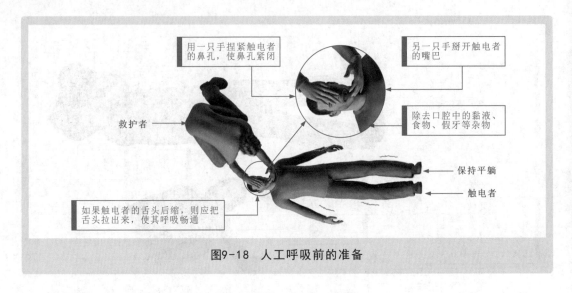

用一只手捏紧触电者的鼻孔，使鼻孔紧闭

另一只手掰开触电者的嘴巴

救护者

除去口腔中的黏液、食物、假牙等杂物

保持平躺

触电者

如果触电者的舌头后缩，则应把舌头拉出来，使其呼吸畅通

图9-18 人工呼吸前的准备

做完前期准备后，开始进行人工呼吸，如图9-19所示。

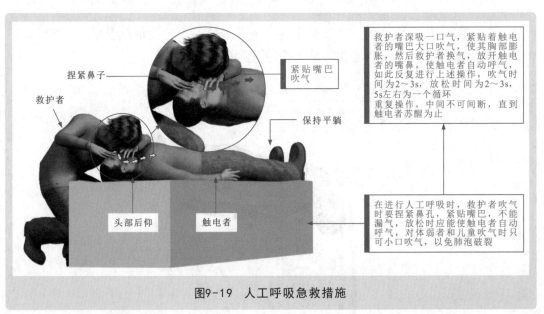

捏紧鼻子

救护者

紧贴嘴巴吹气

保持平躺

救护者深吸一口气，紧贴着触电者的嘴巴大口吹气，使其胸部膨胀，然后救护者换气，放开触电者的嘴鼻，使触电者自动呼气，如此反复进行上述操作，吹气时间为2～3s，放松时间为2～3s，5s左右为一个循环
重复操作，中间不可间断，直到触电者苏醒为止

头部后仰

触电者

在进行人工呼吸时，救护者吹气时要捏紧鼻孔，紧贴嘴巴，不能漏气，放松时应能使触电者自动呼气，对体弱者和儿童吹气时只可小口吹气，以免肺泡破裂

图9-19 人工呼吸急救措施

若触电者嘴或鼻被电伤，无法进行口对口人工呼吸或口对鼻人工呼吸时，也可以采用牵手呼吸法进行救治，如图9-20所示。

在触电者心音微弱、心跳停止或脉搏短而不规则的情况下，可采用胸外心脏按压救治的方法来帮助触电者恢复正常心跳，如图9-21所示。

在抢救过程中，要不断观察触电者的面部动作，若嘴唇稍有开合，眼皮微微活动，喉部有吞咽动作，则说明触电者已有呼吸，可停止救助；如果触电者仍没有呼吸，需要同时利用人工呼吸和胸外心脏按压法进行治疗。

在抢救的过程中，如果触电者身体僵冷，医生也证明无法救治时，才可以放弃治疗；反之，如果触电者瞳孔变小，皮肤变红，则说明抢救有了效果，应继续救治。

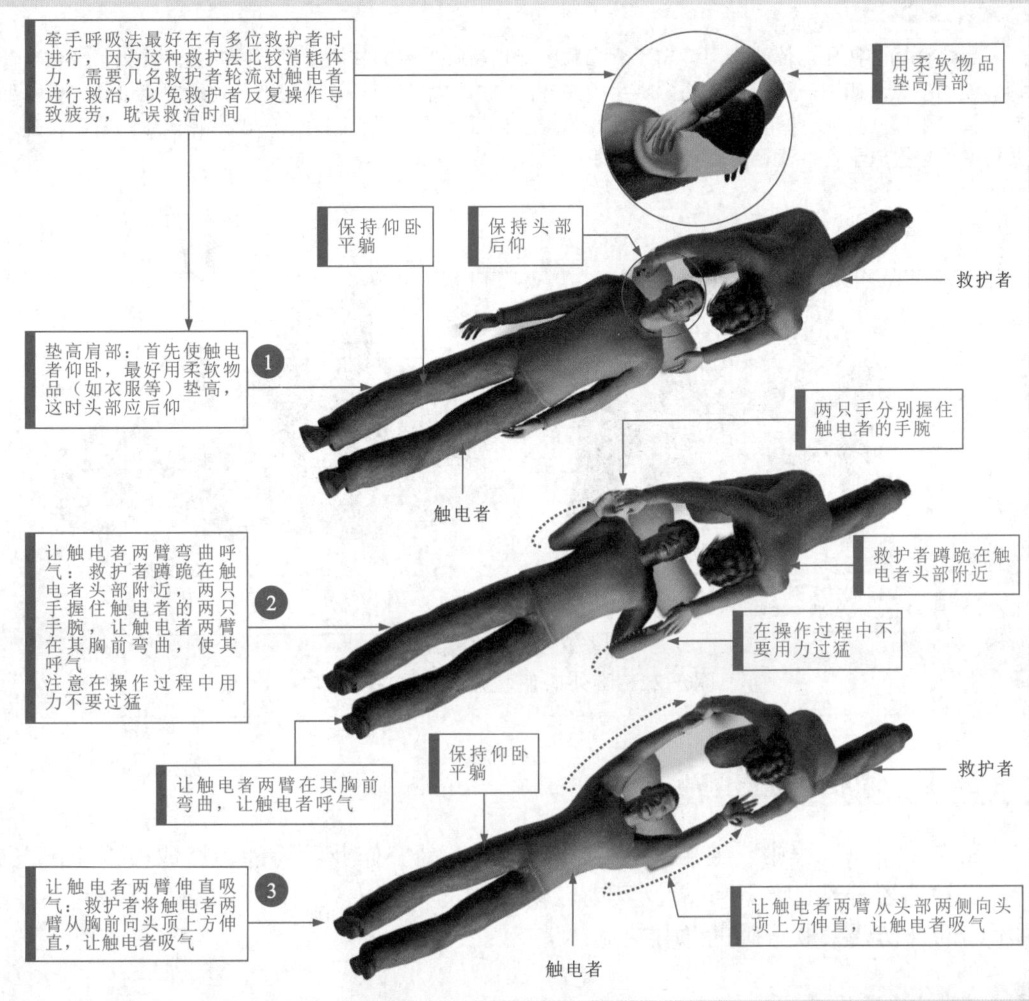

牵手呼吸法最好在有多位救护者时进行，因为这种救护法比较消耗体力，需要几名救护者轮流对触电者进行救治，以免救护者反复操作导致疲劳，耽误救治时间

用柔软物品垫高肩部

保持仰卧平躺

保持头部后仰

救护者

垫高肩部：首先使触电者仰卧，最好用柔软物品（如衣服等）垫高，这时头部应后仰

①

触电者

两只手分别握住触电者的手腕

让触电者两臂弯曲呼气：救护者蹲跪在触电者头部附近，两只手握住触电者的两只手腕，让触电者两臂在其胸前弯曲，使其呼气
注意在操作过程中用力不要过猛

②

救护者蹲跪在触电者头部附近

在操作过程中不要用力过猛

让触电者两臂在其胸前弯曲，让触电者呼气

保持仰卧平躺

救护者

让触电者两臂伸直吸气：救护者将触电者两臂从胸前向头顶上方伸直，让触电者吸气

③

触电者

让触电者两臂从头部两侧向头顶上方伸直，让触电者吸气

图9-20 牵手呼吸法救治

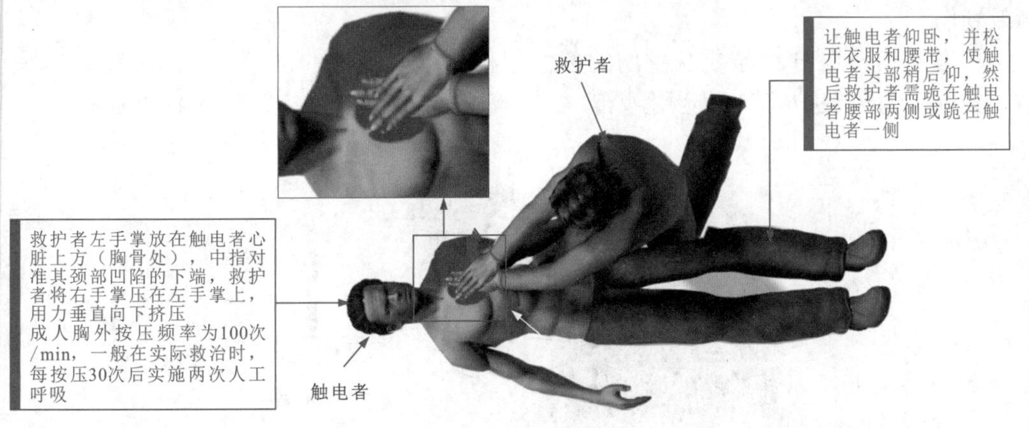

救护者

让触电者仰卧，并松开衣服和腰带，使触电者头部稍后仰，然后救护者需跪在触电者腰部两侧或跪在触电者一侧

救护者左手掌放在触电者心脏上方（胸骨处），中指对准其颈部凹陷的下端，救护者将右手掌压在左手掌上，用力垂直向下挤压
成人胸外按压频率为100次/min，一般在实施救治时，每按压30次后实施两次人工呼吸

触电者

图9-21 胸外心脏按压救治

第1章 第2章 第3章 第4章 第5章 第6章 第7章 第8章 第9章 第10章 第11章 第12章 第13章 第14章 第15章 第16章

补充说明

　　寻找正确的按压点位时，可将右手食指和中指沿着触电者的右侧肋骨下缘向上，找到肋骨和胸骨结合处的中点，如图9-22所示。将两根手指并齐，中指放置在胸骨与肋骨结合处的中点位置，食指平放在胸骨下部（按压区），将左手的手掌根紧挨着食指上缘，置于胸骨上，然后将定位的右手移开，并将掌根重叠放于左手背上，有规律按压即可。

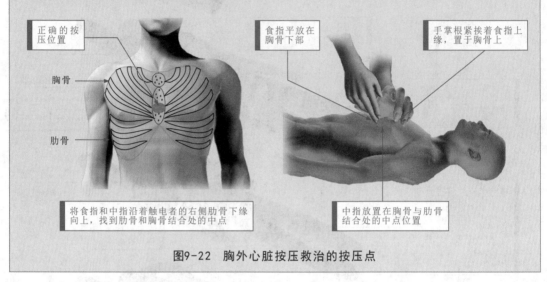

图9-22　胸外心脏按压救治的按压点

9.2.4 | 外伤急救措施

　　在电工作业过程中，碰触尖锐利器、电击、高空作业等可能会造成电工操作人员出现各种体表外部的伤害事故，其中较易发生的外伤主要有割伤、摔伤和烧伤3种，对不同的外伤要采取正确的急救措施。

1 割伤的应急处理

　　在电工作业过程中，割伤是比较常见的一类外伤事故。割伤是指电工操作人员在使用电工刀或钳子等尖锐的利器进行相应操作时，由于操作失误或操作不当造成的割伤或划伤。

　　伤者割伤出血时，需要在割伤的部位用棉球蘸取少量的酒精或盐水将伤口清洗干净。另外，为了保护伤口，应用纱布（或干净的毛巾等）包扎，如图9-23所示。

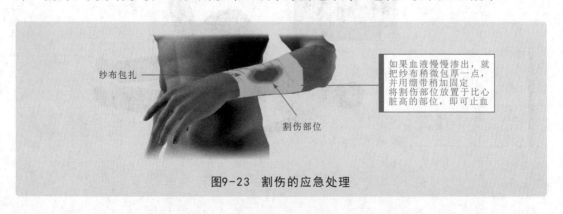

图9-23　割伤的应急处理

补充说明

　　若经初步救护还不能止血或是血液大量渗出时，则需要赶快请救护车来。在救护车到来以前，要压住患处接近心脏的血管，接着可用下列方法进行急救。

　　（1）手指割伤出血：受伤者可用另一只手用力压住受伤处两侧。

　　（2）手、手肘割伤出血：受伤者需要用4个手指用力压住上臂内侧隆起的肌肉，若压住后仍出血不止，则说明没有压住出血的血管，需要重新改变手指的位置。

　　（3）上臂、腋下割伤出血：这种情形必须借助救护者来完成。救护者拇指向下，向内用力压住伤者锁骨下凹处的位置即可。

　　（4）脚、胫部割伤出血：这种情形也需要借助救护者来完成。首先让受伤者仰躺，将其脚部微微垫高，救护者用两只拇指压住受伤者的股沟、腰部、阴部间的血管即可。

　　指压方式止血只是临时应急措施。若将手松开，则血还会继续流出。因此，一旦发生事故，要尽快呼叫救护车。在医生尚未到来时，若有条件，最好使用止血带止血，即在伤口血管距离心脏较近的部位用干净的布绑住，并用木棍加以固定，便可达到止血效果，如图9-24所示。

　　止血带每隔30min左右就要松开一次，让血液循环；否则，伤口部位被捆绑的时间过长，会对受伤者身体造成危害。

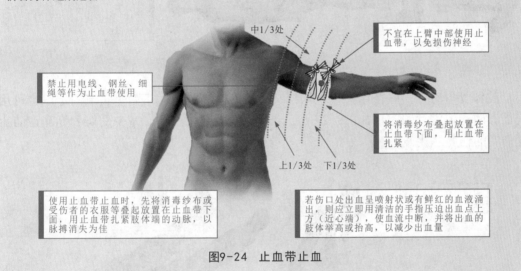

图9-24　止血带止血

2　摔伤的应急处理

　　在电工作业过程中，摔伤主要发生在一些登高作业中。摔伤应急处理的原则是先抢救、后固定。首先快速准确查看受伤者的状态，应根据不同的受伤程度和部位进行相应的应急救护措施，如图9-25所示。

图9-25　不同程度摔伤伤害的应急措施

若受伤者是从高处坠落、受挤压等，则可能出现胸腹内脏破裂出血，需采取恰当的救治措施，如图9-26所示。

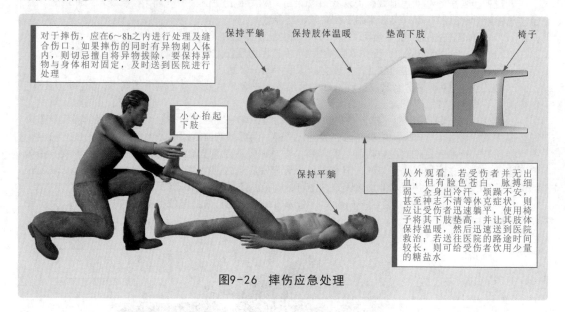

对于摔伤，应在6～8h之内进行处理及缝合伤口。如果摔伤的同时有异物刺入体内，则切忌擅自将异物拔除，要保持异物与身体相对固定，及时送到医院进行处理

保持平躺　保持肢体温暖　垫高下肢　椅子

小心抬起下肢

保持平躺

从外观看，若受伤者并无出血，但有脸色苍白、脉搏细弱、全身出冷汗、烦躁不安，甚至神志不清等休克症状，则应让受伤者迅速躺平，使用椅子将其下肢垫高，并让其肢体保持温暖，然后迅速送到医院救治；若送往医院的路途时间较长，则可给受伤者饮用少量的糖盐水

图9-26　摔伤应急处理

肢体骨折时，一般使用夹板、木棍、竹竿等将断骨上、下两个关节固定，也可用受伤者的身体进行固定，如图9-27所示，以免骨折部位移动，减少受伤者疼痛，防止受伤者的伤势恶化。

利用受伤者身体固定

利用夹板固定骨折部位

图9-27　肢体骨折的固定方法

颈椎骨折时，一般先让伤者平卧，将沙土袋或其他代替物放在头部两侧，使颈部固定不动。切忌使受伤者头部后仰、移动或转动其头部。

当出现腰椎骨折时，应让受伤者平卧在平硬的木板上，并将腰椎躯干及两侧下肢一起固定在木板上，预防受伤者瘫痪，如图9-28所示。

📝 补充说明

值得注意的是，若出现开放性骨折，有大量出血，则先止血再固定，并用干净布片覆盖伤口，然后迅速送往医院进行救治，切勿将外露的断骨推回伤口内。若没有出现开放性骨折，最好不要自行或让非医务人员进行揉、拉、捏、掰等操作，应等急救医生赶到或到医院后让医务人员进行救治。

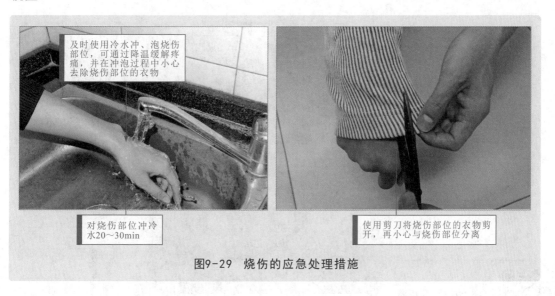

受伤者颈部保持不动

受伤者平躺

切忌使受伤者头部后仰

头部固定靠垫

木板

让受伤者平卧在平硬的木板上，将腰椎躯干及两侧下肢一起固定在木板上

图9-28 颈椎和腰椎骨折的急救方法

3 烧伤的应急处理

烧伤多由于触电及火灾事故引起。如图9-29所示，一旦出现烧伤，应及时对烧伤部位进行降温处理，并在降温过程中小心除去衣物，尽可能降低伤害，然后等待就医。

及时使用冷水冲、泡烧伤部位，可通过降温缓解疼痛，并在冲泡过程中小心去除烧伤部位的衣物

对烧伤部位冲冷水20～30min

使用剪刀将烧伤部位的衣物剪开，再小心与烧伤部位分离

图9-29 烧伤的应急处理措施

9.2.5 电气火灾应急处理

电气火灾通常是指由于电气设备或电气线路操作、使用或维护不当而直接或间接引发的火灾事故。一旦发生电气火灾事故，应及时切断电源，拨打火警电话119报警，并使用身边的灭火器灭火。

几种电气火灾中常用灭火器的类型如图9-30所示。

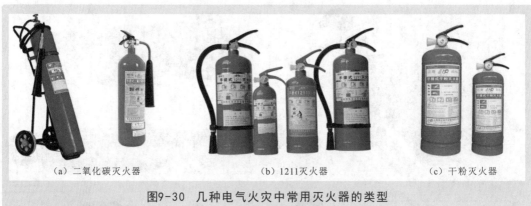

（a）二氧化碳灭火器　　　　（b）1211灭火器　　　　（c）干粉灭火器

图9-30　几种电气火灾中常用灭火器的类型

补充说明

　　一般来说，对于电气线路引起的火灾，应选择使用干粉灭火器、二氧化碳灭火器、二氟一氯一溴甲烷灭火器（1211灭火器）或二氟二溴甲烷灭火器，这些灭火器中的灭火剂不具有导电性。

　　注意：电气类火灾不能使用泡沫灭火器、清水灭火器或直接用水灭火，因为泡沫灭火器和清水灭火器都属于水基类灭火器，这类灭火器其内部的灭火剂有导电性，适用于扑救油类等其他易燃液体引发的火灾，不能用于扑救带电体及其他导电物体引发的火灾。

　　使用灭火器灭火，要先除掉灭火器的铅封，拔出位于灭火器顶部的保险销后，压下压把，将喷管（头）对准火焰根部进行灭火，如图9-31所示。

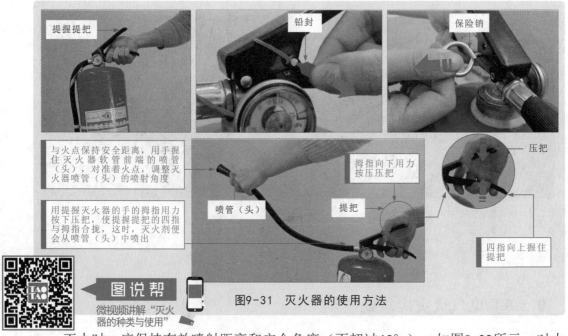

图9-31　灭火器的使用方法

微视频讲解"灭火器的种类与使用"

　　灭火时，应保持有效喷射距离和安全角度（不超过45°），如图9-32所示。对火点由远及近，猛烈喷射，并用手控制喷管（头）左右、上下来回扫射，与此同时，快速推进，保持灭火剂猛烈喷射的状态，直至将火扑灭。

第1章
第2章
第3章
第4章
第5章
第6章
第7章
第8章
第9章
第10章
第11章
第12章
第13章
第14章
第15章
第16章

值得注意的是，在扑灭易燃液体火灾时，灭火器的喷管要尽可能压低，使其对准火焰根部，由远及近，左右扫射，切忌使喷射角度过大，以防液体飞溅扩大火势，增加灭火难度

喷射角度过高

液体飞溅

图9-32 灭火器的操作要领

灭火人员在灭火过程中需具备良好的心理素质，遇事不要惊慌，保持安全距离和安全角度，严格按照操作规程进行灭火操作，如图9-33所示。

以45°安全角度对准火苗根部

45°安全角度

干粉灭火器

干粉灭火器

对空中线路进行灭火，要以安全角度进行扑灭，以防导线或其他设备掉落，危及人身安全

在距离火焰2m左右的地方，右手用力压下压把，左手拿着喷管左右摆动，喷射干粉覆盖整个燃烧区，直至把火全部扑灭

干粉灭火器

45°安全角度

以45°安全角度对准火苗根部

图9-33 灭火的规范操作

10

本章系统介绍电工焊接。
- ● 电焊焊接
- ◇ 电焊工具
- ◇ 焊接操作方法
- ● 热熔焊与气焊
- ◇ 热熔焊
- ◇ 气焊
- ● 元器件焊接
- ◇ 插接式元器件的焊接
- ◇ 贴片式元器件的焊接

第10章

电工焊接

10.1 电焊焊接

电焊是利用电能，通过加热加压，借助金属原子的结合与扩散作用，使两件或两件以上的焊件（材料）牢固地连接在一起的一种操作工艺。

10.1.1 电焊工具

1 焊接工具

① 电焊机

电焊机根据输出电压的不同，可以分为直流电焊机和交流电焊机，如图10-1所示。直流电焊机电源输出端有正、负极之分，焊接时电弧两端极性不变；交流电焊机的电源是一种特殊的降压变压器，它具有结构简单、噪声小、价格便宜、使用可靠、维护方便等优点。

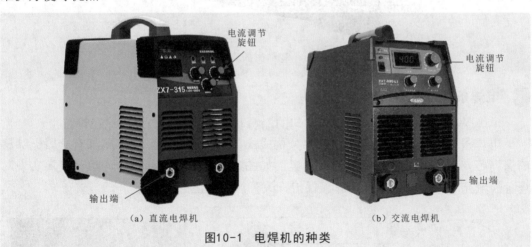

（a）直流电焊机　　　　　　　（b）交流电焊机

图10-1　电焊机的种类

补充说明

直流电焊机输出电流分正、负极，其连接方式分为直流正接和直流反接。直流正接是将焊件接到电源正极，焊条接到负极；直流反接则相反，如图10-2所示。直流正接适合焊接厚焊件，直流反接适合焊接薄焊件。交流电焊机输出电流无极性之分，可随意搭接。

随着技术的发展，有些电焊机将直流和交流集合于一体，既可以当作直流电焊机使用，也可以当作交流电焊机使用。通常该类电焊机的功能旋钮相对较多，根据不同的需求可以调节相应的功能。

补充说明

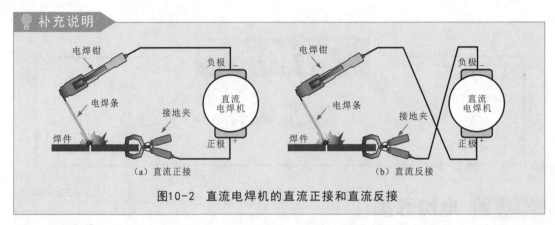

图10-2　直流电焊机的直流正接和直流反接

② 电焊钳

电焊钳需要结合电焊机同时使用，主要用来夹持电焊条，是焊接操作时，用于传导焊接电流的一种器械。

电焊钳的实物外形如图10-3所示，该工具的外形像一把钳子，其手柄通常采用塑料或陶瓷制成，具有防护、防电击保护、耐高温、耐焊接飞溅以及耐跌落等多重保护功能；其夹子采用铸造铜制成，主要用来夹持或操纵电焊条。

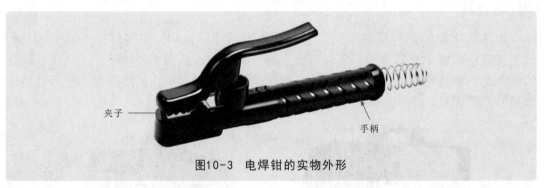

图10-3　电焊钳的实物外形

③ 电焊条

电焊条在金属焊芯的外层涂有均匀的涂料（药皮）并向心地压涂在焊芯上。

电焊条主要是由焊芯和药皮两部分构成的，其头部为引弧端，尾部有一段无涂层的裸焊芯，便于电焊钳夹持和利于导电，如图10-4所示。焊芯可作为填充金属实现对焊缝的填充连接；药皮具有助焊、保护、改善焊接工艺的作用。

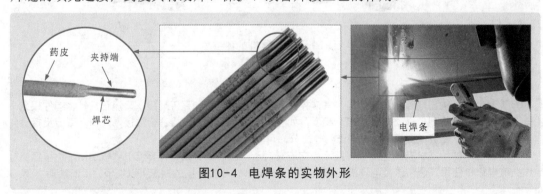

图10-4　电焊条的实物外形

　　电焊条的种类、规格等可以通过焊条包装上的型号和牌号进行识别，型号是国家标准中规定的各种系列品种的焊条代号，而牌号是焊条行业统一规定的各种系列品种的焊条代号，属于比较常用的叫法。例如，型号E4303中的"E"表示焊条；"43"表示焊缝金属的抗拉强度等级；"0"表示适用于全位置焊接；"03"表示涂层为钛钙型，用于交流或直流正、反接。

　　又如，牌号J422中的"J"表示结构钢焊条；"42"表示焊缝金属的抗拉强度大于或等于420MPa；"2"表示涂层为钛钙型，用于交流或直流正、反接。

　　选用电焊条时，需要根据焊件的厚度选择合适的大小，选配原则见表10-1。

表10-1　电焊条选配原则

焊件厚度/mm	2	3	4～5	6～12	>12
电焊条直径/mm	2	3.2	3.2～4	4～5	5～6

2　防护工具

　　为了保障在焊接工作过程中的人身安全，通常会用到一些相应的防护工具，如防护面罩、防护手套、电焊服、绝缘橡胶鞋/靴和防护眼镜等，如图10-5所示。

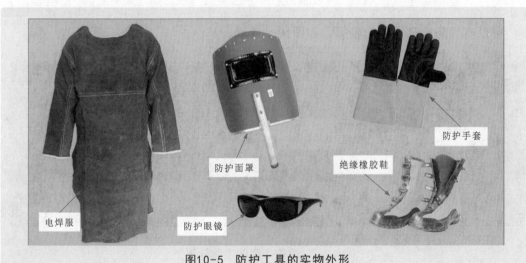

图10-5　防护工具的实物外形

① 防护面罩

　　防护面罩是在焊接过程中保护操作人员的一种安全工具，主要用来保护操作人员的面部和眼睛，防止电焊伤眼和电焊灼伤等。

　　通常情况下，防护面罩分为两种，一种是操作人员手持防护面罩进行焊接操作，另一种是可以直接将其戴在头上，从而使操作人员可以双手一起进行焊接操作，如图10-6所示。其中，遮光镜具有双重滤光功能，可以避免电弧所产生的紫外线和红外线等有害辐射，以及焊接强光对眼睛造成伤害，杜绝电光性眼炎的发生；面罩可以有效防止作业出现的飞溅物和有害体等对脸部造成伤害，降低皮肤灼伤症发生的概率。

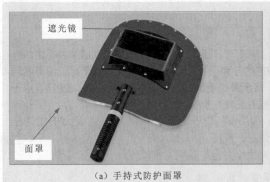

（a）手持式防护面罩　　　　　　　　　（b）可戴式防护面罩

图10-6　防护面罩的实物外形

2 防护手套

防护手套是操作人员在焊接操作过程中为了避免手部被火花（焊渣）溅伤的一种防护工具，具有隔热、耐磨、防止飞溅物烫伤、阻挡辐射等特点，并具有一定的绝缘性能。

焊接种类的不同，对操作人员产生的影响也不同，所以使用的防护手套也不相同。防护手套大致可以分为两种，一种是普通的手工焊手套，该类手套多为加里的双层手套，长度通常在350mm以上；另一种是氩弧焊手套，该类手套手感比较好，比较薄，可以有效防止高温、防辐射，如图10-7所示。

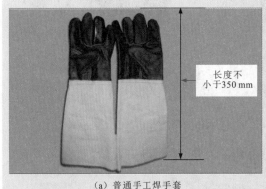
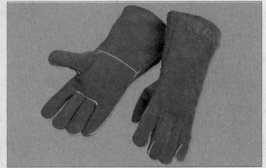

（a）普通手工焊手套　　　　　　　　　（b）氩弧焊手套

图10-7　防护手套的实物外形

3 电焊服

电焊服是焊接操作人员工作时需要的一种具有防护性能的服装，主要用来防止人身受到电焊的灼伤，可以在高温、高辐射等条件下作业。

通常电焊服具有耐磨、隔热和防火性能，对于重点受力的部位均采用双层皮及锅钉进行加固，如图10-8所示。电焊服配有可调魔术贴的可翻式直立衣领，可阻挡烧焊飞溅物；肩部置有护缝条，加强耐用度；防火阻燃的棉质衣领安全、舒适又吸汗；手袖上部和肩位有内里，方便穿卸；电焊服的前胸防护皮条设计可防止烧焊飞溅物溅入衣内，双层皮及锅钉加固结构，防止撕脱。

4 绝缘橡胶鞋/靴

绝缘橡胶鞋/靴是采用橡胶类绝缘材质制作的一种安全鞋，虽然不是直接接触带电

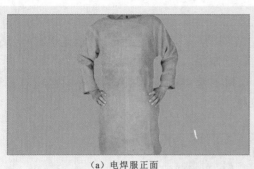 

（a）电焊服正面　　　　　　　　　　　　　（b）电焊服背面

图10-8　电焊服的实物外形

部分，但是可以防止跨步电压对操作人员的伤害，可以保护操作人员在操作过程中的安全。

绝缘橡胶鞋/靴的实物外形如图10-9所示。根据要求，绝缘橡胶鞋/靴外层底部的厚度在不含花纹的情况下，不应小于4mm；耐实验电压15kV以下的绝缘橡胶鞋/靴，应用在工频（50～60Hz）1000V以下的作业环境中，15kV以上的试验电城市的绝缘橡胶鞋，适用于工频1000V以上的作业环境中。

不得
小于4mm

（a）绝缘橡胶鞋　　　　　　　　　　　　　（b）绝缘橡胶靴

图10-9　绝缘橡胶鞋/靴的实物外形

5　防护眼镜

防护眼镜是一种起特殊作用的眼镜，当焊接操作完成后，通常需要对焊接处进行敲渣操作，此时，应佩戴防护眼镜，避免飞溅的焊渣伤到操作人员的眼睛。

防护眼镜的镜片具有耐高温、不黏附火花飞溅焊渣等特点，防护眼镜的实物外形如图10-10所示。通常情况下，该类眼镜的镜片均采用进口聚碳酸酯材料进行精工强化。

采用聚碳酸酯
材料的镜片

图10-10　防护眼镜的实物外形

6 **焊接衬垫**

焊接衬垫是一种为了确保焊接部位背面成型的衬托垫，它通常是由无机材料（高岭土，滑石等）按比例混合加压烧结而成的陶瓷制品。

焊接衬垫的实物外形如图10-11所示。焊接衬垫能够在焊接时维持稳定状态，防止金属熔落，从而在焊件背面形成良好的焊缝。

图10-11　焊接衬垫的实物外形

补充说明

图10-12所示为几种焊接衬垫的应用方式。根据焊件的接口形式选用适合的焊接衬垫，可以有效提高焊缝的质量。

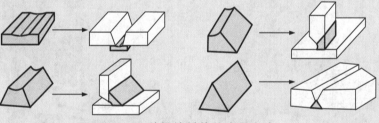

图10-12　几种焊接衬垫的应用方式

7 **焊接定位器**

焊接定位器也称磁性焊接吸铁。它主要用于两管件之间的角度定位焊接。图10-13为常见的焊接定位器，可以分为可调角度的焊接定位器和固定角度的焊接定位器。其中，可调角度的焊接定位器可自行调整焊接角度。固定角度的焊接定位器又可细分为三角形焊接定位器和多边形焊接定位器。三角形焊接定位器可用于45°、90°、135°的角度焊接；多边形焊接定位器则用于30°、45°、60°、75°、90°、120°的角度焊接。

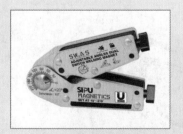

多边形焊接定位器

三角形焊接定位器

（a）可调角度的焊接定位器　　　　（b）固定角度的焊接定位器

图10-13　焊接定位器的实物外形

3 焊缝处理工具

1 敲渣锤

敲渣锤是锤子的一种，在焊接过程中主要是用来对焊接处进行除渣处理，通常情况下，在敲渣时操作人员应佩戴防护眼镜进行操作。

敲渣锤一般都为钢制品，头部的一端为圆锥头，另一端为平錾口，而手柄采用螺纹弹簧把手，具有防震的功能，如图10-14所示。通常在敲渣锤的尾部还会有悬挂设计。

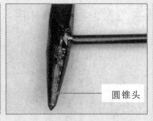

图10-14 敲渣锤的实物外形

2 钢丝轮刷

钢丝轮刷是专门用来对焊缝进行打磨处理、去除焊渣的工具，如图10-15所示。钢丝轮刷需要安装到砂轮机上，通过砂轮机带动钢丝轮刷转动，从而对焊缝进行打磨。

图10-15 钢丝轮刷

3 焊缝抛光机

焊缝抛光机是专门用来对焊缝进行清洁、抛光处理的仪器，如图10-16所示。使用抛光机时，还需要配合使用专用的金属抛光液才可对焊缝进行抛光处理。

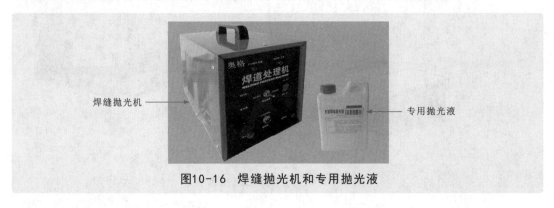

图10-16 焊缝抛光机和专用抛光液

第1章 第2章 第3章 第4章 第5章 第6章 第7章 第8章 第9章 第10章 第11章 第12章 第13章 第14章 第15章 第16章

10.1.2 焊接操作方法

1 焊接前的准备工作

在进行电焊操作前，应当对施焊现场进行检查，在施焊操作周围10m范围内不应设有易燃、易爆物，保证电焊机放置在清洁、干燥的地方，并且在焊接区域中配置灭火器。

在进行电焊操作时，将电焊机远离水源，并且做好接地绝缘防护处理。

在进行电焊操作前，电焊操作人员应穿电焊服、绝缘橡胶鞋，戴防护手套、防护面罩等安全防护用具，保证人身安全，如图10-17所示。

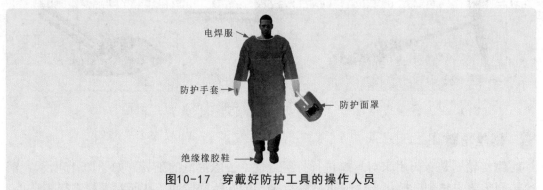

电焊服
防护手套
防护面罩
绝缘橡胶鞋

图10-17 穿戴好防护工具的操作人员

> **补充说明**
>
> 在穿戴防护用具前，可以使用专用的防护手套检测仪对防护手套的抗压性能进行检查，使用专业的检测仪器对绝缘橡胶鞋进行耐高压等测试。只有当防护工具检测合格时，方可使用。

在进行电焊前，做好准备工作，将电焊钳通过连接线与电焊机上的电焊钳连接端口连接（通常带有标识），再将接地夹通过连接线与电焊机上的接地夹连接端口连接；将焊件放置到焊接衬垫上，再将接地夹夹至焊件的一端；然后将焊条的夹持端夹在电焊钳口上即可，如图10-18所示。

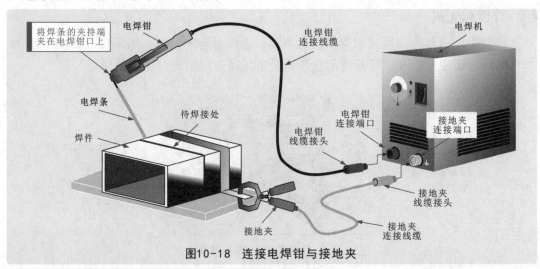

将焊条的夹持端夹在电焊钳口上
电焊钳
电焊钳连接线缆
电焊机
电焊条
待焊接处
焊件
电焊钳连接端口
电焊钳线缆接头
接地夹连接端口
接地夹
接地夹线缆接头
接地夹连接线缆

图10-18 连接电焊钳与接地夹

将电焊机的外壳进行保护性接地或接零。接地装置可以使用铜管或无缝钢管，将其埋入地下深度应当大于1m，接地电阻应当小于4Ω；再将一根导线的一端连接在接地装置上，另一端连接在电焊机的外壳接地端上。

再将电焊机与配电箱通过连接线连接，并且保证连接线的长度在2～3m。在配电箱中应当设有过载保护装置及刀闸开关等，以对电焊机的供电进行单独控制。

2 焊接操作

① 焊件的连接

将焊接设备连接好以后，就需要对待焊接的焊件进行连接，根据焊件厚度、结构形状和使用条件的不同，基本的焊接接头形式有对接接头、搭接接头、角接接头、T形接头，如图10-19所示。其中，对接接头受力比较均匀，使用最多，重要的受力焊缝尽量选用该接头。

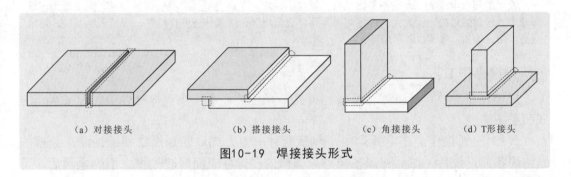

（a）对接接头　　　　（b）搭接接头　　　　（c）角接接头　　　（d）T形接头

图10-19　焊接接头形式

为了焊接方便，在对对接接头形式的焊件进行焊接前，需要对两个焊件的接口进行加工，如图10-20所示。对于较薄的焊件，需将接口加工成I形或单边V形，进行单层焊接；对于较厚的焊件，需加工成V形、U形或X形，以便进行多层焊接。

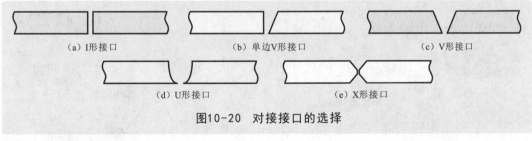

（a）I形接口　　　　（b）单边V形接口　　　　（c）V形接口

（d）U形接口　　　　　（e）X形接口

图10-20　对接接口的选择

② 电焊机参数设置

进行焊接时，应先将配电箱内的开关闭合，再打开电焊机的电源开关。操作人员在拉合配电箱中的电源开关时，必须戴绝缘手套。选择输出电流时，输出电流的大小应根据焊条的直径、焊件的厚度、焊缝的位置等进行调节。焊接过程中不能调节电流，以免损坏电焊机，并且调节电流时旋转速度不能过快、过猛。

补充说明

电焊机工作负荷不应超出铭牌规定，即应在允许的负载值下持续工作，不得任意长时间超载运行。当电焊机温度超过60℃时，应停机降温后再继续焊接。

焊接电流是手工电弧焊中最重要的参数，它主要受焊条直径、焊接位置、焊件厚度和焊接人员的技术水平影响。焊条直径越大，熔化焊条所需热量越多，所需焊接电流越大。每种直径的焊条都有一个合适的焊接电流范围，见表10-2。在其他焊接条件相同的情况下，平焊位置可选择偏大的焊接电流，横焊、立焊、仰焊的焊接电流应减小10%～20%。

表10-2　焊条直径与焊接电流范围

焊条直径/mm	1.6	2.0	2.5	3.2	4.0	5.0	5.8
焊接电流/A	25～40	40～65	50～80	100～130	160～210	220～270	260～300

补充说明

设置的焊接电流太小，不易引出电弧，燃烧不稳定，弧声变弱，焊缝表面呈圆形，高度增大，熔深减小。设置的焊接电流太大，焊接时弧声强，飞溅增多，焊条往往变得红热，焊缝表面变尖，熔池变宽，熔深增加，焊薄板时易烧穿。

3 焊接操作工艺

焊接操作主要包括引弧、运条和灭弧，焊接过程中应注意焊接姿势、焊条运动方式和运条速度。

（1）引弧操作。在电弧焊中，包括两种引弧方式，即划擦法和敲击法。划擦法是将焊条靠近焊件，然后将焊条像划火柴似的在焊件表面轻轻划擦，引燃电弧后，迅速将焊条提起2～4mm，并使之稳定燃烧；而敲击法是将焊条末端对准焊件后，手腕下弯，使焊条轻微碰一下焊件，再迅速将焊条提起2～4mm，引燃电弧后手腕放平，使电弧保持稳定燃烧，如图10-21所示。敲击法不受焊件表面大小、形状的限制，是电焊中主要采用的引弧方法。

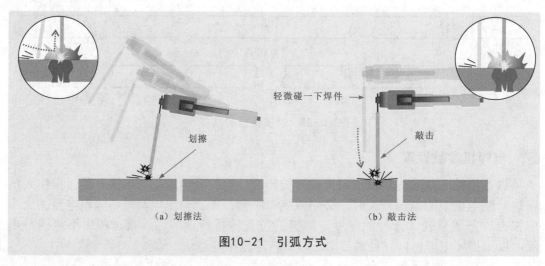

轻微碰一下焊件

划擦

敲击

（a）划擦法　　　　　　　　　　　　　（b）敲击法

图10-21　引弧方式

　　焊条在与焊件接触后提升速度要适当,太快难以引弧,太慢焊条和焊件容易黏在一起(电磁力),这时,左右摆动焊条,便可使焊条脱离焊件。引弧操作比较困难,焊接之前,可反复多练习几次。

　　在焊接时,通常会采用平焊(蹲式)操作。操作人员的蹲姿要自然,两脚间夹角为70°～85°,两脚间距离为240～260mm。持电焊钳的手臂半伸开悬空进行焊接操作,另一只手握住电焊面罩,保护好面部器官。

　　在焊接操作过程中,必须时刻佩戴防护手套,以防发生触电危险。防护手套因出汗变潮湿后,应及时更换,以防因绝缘阻值降低而发生电击意外。

　　(2)运条操作。由于焊接起点处温度较低,引弧后可先将电弧稍微拉长,对起点处预热后,再适当缩短电弧进行正式焊接。在焊接时,需要匀速推动电焊条,使焊件的焊接部位与电焊条充分熔化、混合,形成牢固的焊缝。焊条的移动可分为三种基本形式:沿焊条中心线向熔池送进、沿焊接方向移动、焊条横向摆动。焊条移动时,应向前进方向倾斜10°～20°,并根据焊缝大小横向摆动焊条。图10-22所示为焊条移动方式。注意在更换焊条时,必须佩戴防护手套。

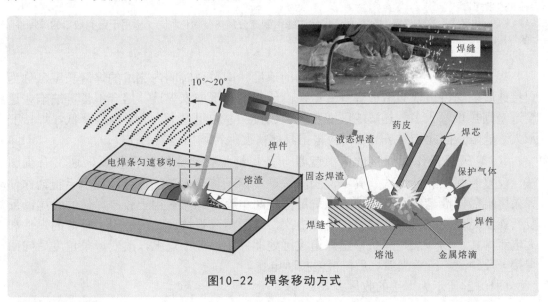

图10-22　焊条移动方式

　　在对较厚的焊件进行焊接时,为了获得较宽的焊缝,焊条应沿焊缝横向做规律摆动。根据摆动规律的不同,通常有以下九种运动方式,如图10-23所示。

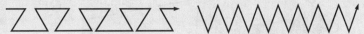

(a) 直线式　　　　　　(b) 直线往复式　　　　　　(c) 锯齿式

(d) 月牙式　　　　　　(e) 正三角式　　　　　　(f) 斜三角式

图10-23　焊条的摆动方式

（g）正圆圈式　　　　　　　（h）斜圆圈式　　　　　　　（i）8字式

图10-23 （续）

（1）**直线式**：常用于I形坡口的对接平焊，多层焊的第一层焊道或多层多道焊的第一层焊道。

（2）**直线往复式**：焊接速度快、焊缝窄、散热快，适用于薄焊件或接头间隙较大的多层焊的第一层焊道。

（3）**锯齿式**：焊条做锯齿形连续摆动，并在两边稍停片刻，这种方法容易掌握，生产应用较多。

（4）**月牙式**：这种运条方法的熔池存在时间长，易于熔渣和气体析出，焊缝质量高。

（5）**正三角式**：这种运条方法一次能焊出较厚的焊缝断面，不易夹渣，生产率高，适用于开坡口的对接焊缝。

（6）**斜三角式**：这种运条方法能够借助焊条的摇动来控制熔化金属，促使焊缝成型良好，适用于T形接头的平焊、仰焊及开坡口的横焊。

（7）**正圆圈式**：这种运条方法熔池存在时间长，温度高，便于熔渣上浮和气体析出，一般只用于较厚焊件的平焊。

（8）**斜圆圈式**：这种运条方法有利于控制熔池金属不外流，适用于T形接头的平焊、仰焊及对接接头的横焊。

（9）**8字式**：这种运条方法能保证焊缝边缘得到充分加热，熔化均匀，适用于带有坡口的厚焊件的焊接。

焊接过程中，焊条沿焊接方向移动的速度，即单位时间内完成的焊缝长度，称为焊接速度。速度过快会造成焊缝变窄，高低不平，形成未焊透、熔合不良等缺陷；速度过慢则热量输入多，热影响区变宽，形成接头晶粒组过大、力学性能降低、焊接变形大等缺陷。因此，焊条的移动应根据具体情况保持均匀适当的速度。

（3）**灭弧操作。**焊接的灭弧就是一条焊缝焊接结束时如何收弧，通常有画圈法、反复断弧法和回焊法。其中，画圈法是在焊条移至焊道终点时，利用手腕动作使焊条尾端做圆圈运动，直到填满弧坑后再拉断电弧，此法适用于较厚焊件的收尾；反复断弧法是反复在弧坑处熄弧、引弧多次，直至填满弧坑，此法适用于较薄的焊件和大电流焊接；回焊法是焊条移至焊道收尾处即停止，但不熄弧，改变焊条角度后向回焊接一段距离，待填满弧坑后再慢慢拉断电弧。

图10-24所示为焊接的收尾方式。

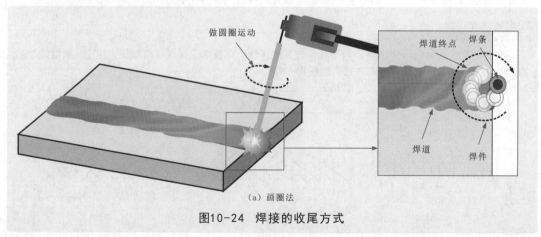

做圆圈运动　　　　　　　焊道终点　　焊条

焊道

焊件

（a）画圈法

图10-24 焊接的收尾方式

采用划擦方式多次做引弧、熄弧操作

改变焊条角度回焊一段距离后再断弧

（b）反复断弧法　　　　　　　　（c）回焊法

图10-24（续）

3 焊接验收

1 整理现场

检查焊接现场，使各种焊接设备断电、冷却并整齐摆放，同时要仔细检查现场是否有火种存在的迹象。若有，应及时处理，以杜绝火灾隐患。

2 焊件处理

使用敲渣锤、钢丝轮刷和焊缝抛光机（处理机）等工具和设备对焊接部位进行清理。图10-25所示为使用焊缝抛光机清理焊缝的效果，该设备可以有效地去除毛刺，使焊接部件平整、光滑。

抛光后的效果

焊缝

图10-25　使用焊缝抛光机清理焊缝的效果

3 检查焊接质量

清除焊渣后，就要仔细对焊接部位进行检查，如图10-26所示。检查焊缝是否存在裂纹、气孔、咬边、未焊透、未熔合、夹渣、焊瘤、塌陷、凹坑、焊穿及焊接面积不合理等缺陷。若发现焊接缺陷、变形等，应在分析产生原因后，重新使用新焊件进行焊接，原缺陷焊件应废弃不用。

图10-26　检查焊接质量

10.2 热熔焊与气焊

10.2.1 热熔焊

1 焊接工具

线缆的配管分为塑料管路和金属管路，对塑料管路进行焊接时会用到热熔焊枪。

① 热熔焊枪

热熔焊枪利用电热原理将电能转化成热能，对焊枪的金属部分进行加热，从而熔化接触的塑料器材。典型热熔焊枪的实物外形如图10-27所示。热熔焊枪可更换多种样式的加热模头，并且某些类型还可以控制加热温度。

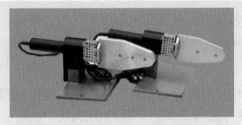

图10-27 典型热熔焊枪的实物外形

② 加热模头

热熔焊枪可更换多种样式的加热模头，对塑料管材进行焊接时，应选配不同直径的圆形加热模头，如图10-28所示。

图10-28 不同直径的圆形加热模头

2 焊接规范

① 准备工作

使用内六角螺钉旋具将适合的圆形加热模头固定到热熔焊枪加热板上。一侧安装的加热模头比塑料管材的直径略大，另一侧安装的则略小。

为热熔焊枪通电后，调节加热温度至260℃左右，如图10-29所示。

② 切割管路

使用割管刀将塑料管路的多余部分切除，如图10-30所示。然后使用干净的软布对需要焊接的部位进行清洁，接下来便可进行加热操作。

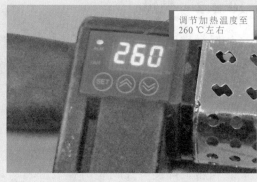

图10-29 热熔焊的准备工作

图10-30 切割管路

微视频讲解"PPR管材的热熔承插连接"

③ 加热管口

同时对管路和接头进行加热。将接头的管口用力套在加热模头（直径较小）上，在高温高压的作用下，接头管口内部会被熔化；将管路插入到另一侧加热模头（直径较大）中，管路的管口外侧会被熔化，如图10-31所示。

④ 对接管路

加热几秒钟后，拔下塑料管路和接头，迅速将两者对接在一起，即管路插入到接头中，待管口冷却后，管路和接头便焊接在一起了，如图10-32所示。

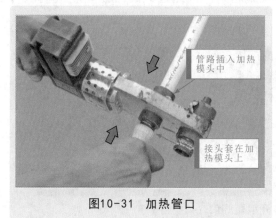

图10-31 加热管口

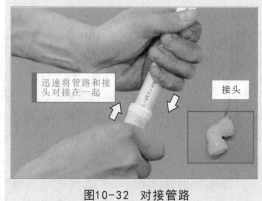

图10-32 对接管路

10.2.2 气焊

气焊是利用可燃气体与助燃气体混合燃烧生成的火焰作为热源，将金属管路焊接在一起；而电焊是利用电弧的原理，在焊枪与被焊物体之间产生高温电弧，融化焊条进行焊接。

1 气焊设备

图10-33所示为气焊设备的实物外形。气焊设备主要由氧气瓶、燃气瓶和焊枪构成。氧气瓶上都装有控制阀门和气压表，其总阀门通常位于氧气瓶的顶端；燃气瓶内装有液化石油气，在它的顶部也设有控制阀门和压力表。燃气瓶和氧气瓶通过连接软管与焊枪相连。

焊枪的手柄末端有两个端口，它们通过软管分别与燃气瓶和氧气瓶相连，在手柄处有两个旋钮，分别用来控制燃气和氧气的输送量。

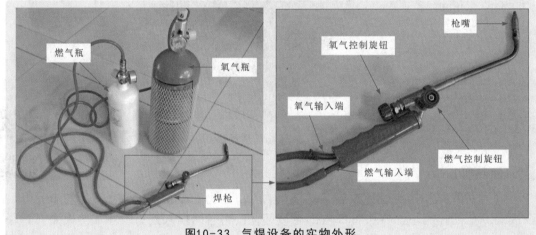

图10-33　气焊设备的实物外形

2 焊接规范

（1）打开钢瓶阀门。先打开氧气瓶总阀门，通过控制阀门调整氧气输出压力，使输出压力保持在0.3～0.5MPa，再打开燃气瓶总阀门，通过该阀门控制燃气输出压力保持在0.03～0.05MPa，如图10-34所示。

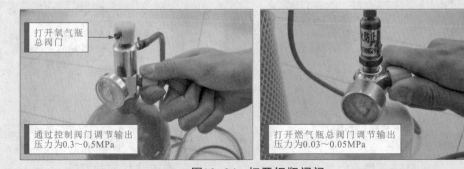

图10-34　打开钢瓶阀门

（2）打开焊枪阀门并点火。点火操作如图10-35所示，打开焊枪手柄的控制旋钮时，注意一定要先打开燃气阀门，使用明火靠近焊枪嘴，点燃焊枪嘴后再打开氧气阀门。

在使用气焊设备对电冰箱的管路进行焊接时，气焊设备的火焰一定要调整到中性焰再进行焊接。中性焰的火焰不要离开焊枪嘴，也不要出现回火现象。

图10-35　点火操作

补充说明

中性焰焰长为20～30cm，其外焰呈橘红色，内焰呈蓝紫色，焰芯呈亮白色，如图10-36所示。内焰温度最高，在焊接时应将管路置于内焰附近。

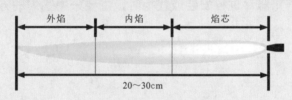

图10-36　中性焰外形

当氧气与燃气的输出比小于1:1时，焊枪火焰会变为碳化焰；当氧气与燃气的输出比大于1:2时，焊枪火焰会变为氧化焰。若氧气控制旋钮开得过大，焊枪会出现回火现象；若燃气控制旋钮开得过大，会出现火焰离开焊嘴的现象，如图10-37所示。调整火焰时，不要用这些火焰对管路进行焊接，这会对焊接质量造成影响。

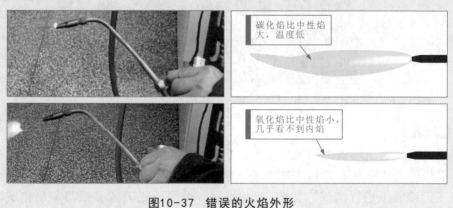

图10-37　错误的火焰外形

（3）焊接管路。将焊枪对准管路的焊口均匀加热，当管路被加热到呈暗红色时，把焊条放到焊口处，待焊条熔化并均匀地包裹在焊接处后将焊条取下，如图10-38所示。

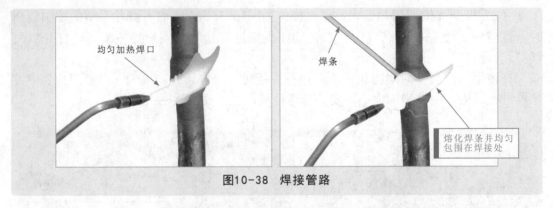

均匀加热焊口

焊条

熔化焊条并均匀
包围在焊接处

图10-38　焊接管路

　　（4）关闭阀门。焊接完成后，先关闭焊枪的燃气控制旋钮，再关闭氧气控制旋钮，最后关闭氧气瓶和燃气瓶的总阀门。

10.3 元器件焊接

10.3.1 插接式元器件的焊接

　　在对插接式电子元器件进行安装或代换时，主要采用锡焊的方式对插接式元器件进行焊接。

1 预加工操作

1 引脚校直

　　使用钢丝钳将元器件的引脚沿原始角度拉直，不要出现凹凸不平的地方，如图10-39所示，注意钢丝钳的钳口处不能有纹路，以防划伤元器件的引脚。

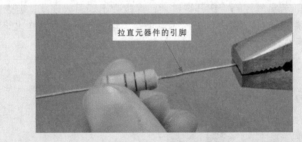

拉直元器件的引脚

图10-39　引脚校直

2 引脚清洁

　　电子元器件的引脚长时间接触空气，容易产生氧化层，影响焊接效果。对于氧化较轻的引脚可以使用蘸有酒精的软布进行擦拭；若氧化严重或有严重的腐蚀点，可以使用电工刀或砂纸进行清除，如图10-40所示。使用电工刀或砂纸清除氧化层时，元器件两侧要留出3mm左右的保护带。

3 引脚弯折

　　如图10-41所示，使用尖嘴钳或镊子对元器件的引脚进行弯折，用手捏住元器件的引脚，尖嘴钳夹住需要打弯的部位，进行弯折。

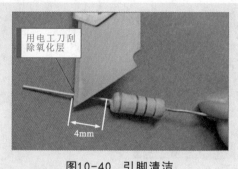

图10-40　引脚清洁

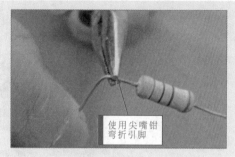

图10-41　引脚弯折

2　焊接操作

① 加热焊件

将烙铁头接触焊接点，使焊接部位均匀受热，如图10-42所示。烙铁头对焊点不要施加力量，也不要过长时间加热。

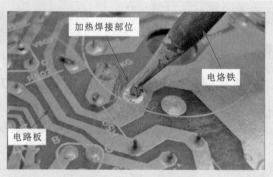

图10-42　加热焊件

② 熔化焊料

当焊点温度达到需求后，电烙铁蘸取少量助焊剂，将焊锡丝置于焊接部位，电烙铁将焊锡丝熔化并润湿焊接部位，形成焊点。

> **补充说明**
>
> 电烙铁的温度要保持适当，若加热温度过高，会使助焊剂没有足够的时间在焊面上漫流而挥发失效，焊料熔化过快会影响助焊剂作用的发挥。

③ 移开焊锡丝

当熔化了一定量的焊锡后将焊锡丝移开，所熔化的焊锡不能过多也不能过少。过多的焊锡会造成成本浪费，降低工作效率，也容易造成搭焊，形成短路；而过少的焊锡又不能形成牢固的焊点。

④ 移开电烙铁

当焊锡完全润湿焊点使覆盖范围达到要求后，即可移开电烙铁，如图10-43 所示。移开电烙铁的方向应与电路板大致成45°夹角，移开速度不要太慢。

第1章
第2章
第3章
第4章
第5章
第6章
第7章
第8章
第9章
第10章
第11章
第12章
第13章
第14章
第15章
第16章

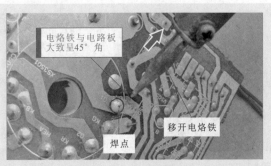

图10-43　移开电烙铁

📝 补充说明

　　移开电烙铁是焊接操作中的重要一环，若电烙铁移开方向或速度有偏差，对焊点的质量有很大影响。移开方向不对，会使焊点出现拉尖或虚焊现象。

10.3.2　贴片式元器件的焊接

　　贴片式元器件与直插式元器件的功能相同，但体积较小、集成度高、焊接要求高。

1　电烙铁焊接规范

　　先使用电烙铁，对贴片式元器件的焊盘进行加热，待少量焊锡熔化后，迅速用镊子将元器件放置在安装位置上，其中一个引脚便会与电路板连接在一起，如图10-44所示。然后再对贴片式元器件另一侧的引脚进行焊接。用烙铁头蘸取少量助焊剂，将焊锡丝置于引脚部位，熔化少量焊锡覆盖住焊点即可。注意引脚的安装位置，不要放错。

图10-44　电烙铁焊接规范

2　热风焊枪焊接规范

① 选择焊枪嘴

　　根据贴片式元器件引脚的大小和形状，选择合适的圆口焊枪嘴，如图10-45所示，可以使用十字槽螺钉旋具拧松焊枪嘴上的螺钉，更换焊枪嘴。

② 涂抹助焊剂

　　在焊接元器件的位置涂上一层助焊剂，然后将元器件放置在规定位置上，可用镊子微调元器件的位置。若焊点的焊锡过少，可先熔化一些焊锡再涂抹助焊剂。

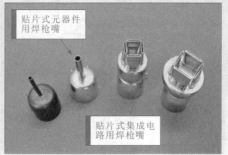

图10-45 选择并安装焊枪嘴

③ 调节温度和风量

打开热风焊机上的电源开关，对热风焊枪的加热温度和送风量进行调整。对于贴片式元器件，选择较高的温度和较小的风量即可满足焊接要求。将温度调节旋钮调至5～6挡，风量调节旋钮调至1～2挡，如图10-46所示。

图10-46 调节温度和风量

④ 焊接贴片式元器件

当热风焊机预热完成后，将焊枪垂直悬空置于元器件引脚上方，对引脚进行加热，加热过程中，焊枪嘴在各引脚间做往复移动，均匀加热各引脚，如图10-47所示。当引脚的焊料熔化后，先移开热风焊枪，待焊料凝固后，再移开镊子。

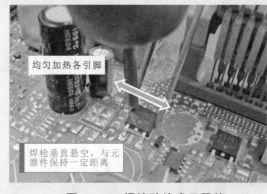

图10-47 焊接贴片式元器件

11

本章系统介绍电工布线
与设备安装。

● 明敷布线

● 暗敷布线

● 交流接触器安装

● 接地体安装

● 接地线安装

● 变配电设备安装

● 电力拖动设备安装
  连接

● 控制箱的安装连接

第1章
第2章
第3章
第4章
第5章
第6章
第7章
第8章
第9章
第10章
第11章
第12章
第13章
第14章
第15章
第16章

第11章

电工布线与设备安装

11.1 明敷布线

11.1.1 瓷夹明敷布线

瓷夹明敷布线也称为夹板明敷布线，是指用瓷夹板来支持导线，使导线固定并与建筑物绝缘的一种布线方式，一般适用于正常干燥的室内场所和房屋挑檐下的室外场所。通常情况下，使用瓷夹明敷布线时，其线路的截面积一般不要超过10mm²。

瓷夹在固定时可以将其埋设在坚固件上，或是使用胀管螺钉进行固定，用胀管螺钉进行固定时，应先在需要固定的位置上进行钻孔（孔的大小应与胀管粗细相同，其深度略长于胀管螺钉的长度），然后将胀管螺钉放入瓷夹底座的固定孔内进行固定。接着将导线固定在瓷夹内的槽内，最后使用螺钉固定好瓷夹的上盖即可。

瓷夹的固定方法如图11-1所示。

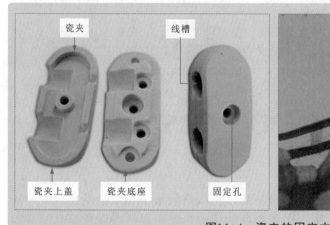
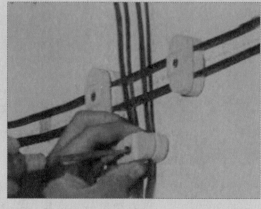

瓷夹　　　　　线槽

瓷夹上盖　　　瓷夹底座　　　　固定孔

图11-1　瓷夹的固定方法

图11-2所示为瓷夹配线时遇建筑物的操作规范。瓷夹配线时，通常会遇到一些建筑物，如水管、蒸汽管或转角等，对于该类情况进行操作时，应进行相应的保护。例如，在与导线进行交叉敷设时，应使用塑料管或绝缘管对导线进行保护，并且在塑料管或绝缘管的两端导线上用瓷夹板夹牢，防止塑料管移动；在跨越蒸汽管时，使用瓷管对导线进行保护，瓷管与蒸汽管保温层外有20mm的距离；若使用瓷夹进行转角或分支配线，在距离墙面40～60mm处安装一个瓷夹，用来固定线路。

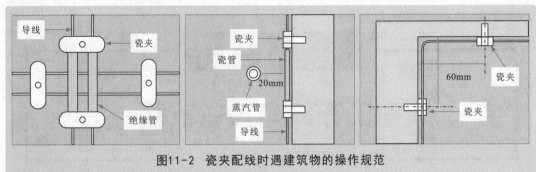

图11-2　瓷夹配线时遇建筑物的操作规范

补充说明

使用瓷夹配线时，若需要连接导线，需要将其连接头尽量安装在两个瓷夹的中间，避免将导线的接头压在瓷夹内。使用瓷夹在室内配线时，绝缘导线与建筑物表面的最小距离不应小于5mm；使用瓷夹在室外配线时，不可以应用在雨雪能落到导线的地方进行敷设。

图11-3所示为瓷夹配线穿墙或穿楼板的操作规范。瓷夹配线过程中，通常会遇到穿墙或穿楼板的情况，在进行该类操作时，应按照相关的规定进行操作。例如，线路穿墙进户时，一根瓷管内只能穿一根导线，并应有一定的倾斜度；在穿过楼板时，应使用保护钢管，并且在楼上距离地面的钢管高度应为1.8m。

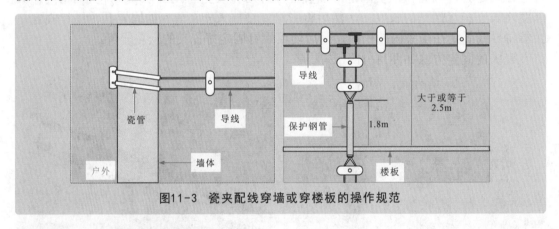

图11-3　瓷夹配线穿墙或穿楼板的操作规范

11.1.2 │ 金属管明敷布线

金属管明敷布线是指使用金属材质的管制品，将线路敷设于相应的场所，是一种常见的布线方式，室内和室外都适用。采用金属管明敷布线可以使导线更好地受到保护，并且能避免因线路短路而发生火灾。

在使用金属管明敷于潮湿的场所时，由于金属管会受到不同程度的锈蚀，为了保障线路的安全，应采用较厚的水、煤气钢管；若是敷设于干燥的场所，则可以选用金属电线管。图11-4所示为金属管明敷布线中用到的金属管材。

补充说明

选用金属管进行明敷布线时，其表面不应有穿孔、裂缝和明显的凹凸不平等现象；其内部不允许出现锈蚀的现象，尽量选用内壁光滑的金属管。

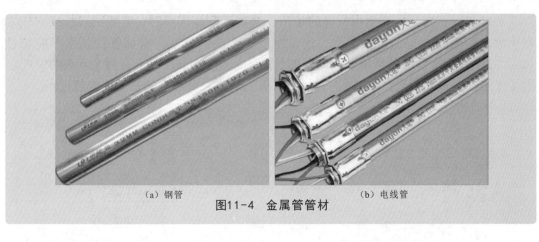

（a）钢管　　　　　　　　　（b）电线管

图11-4　金属管管材

图11-5所示为金属管管口的加工规范。在使用金属管进行配线时，为了防止穿线时金属管口划伤导线，其管口的位置应使用专用工具进行打磨，使其没有毛刺或尖锐的棱角。

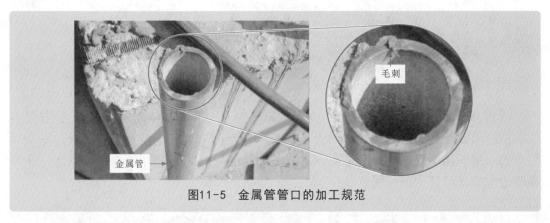

毛刺

金属管

图11-5　金属管管口的加工规范

在敷设金属管时，为了减少配线时的困难，应尽量减少弯头出现的总量，如每根金属管的弯头不应超过3个，直角弯头不应超过2个。

图11-6所示为金属管弯头的操作规范。使用弯管器对金属管进行弯管操作时，应按相关的操作规范执行。例如，金属管的平均弯曲半径不得小于金属管外径的6倍，在明敷且只有一个弯时，可将金属管的弯曲半径减少为金属管外径的4倍。

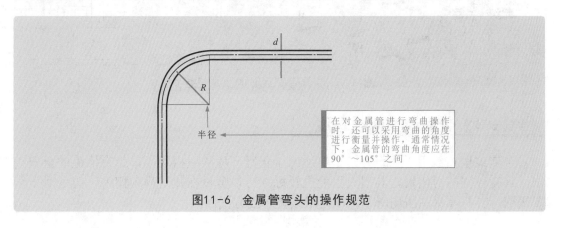

d

R

半径

在对金属管进行弯曲操作时，还可以采用弯曲的角度进行衡量并操作，通常情况下，金属管的弯曲角度应在90°～105°之间

图11-6　金属管弯头的操作规范

图11-7所示为金属管使用长度的规范。金属管配线连接时，若管路较长或有较多弯头时，则需要适当加装接线盒，通常对于无弯头的情况，金属管的长度不应超过30m；对于有一个弯头的情况，金属管的长度不应超过20m；对于有两个弯头的情况，金属管的长度不应超过15m；对于有三个弯头的情况，金属管的长度不应超过8m。

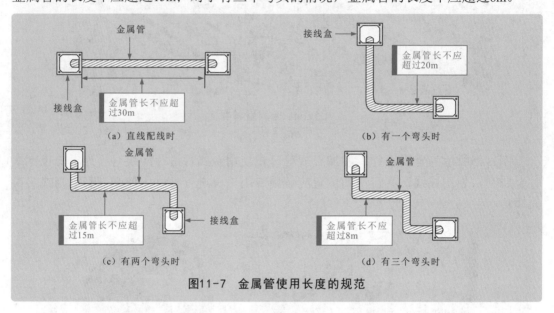

图11-7　金属管使用长度的规范

图11-8所示为金属管配线时的固定规范。金属管配线时，为了其美观和方便拆卸，在对金属管进行固定时，通常会使用管卡进行固定。若是没有设计要求，则金属管卡的固定间隔不应超过3m；在距离接线盒0.3m的区域，应使用管卡进行固定；在弯头两边也应使用管卡进行固定。

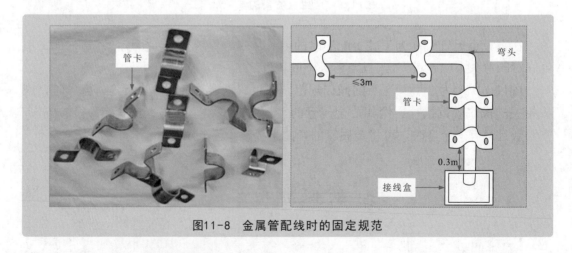

图11-8　金属管配线时的固定规范

11.1.3 ｜ 金属线槽明敷布线

金属线槽布线用于明敷时，一般适用于正常环境的室内场所，带有槽盖的金属线槽，具有较强的封闭性，其耐火性能也较好，可以敷设在建筑物顶棚内。但是对于金属线槽，有严重腐蚀的场所不可以采用该类布线方式。

金属线槽布线时，其内部的导线不能有接头，若是在易于检修的场所，可以允许在金属线槽内有分支的接头，并且在金属线槽内布线时，其内部导线的截面积不应超过金属线槽内截面的20%，载流导线不宜超过30根。

图11-9所示为金属线槽的安装规范。金属线槽布线遇到特殊情况时，需要设置安装支架或吊架，即线槽的接头处；直线敷设金属线槽的长度为1～1.5m时，安装于金属线槽的首端、终端及进出接线盒的0.5m处。

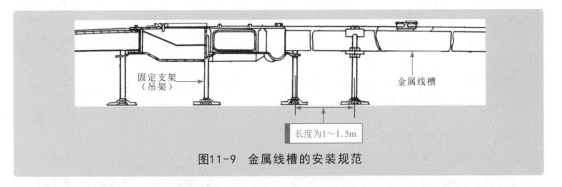

图11-9　金属线槽的安装规范

11.1.4 | 塑料管明敷布线

塑料管明敷布线的操作方式具有布线施工操作方便、施工时间短、抗腐蚀性强等特点，适合应用在腐蚀性较强的环境中。在使用塑料管进行布线时，可分为硬质塑料管和半硬质塑料管。

图11-10所示为塑料管明敷布线的固定规范。塑料管明敷布线时，应使用管卡进行固定、支撑。在距离塑料管首端、终端、开关、接线盒或电气设备处150～500mm时应固定一次；如果多条塑料管敷设时，要保持其间距均匀。

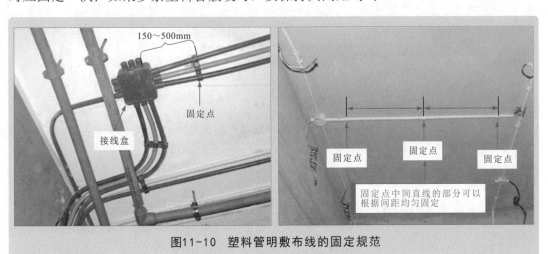

图11-10　塑料管明敷布线的固定规范

补充说明

塑料管配线前，应先对塑料管本身进行检查，其表面不可以有裂缝、瘪陷的现象，其内部不可以有杂物，而且保证明敷塑料管的管壁厚度不小于2mm。

图11-11所示为塑料管的连接规范。塑料管之间的连接可以采用插入连接法和套入连接法。插入连接法是指将黏接剂涂抹在A硬塑料管的表面，然后将A硬塑料管插入B硬塑料管内A硬塑料管管径的1.2～1.5倍深度即可；套入连接法则是相同直径的硬塑料管扩大成套管，其长度为硬塑料管外径的2.5～3倍，插接时，先将套管加热至130℃左右，约1～2min后套管变软，同时将两根硬塑料管插入套管即可。

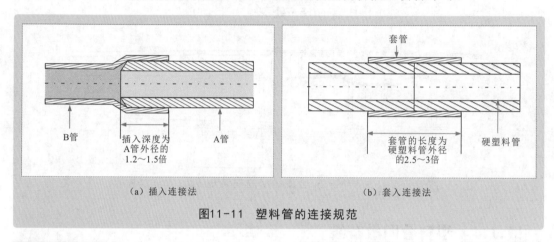

（a）插入连接法　　　　　　　　　（b）套入连接法

图11-11　塑料管的连接规范

补充说明

在使用塑料管敷设连接时，可使用辅助连接配件进行连接弯曲或分支等操作，如直接头、正三通头、90°弯头、45°弯头、异径接头等，如图11-12所示。在安装连接过程中，可以根据其环境的需要使用相应的配件。

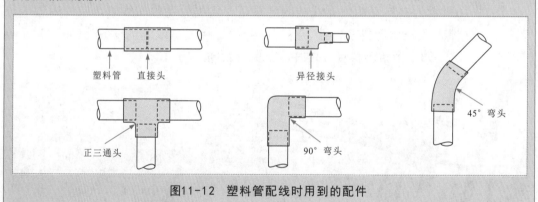

图11-12　塑料管配线时用到的配件

11.2　暗敷布线

11.2.1　金属管暗敷布线

暗敷是指将导线穿管并埋设在墙内、地板下或顶棚内进行配线，该操作对于施工操作要求较高，对于线路进行检查和维护时较困难。

金属管暗敷布线的过程中，若遇到有弯头的情况，金属管的弯头弯曲的半径不应小于管外径的6倍；敷设于地下或混凝土的楼板时，金属管的弯曲半径不应小于管外径的10倍。

补充说明

金属管在转角时，其角度应大于90°。为了便于导线的穿过，敷设金属管时，每根金属管的转弯点不应多于两个，并且不可以有S形拐角。

金属管配线时，由于内部穿线的难度较大，所以选用的管径要大一点，一般管内填充物最多为总空间的30%左右，以便于穿线。

图11-13所示为金属管管口的操作规范。金属管配线时，通常会采用直埋操作，为了减小直埋管在沉陷时连接管口处对导线的剪切力，在加工金属管管口时可以将其做成喇叭形，若是将金属管口伸出地面，应距离地面25～50mm。

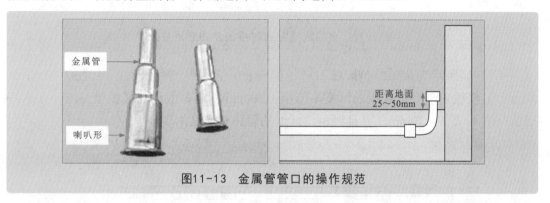

图11-13　金属管管口的操作规范

图11-14所示为金属管的连接规范。金属管在连接时，可以使用管箍进行连接，也可以使用接线盒进行连接。采用管箍连接两根金属管时，将钢管的丝扣部分顺螺纹的方向缠绕麻丝绳后再拧紧，以加强其密封程度；采用接线盒进行两根金属管连接时，钢管的一端应在连接盒内使用锁紧螺母夹紧，防止脱落。

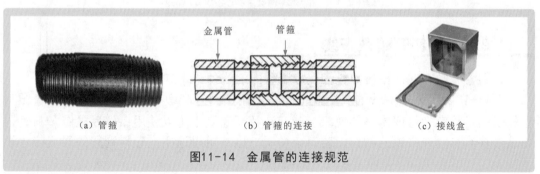

（a）管箍　　　　　（b）管箍的连接　　　　　（c）接线盒

图11-14　金属管的连接规范

11.2.2 | 金属线槽暗敷布线

金属线槽配线使用在暗敷中时，通常适用于正常环境下大空间且隔断变化多、用电设备移动性大或敷设有多种功能的场所，主要是敷设于现浇混凝土地面、楼板或楼板垫层内。

图11-15所示为金属线槽配线时接线盒的使用规范。金属线槽配线时，为了便于穿线，金属线槽在交叉或转弯或分支处配线时应设置分线盒；金属线槽配线时，若直线长度超过6m，应采用分线盒进行连接。并且为了日后线路的维护，分线盒应能够开启，并采取防水措施。

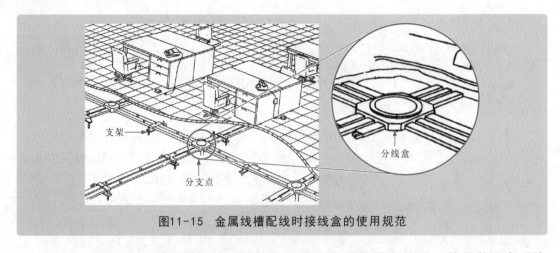

图11-15　金属线槽配线时接线盒的使用规范

　　图11-16所示为金属线槽配线时环境的规范。金属线槽配线时，若是敷设在现浇混凝土的楼板内，要求楼板的厚度不应小于200mm；若是敷设在楼板垫层内，要求垫层的厚度不应小于70mm，并且避免与其他的管路有交叉的现象。

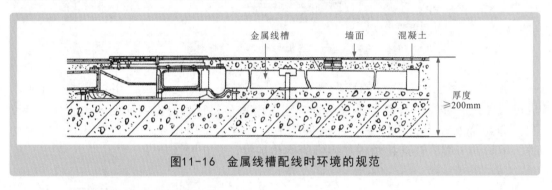

图11-16　金属线槽配线时环境的规范

11.2.3 | 塑料管暗敷布线

　　塑料管暗敷布线是指将塑料管埋入墙壁内的一种布线方式。

　　图11-17所示为塑料管的选用规范。在选用塑料管暗敷布线时，首先应检查塑料管的表面是否有裂缝或瘪陷的现象，若存在该现象则不可以使用；然后检查塑料管内部是否存有异物或尖锐的物体，若有该情况，则不可以选用，塑料管壁的厚度应不小于3mm。

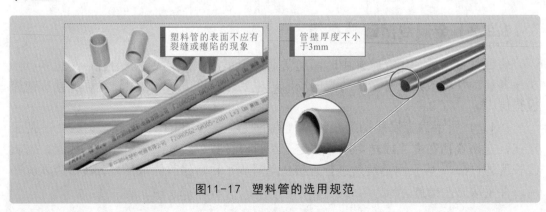

图11-17　塑料管的选用规范

图11-18所示为塑料管弯曲时的操作规范。为了便于导线的穿越，塑料管的弯头部分的角度一般不应小于90°，要有明显的圆弧，不可以出现管内弯瘪的现象。

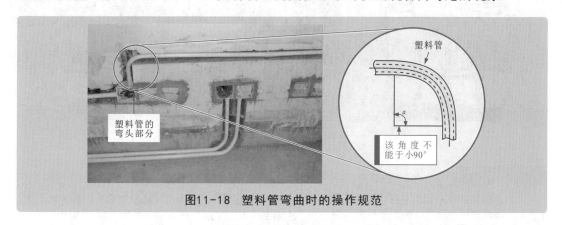

图11-18　塑料管弯曲时的操作规范

图11-19所示为塑料管在砖墙内及混凝土内敷设的操作规范。塑料管在砖墙内暗线敷设时，一般在土建砌砖时预埋，否则应先在砖墙上留槽或开槽，然后在砖缝里打入木榫并钉上钉子，再用铁丝将塑料管绑扎在钉子上，并进一步将钉子钉入。若是在混凝土内暗线敷设，可用铁丝将管子绑扎在钢筋上，将管子用垫块垫高10～15mm，使管子与混凝土模板间保持足够距离，并防止浇灌混凝土时把管子拉开。

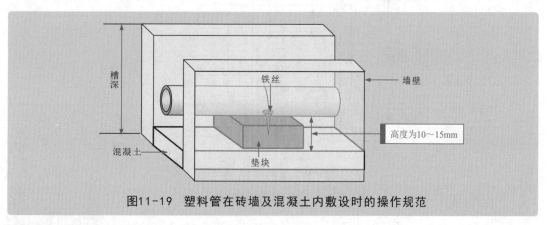

图11-19　塑料管在砖墙及混凝土内敷设时的操作规范

补充说明

　　塑料管配线时，两个接线盒之间的塑料管为一个线段，每线段内塑料管口的连接数量要尽量减少；并且根据用电的需求，使用塑料管配线时，应尽量减少弯头的操作。

11.3　交流接触器安装

交流接触器也称电磁开关，安装时需要注意交流接触器的连接方式，图11-20所示为交流接触器的实物外形和连接方式。该接触器的A1和A2引脚为内部线圈引脚，L1和T1、L2和T2、L3和T3、NO连接端分别为内部开关引脚，当内部线圈通电时，会使内部开关触点吸合；当内部线圈断电时，内部触点断开。

图11-20　交流接触器的实物外形和连接方式

💡 补充说明

交流接触器一般安装在控制电动机、电热设备、电焊机等中，是电工行业使用最广泛的电气部件之一，它是通过电磁机构的动作频繁接通和断开主电路供电的装置，其典型应用如图11-21所示。

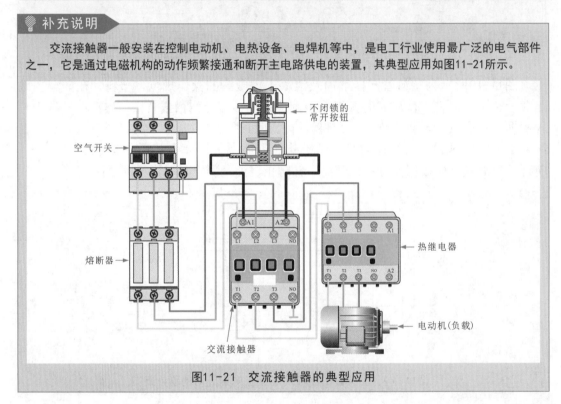

图11-21　交流接触器的典型应用

在对交流接触器安装时，首先了解交流接触器在控制线路中的连接关系，如图11-22所示。

安装交流接触器前，一般应进行以下检查。

（1）安装前应仔细检查交流接触器铭牌和线圈的参数（如额定电压、额定电流、工作频率和通电持续率等）是否符合实际使用要求。

（2）如果使用旧的交流接触器，需要擦净铁芯极面上的防锈油，以免因油垢黏滞而造成接触器线圈断电后铁芯不释放。

（3）检查交流接触器有无机械损伤，可用手推动交流接触器的活动部分，检查动作是否灵活，有无卡涩现象。

（4）检查接触器在85%额定电压时能否正常动作，是否卡住，在失压和电压过低时能否释放。

（5）可用500V绝缘电阻表检测交流接触器的绝缘电阻，测得的绝缘电阻值一般不应低于0.5MΩ。

（6）使用万用表检查线圈是否有断线，并揿动接触器，检查辅助触点接触是否良好。

下面以典型交流电动机控制电路为例，介绍一下交流接触器及相关器件的安装方法。首先选择好安装的器件，接下来规划安装交流接触器的位置和线路的走向，最后进行交流接触器的连接操作。

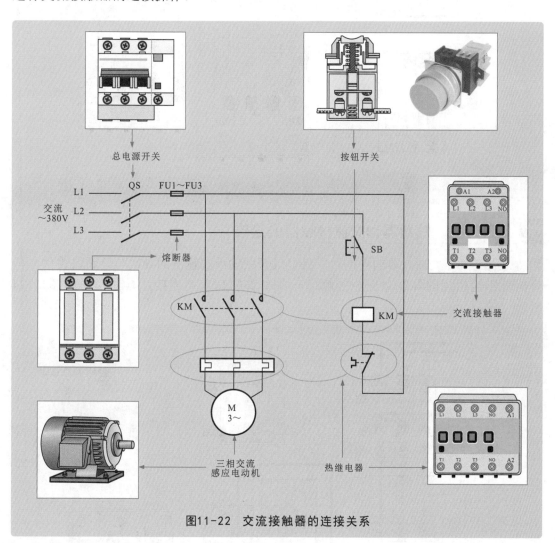

图11-22　交流接触器的连接关系

1 空气开关输入端的连接

交流380V电源供电线首先接到空气开关的输入端，为了安全要在断电状态下进行，空气开关要置于断开状态，同时应将接地端与本地的地线连接起来，具体操作如图11-23所示。

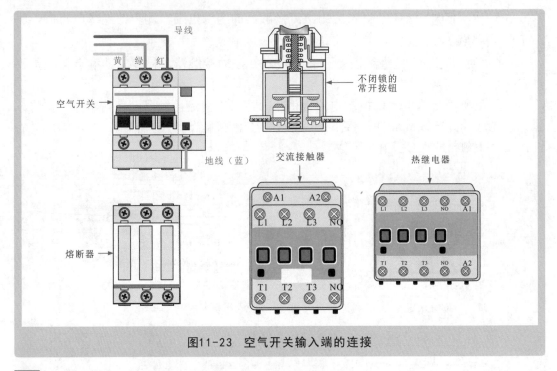

图11-23 空气开关输入端的连接

2 空气开关、熔断器和交流接触器的连接

完成空气开关输入端的连接后，将空气开关输出端输出的导线与熔断器连接，再将熔断器输出端的导线与交流接触器开关引脚的输入端连接，具体操作如图11-24所示。

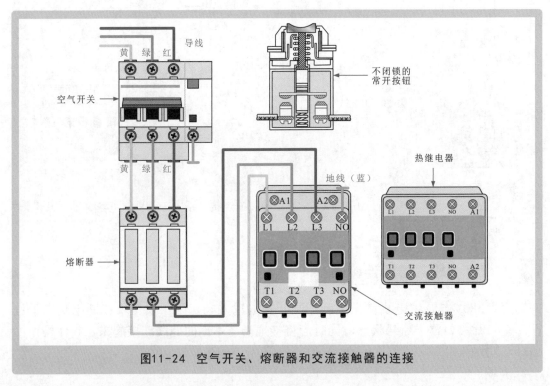

图11-24 空气开关、熔断器和交流接触器的连接

3 交流接触器与相关部件的连接

完成熔断器和交流接触器的连接后，将交流接触器输入线圈引脚的导线与常开按钮引脚端连接，再将交流接触器输出开关引脚的导线与热继电器连接，同时将地线接地，具体操作如图11-25所示。

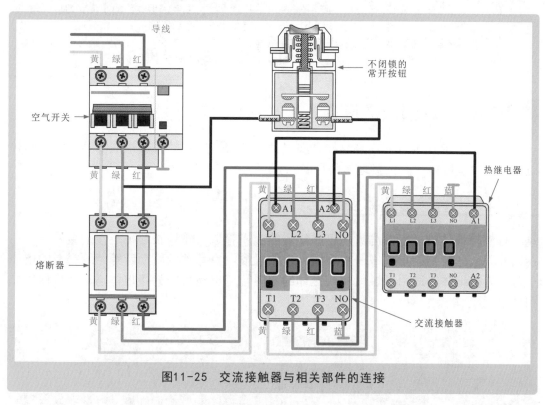

图11-25 交流接触器与相关部件的连接

交流接触器开关引脚和热继电器的连接完成后，将热继电器的输出端与电动机的供电线连接起来。图11-26所示为典型交流接触器的安装实例。

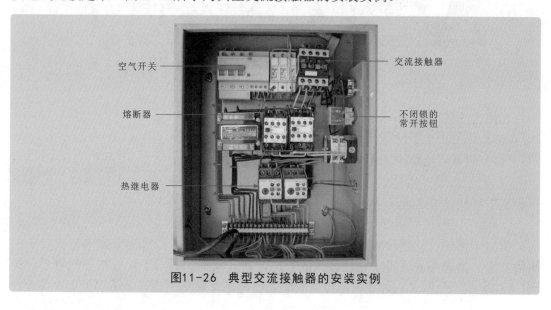

图11-26 典型交流接触器的安装实例

在安装交流接触器时，应注意以下四点。

（1）在确定交流接触器的安装位置时，应考虑以后检查和维修的方便性。

（2）在安装交流接触器时，应垂直安装，其底面与地面应保持平行。安装CJ0系列的交流接触器时，应使有孔的两面处于上下方向，以利于散热；应留有适当空间，以免烧坏相邻电器。

（3）安装孔的螺栓应装有弹簧垫圈和平垫圈，并拧紧螺栓，以免因振动而松脱。安装接线时，勿使螺栓、线圈、接线头等脱落，以免落入接触器内部而造成卡住或短路现象。

（4）安装完毕，检查接线正确无误后，应在主触点不带电的情况下，先使吸引线圈通电分合数次，检查其动作是否可靠。只有确认接触器处于良好状态，才可投入运行。

11.4 接地体安装

接地体是指直接与土壤接触的金属导体，是接地装置的重要组成部分。常见的接地体有自然接地体和人工接地体两种。

11.4.1 自然接地体安装

自然接地体包括直接与大地可靠接触的金属管道、建筑物与地连接的金属结构、钢筋混凝土建筑物的承重部分、金属外皮的电缆。包有黄麻、沥青等绝缘材料的电缆不可作为接地体，通用可燃气体或液体的金属管道也不可作为接地体。自然接地体如图11-27所示。

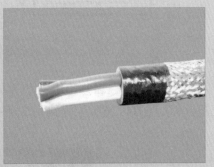

（a）建筑物的金属结构　　　　　（b）带金属外皮的电缆

图11-27　自然接地体

利用自然接地体时，应注意以下四点。

（1）应用不少于两根导体在不同接地点与接地线相连。

（2）在直流电路中，不应利用自然接地体接地。

（3）当自然接地体的接地阻值符合要求时，一般不再安装人工接地体，但发电厂和变电站及爆炸危险场所除外。

（4）当同时使用自然、人工接地体时，应分开设置测试点。

管道一类的自然接地体不能使用焊接的方式进行连接，应采用金属抱箍或夹头的压接方法。金属抱箍适用于管径较大的管道，而金属夹头适用于管径较小的管道，如图11-28所示。金属夹头与金属抱箍在安装之前需进行镀锡或镀锌等防锈处理。

接地线　　　　金属抱箍　　　　　　接地线 ←　　　金属夹头

金属管道　　跨接导线　　　　金属管道

图11-28　管道自然接地体的连接

在建筑物钢筋等金属体上连接接地线时，应采用焊接的方式进行连接，也允许采用螺钉压接，但必须先进行防锈处理。

补充说明

在安装接地体时，应尽量选择自然接地体进行连接，这样可以节约材料和费用。在自然接地体不能利用时，再选择人工接地体。

11.4.2　人工接地体安装

人工接地体应选用钢材制作，一般常用角钢、钢管、扁钢和圆钢作为人工接地体。而在有腐蚀性的土壤中，应使用镀锌钢材，或者增大接地体的尺寸。人工接地体的外形如图11-29所示。

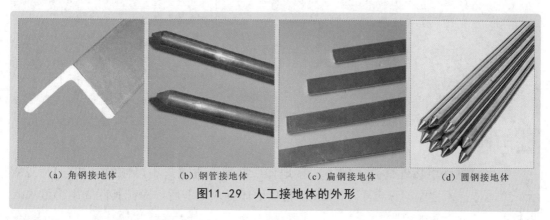

（a）角钢接地体　　　（b）钢管接地体　　　（c）扁钢接地体　　　（d）圆钢接地体

图11-29　人工接地体的外形

1　人工接地体的制作

对于垂直安装的人工接地体，角钢材料一般选用40mm×40mm×5mm或50mm×50mm×5mm两种规格，而钢管材料一般选用直径为50mm、壁厚不小于3.5mm的管材；对于水平安装的人工接地体，一般选用扁钢或圆钢，扁钢厚度一般不小于4mm，截面积不小于48mm²，圆钢的直径不小于8mm。

人工接地体长度应为2.5～3.5m。接地体下端呈尖角状，角钢的尖角应保持在角脊线上，尖点的两条斜边要求对称。钢管的下端应单面削尖，形成一个尖点便于安装时打入土中。接地体的上端部可与扁钢（40mm×4mm）或圆钢（直径16mm）进行焊接，用作接地体的加固，以及作为接地体与接地线之间的连接板，如图11-30所示。

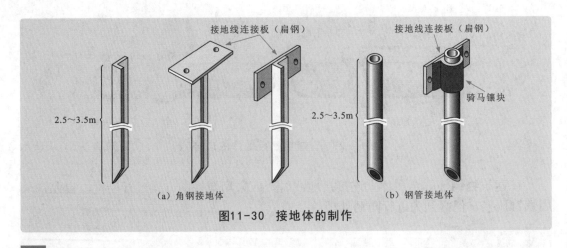

图11-30　接地体的制作

2　挖沟

接地体必须埋入地下一定的深度，才可以稳定电气设备的接地体，避免损坏。所以安装接地体之前需要沿着接地体的线路挖沟，以便打入接地体和敷设连接地线。通常沟深为0.8～1m，宽为0.5m，沟的上部稍宽，底部渐窄，若有石子应清除，如图11-31所示。

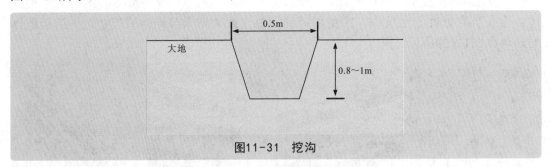

图11-31　挖沟

3　打桩

采用打桩法将接地体打入地下，接地体应与地面垂直，不可倾斜，如图11-32所示。接地体打入地面的深度不小于2m。将接地体打入地下后，应在其四周用土壤填入并夯实，以减小接触电阻。

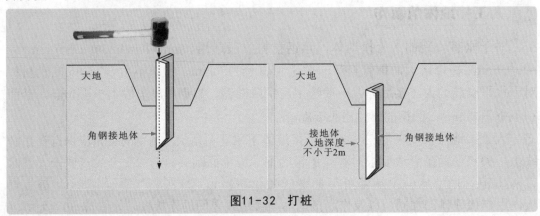

图11-32　打桩

对于接地要求较高并且接地设备较多的场所，可采用多极安装布置方式，除满足接地设备的数量外，还可以进一步降低接地电阻。图11-33为多极安装布置方式。多极接地或接地网的接地体之间应保持在2.5m以上的直线距离。

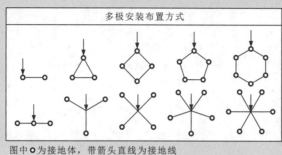

图中 ○ 为接地体，带箭头直线为接地线

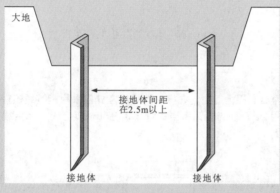

图11-33 多极安装布置方式

11.5 接地线安装

电气设备与接地体之间连接的金属导体称为接地线。

11.5.1 自然接地线安装

接地装置的接地线应尽量选用自然接地线，如建筑物的金属结构、配电装置的构架、配线用钢管（壁厚不小于1.5mm）、电力电缆的铅包皮或铝包皮、金属管道（1kV以下的电气设备可用，输送可燃液体或可燃气体的管道不得使用）。自然接地线如图11-34所示。

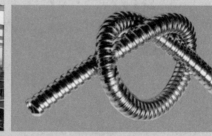

（a）筑物的金属结构　　　　（b）配线用软钢管

图11-34 自然接地线

利用自然接地线可以减少人工接地线的使用量，节省接地线的材料费用。自然接地线的流散面积很大，如果要为较多的设备提供接地需要时，则只要增加引接点，并将所有引接点连成带状或网状，每个引接点通过接地线与电气设备进行连接即可，如图11-35所示。

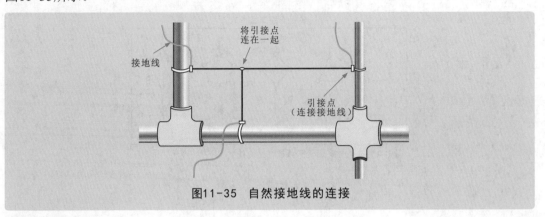

图11-35　自然接地线的连接

🔖 补充说明

在使用配线钢管作为自然接地线时，在接头的接线盒处应采用跨接线连接方式。当钢管直径在40 mm以下时，跨接线应采用6mm直径的圆钢；当钢管直径在50mm以上时，跨接线应采用25mm×24mm的扁钢，其连接如图11-36所示。

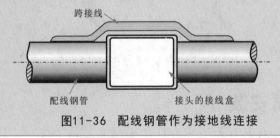

图11-36　配线钢管作为接地线连接

11.5.2 │ 人工接地线安装

1 接地线的选用

人工接地线通常使用铜、铝、扁钢或圆钢材料制成的裸线或绝缘线。常见的人工接地线如图11-37所示。

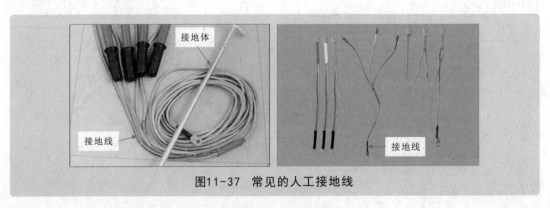

图11-37　常见的人工接地线

补充说明

用于输配电系统的工作接地线应满足下列要求。

（1）10kV避雷器的接地支线应采用多股导线，接地干线可选用铜芯或铝芯的绝缘电线或裸线，也可使用扁钢、圆钢或多股镀锌绞线，截面积不小于16mm²。

（2）用作避雷针或避雷线的接地线，截面积不应小于25mm²。接地干线通常用扁钢或圆钢，扁钢截面积不小于48mm²，圆钢直径不应小于6mm。

（3）配电变压器低压侧中性点的接地线要采用裸铜导线，截面积不小于35mm²；变压器容量在100kV·A以下时，接地线的截面积为25mm²。

电气设备金属外壳用保护接地支线的材质和规格见表11-1。

表11-1　电气设备金属外壳用保护接地支线的材质和规格

材料	接地线类别	最小截面积/mm²	最大截面积/mm²
铜	移动式电动工具引线的接地芯线	生活用：0.12	25
		日常用：1.0	
	绝缘铜线	1.5	
	裸铜线	4.0	
铝	绝缘铝线	2.5	35
	裸铝线	6.0	
扁钢	户内：厚度不小于3mm	24.0	100
	户外：厚度不小于4mm	48.0	
圆钢	户内：厚度不小于5mm	19.0	100
	户外：厚度不小于6mm	28.0	

2 接地干线的安装

接地干线是接地体之间的连接导线，或者是指一端连接接地体，另一端连接各接地支线的连接线。

1 接地干线与接地体的连接

接地干线与接地体采用焊接方式，焊接处添加镶块，增大焊接面积。如果没有条件使用焊接设备，也允许用螺钉压接，但接触面必须经过镀锌或镀锡等防锈处理，螺钉也要采用大于M12的镀锌螺钉。在有振动的场所，螺钉上应加弹簧垫圈，如图11-38所示。

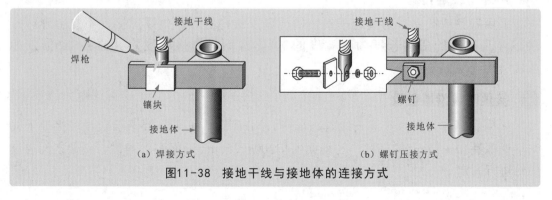

（a）焊接方式　　　　　　（b）螺钉压接方式

图11-38　接地干线与接地体的连接方式

◆ 补充说明

　　电力配电变压器接地线的连接点一般埋入地下600～700mm处，在接地干线引出地面2～2.5m处断开，再用螺钉压紧，以便检测接地电阻，如图11-39所示。

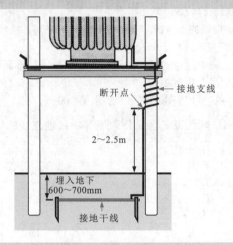

断开点
接地支线
2～2.5m
埋入地下
600～700mm
接地干线

图11-39　电力配电变压器接地干线的连接

② 多极接地和接地网接地体之间的连接

　　多极接地和接地网接地体之间接地干线的连接应安装在如图11-40所示的沟槽中，沟槽上应盖有沟盖。接地干线应埋入地下300mm处，并在地面标识出地线走向和连接点，便于检查维修。

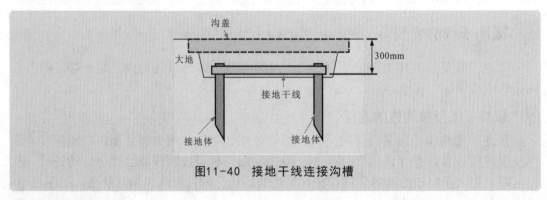

沟盖
大地
300mm
接地干线
接地体
接地体

图11-40　接地干线连接沟槽

③ 接地干线延长

　　采用扁钢或圆钢作为接地干线，需要延长时，必须用电焊焊接，不宜用螺钉压接，并且扁钢的搭接长度为其宽度的2倍，圆钢的搭接长度为其直径的6倍，如图11-41所示。

④ 接地干线沿墙敷设

　　采用扁钢作为室内接地干线时，如图11-42所示，可用支架沿墙敷设，接地干线与墙壁保持10～15mm的间距，与地面保持200～250mm的间距，扁钢与支架之间通过螺钉进行固定。

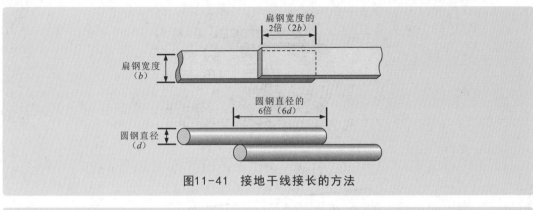

图11-41　接地干线接长的方法

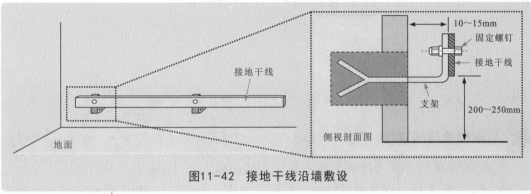

图11-42　接地干线沿墙敷设

3　接地支线的安装

① 配电箱接地支线的连接

接地支线是接地干线与设备接地点之间的连接线。电气设备都需要用一根接地支线与接地干线进行连接。如图11-43所示，在配电箱中，使用一根接地线（支线）将配电箱接地点与建筑主体接地干线进行连接。

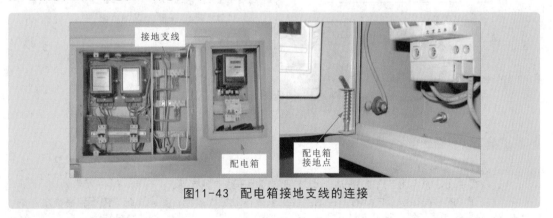

图11-43　配电箱接地支线的连接

② 电动机接地支线的连接

图11-44所示为电动机接地线（接地支线）的连接。若电动机所用的配线管路是金属管，则可作为自然接地体使用，从电动机引出的接地支线可直接连接到金属管上，再进行接地。

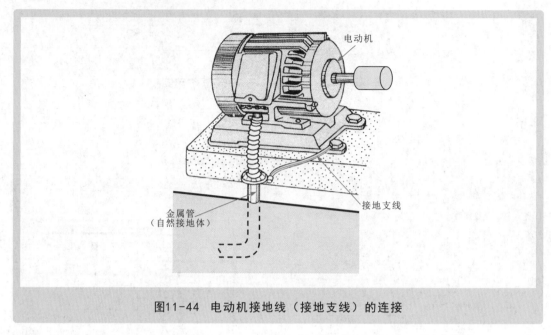

图11-44 电动机接地线（接地支线）的连接

③ 插座接地线的连接

插座的接地线必须由接地干线和接地支线组成，当安装6个以下的插座且总电流不超过30A时，接地干线的一端需要与接地体连接；当安装6个以上的插座时，接地干线的两端分别需要与接地体连接，如图11-45所示。插座的接地支线与接地干线之间应按T形连接法进行连接，连接处要用锡焊进行加固。

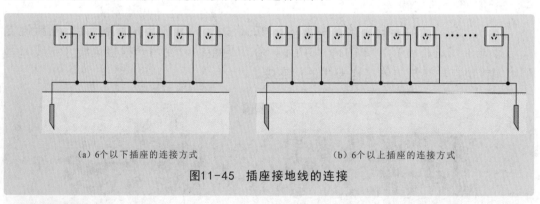

（a）6个以下插座的连接方式   （b）6个以上插座的连接方式

图11-45 插座接地线的连接

🎤 补充说明

接地支线的安装应注意以下六点。

（1）每台设备的接地点只能用一根接地支线与接地干线单独连接。

（2）在户内容易被触及的地方，接地支线应采用多股绝缘绞线；在户外或户内不容易被触及的地方，应采用多股裸绞线；移动电具从插头至外壳处的接地支线，应采用铜芯绝缘软线。

（3）接地支线与接地干线或电气设备连接点的连接处，应采用接线端子。

（4）铜芯的接地支线需要延长时，要用锡焊加固。

（5）接地支线在穿墙或楼板时，应套入配线管内加以保护，并且应与相线和中性线相区别。

（6）采用绝缘电线作为接地支线时，必须恢复连接处的绝缘层。

11.6 变配电设备安装

11.6.1 变配电室安装

小区的变配电室是配电系统中不可缺少的部分，也是供配电系统的核心。变配电室应架设在牢固的基座上，如图11-46所示。而且敷设的高压输电电缆和低压输电电线必须用金属套管进行保护，注意一定要在断电的情况下进行施工。

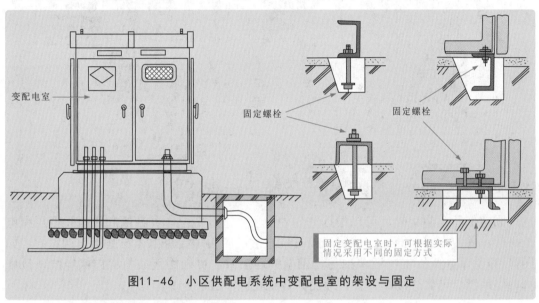

图11-46 小区供配电系统中变配电室的架设与固定

11.6.2 低压配电柜安装

在小区供配电系统中，低压配电柜一般安装在楼体附近，如图11-47所示。用于对送入的380V或220V交流低压进行进一步分配后，分别送入小区各楼宇中的各动力配电箱、照明（安防）配电箱及各楼层配电箱中。楼宇配电柜的安装、固定和连接应严格按照施工安全要求进行。

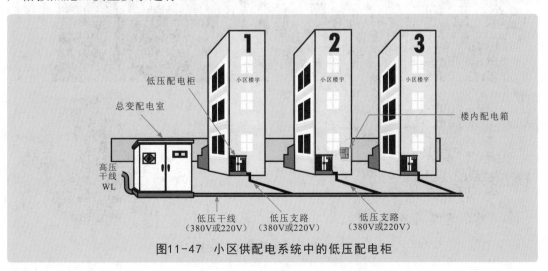

图11-47 小区供配电系统中的低压配电柜

对小区配电柜进行安装连接时，应先确认安装位置、固定深度及固定方式等，然后根据实际的需求，确定所有选配的配电设备、安装位置并以及安装数量等，如图11-48所示。

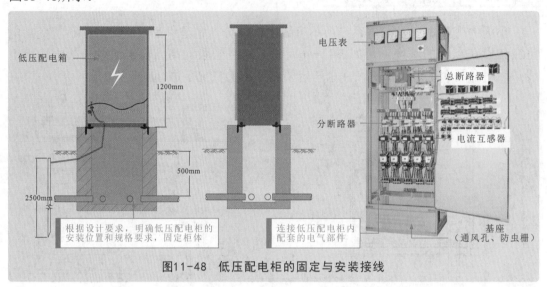

低压配电箱

1200mm

500mm

2500mm

根据设计要求，明确低压配电柜的安装位置和规格要求，固定柜体

连接低压配电柜内配套的电气部件

电压表

总断路器

分断路器

电流互感器

基座（通风孔、防虫栅）

图11-48　低压配电柜的固定与安装接线

固定低压配电柜时，可以根据它的外形尺寸进行定位，并使用起重机将低压配电柜吊起，并放在需要固定的位置。校正位置后，应用螺栓将柜体与基础型钢紧固，如图11-49所示。低压配电柜单独与基础型钢连接时，可采用铜线将柜内接地线或接地排与接地螺栓可靠连接，并且必须加弹簧垫圈进行防松处理。

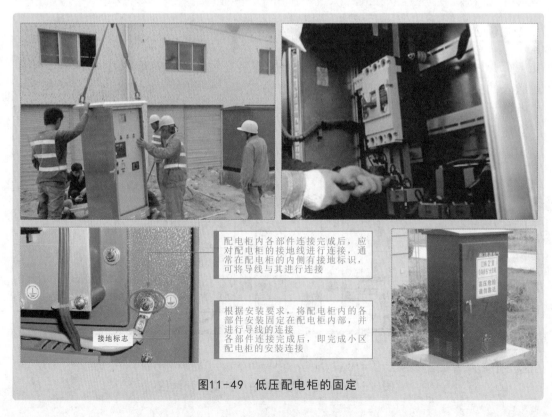

接地标志

配电柜内各部件连接完成后，应对配电柜的接地线进行连接，通常在配电柜的内侧有接地标识，可将导线与其进行连接

根据安装要求，将配电柜内的各部件安装固定在配电柜内部，并进行导线的连接各部件连接完成后，即完成小区配电柜的安装连接

图11-49　低压配电柜的固定

11.7　电力拖动设备安装连接

电力拖动设备的安装连接主要包括线缆敷设、设备安装及供电线缆连接三个主要环节。以水泵控制系统为例，图11-50所示为典型水泵控制系统的安装方案。

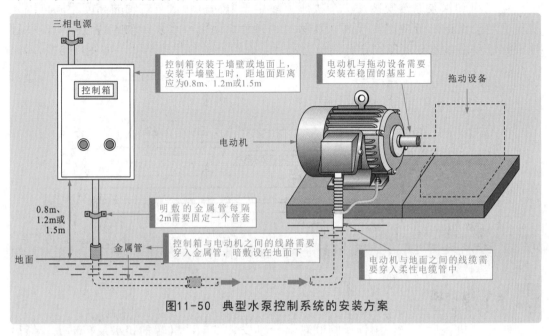

控制箱安装于墙壁或地面上，安装于墙壁上时，距离地面距离应为0.8m、1.2m或1.5m

电动机与拖动设备需要安装在稳固的基座上

拖动设备

三相电源

控制箱

电动机

0.8m、1.2m或1.5m

金属管

地面

明敷的金属管每隔2m需要固定一个管套

控制箱与电动机之间的线路需要穿入金属管，暗敷设在地面下

电动机与地面之间的线缆需要穿入柔性电缆管中

图11-50　典型水泵控制系统的安装方案

11.7.1　线缆敷设

首先对电动机与控制箱之间的线缆及控制箱的供电线缆进行敷设，为确保供电设备的安全性（包含防水、防尘），需对电路采取严格的防护措施，三相380V供电引线应穿入金属管进行敷设。图11-51所示为电动机、控制箱的线缆敷设连接。

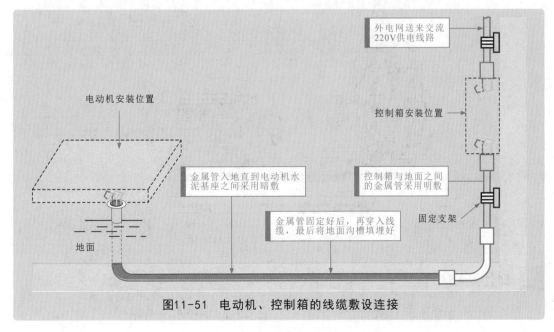

电动机安装位置

外电网送来交流220V供电线路

控制箱安装位置

金属管入地直到电动机水泥基座之间采用暗敷

控制箱与地面之间的金属管采用明敷

固定支架

金属管固定好后，再穿入线缆，最后将地面沟槽填埋好

地面

图11-51　电动机、控制箱的线缆敷设连接

11.7.2 安装电力拖动设备

1 制作机座

电动机和水泵通常安装在一个机座上，由于电动机和水泵转轴的高度不同，因此机座上电动机的部分要比水泵高（具体尺寸参考电动机和水泵转轴的高度差），并且要根据电动机和水泵底座固定孔的位置尺寸，在机座上打出安装孔，如图11-52所示。

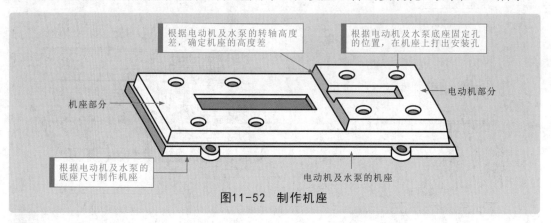

根据电动机及水泵的转轴高度差，确定机座的高度差

根据电动机及水泵底座固定孔的位置，在机座上打出安装孔

电动机部分

机座部分

根据电动机及水泵的底座尺寸制作机座

电动机及水泵的机座

图11-52 制作机座

2 安装电动机

制作好机座后，先使用锤子将联轴器分别安装到电动机转轴和水泵转轴上，然后使用吊装设备将电动机和水泵吊起放到机座上，如图11-53所示。对齐安装孔，拧入固定螺栓，使电动机与水泵固定到机座上。

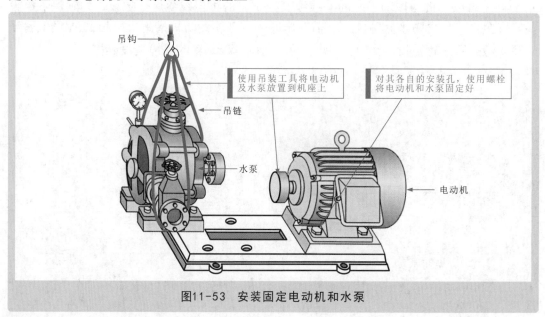

吊钩

使用吊装工具将电动机及水泵放置到机座上

对其各自的安装孔，使用螺栓将电动机和水泵固定好

吊链

水泵

电动机

图11-53 安装固定电动机和水泵

3 制作基础平台

电动机和水泵不能直接放置于地面上，应安装固定在水泥基础平台上。水泥基础

平台高出地面100～150mm，长、宽尺寸要比电动机和安装设备的机座尺寸多100～150mm，水泥基坑深度一般为地脚螺栓长度的1.5～2倍，以保证地脚螺栓有足够的抗震强度。

确定安装位置后，制作水泥基础平台，如图11-54所示。根据安装机座的长、宽大小，在指定位置开始挖掘基坑，挖到足够深度后，使用工具夯实坑底，然后在坑底铺一层石子，用水淋透并夯实，再注入水泥，同时将地脚螺栓埋入水泥中。根据机座的安装孔位置尺寸，调整好地脚螺栓的位置，并将露出地表的水泥座部分砌成梯形。

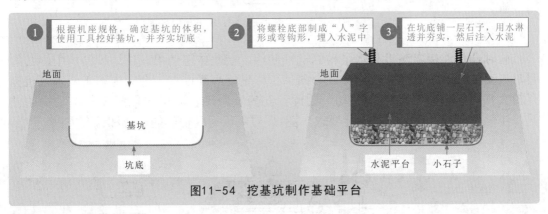

图11-54 挖基坑制作基础平台

4 固定机座

再次使用吊装设备，将电动机、水泵连同机座一起放到水泥基础平台上，注意机座安装孔要对齐螺栓，如图11-55所示。放置好机座后，使用扳手将螺母拧到螺栓上，使机座固定到水泥基础平台上。

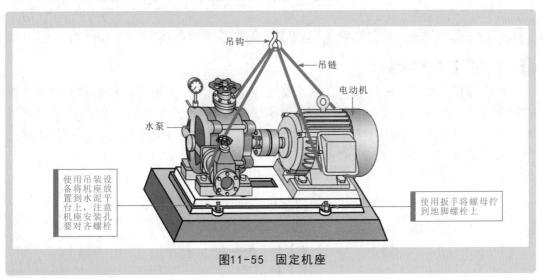

图11-55 固定机座

5 调整联轴器

联轴器是由两个法兰盘构成的，一个法兰盘与电动机转轴固定，另一个法兰盘与水泵转轴固定，将电动机转轴与水泵转轴的轴线位于一条直线后，再将两个法兰盘用螺栓固定为一体进行动力的传动。图11-56所示为联轴器的连接方法。

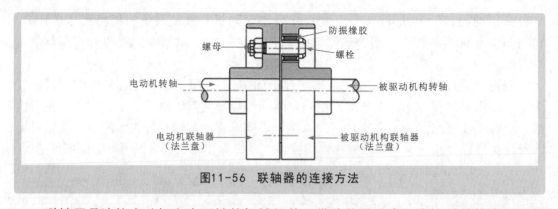

防振橡胶

螺母

螺栓

电动机转轴

被驱动机构转轴

电动机联轴器
（法兰盘）

被驱动机构联轴器
（法兰盘）

图11-56　联轴器的连接方法

　　联轴器是连接电动机和水泵轴的机械部件，借此传递动力。在这种结构中，必须要求电动机的轴与水泵的轴保持同心同轴。如果偏心度过大，会对电动机或水泵机构有较大损害，并会引起机械振动。因此，在安装联轴器时必须同时调整电动机的位置，使偏心度和平行度符合设计要求。图11-57所示为联轴器的连接和调整方法。

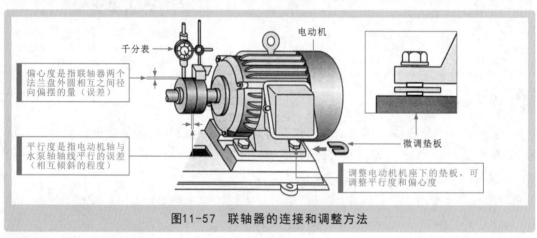

千分表

电动机

偏心度是指联轴器两个
法兰盘外圆相互之间径
向偏摆的量（误差）

平行度是指电动机轴与
水泵轴轴线平行的误差
（相互倾斜的程度）

微调垫板

调整电动机机座下的垫板，可
调整平行度和偏心度

图11-57　联轴器的连接和调整方法

1　偏心度误差的调整

　　将电动机与水泵安装好后，在两个法兰盘中先插入一个螺栓，然后将千分表支架固定在任意一个法兰盘上，如法兰盘B测量法兰盘A外圆在转动一周时的跳动量（误差值），同时对电动机的安装垫板进行微调，使误差在允许的范围内，注意偏心度为千分表读数的1/2。图11-58所示为偏心度误差的调整方法。

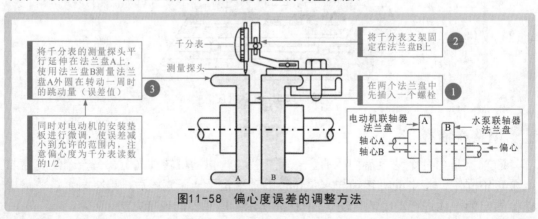

将千分表的测量探头平
行延伸在法兰盘A上，
使用法兰盘B测量法兰
盘A外圆在转动一周时
的跳动量（误差值）

千分表

将千分表支架固
定在法兰盘B上　②

测量探头

在两个法兰盘中
先插入一个螺栓　①

同时对电动机的安装垫
板进行微调，使误差减
小到允许的范围内，注
意偏心度为千分表读数
的1/2

电动机联轴器
法兰盘

水泵联轴器
法兰盘

轴心A

轴心B

偏心

图11-58　偏心度误差的调整方法

2 平行度误差的调整

平行度是指测量两个法兰盘端面相互之间的偏摆量，即平行度为千分表读数的1/2。如果偏差较大，则需通过调整电动机的倾斜度（调垫板）和水平方位使两轴平行。图11-59所示为平行度误差的精密调整方法。

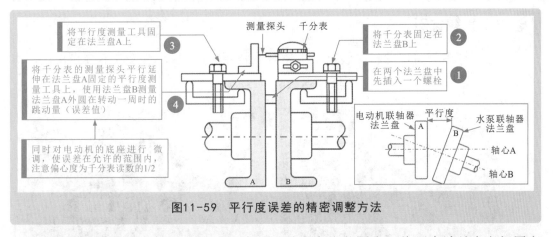

图11-59 平行度误差的精密调整方法

确定两个法兰盘的偏心度和平行度的误差在允许范围内，将两个法兰盘之间固定螺栓的螺母拧紧，完成联轴器的连接与调整。

补充说明

若在安装联轴器的过程中没有千分表等精密测量工具，则可以通过量规和测量板对两个法兰盘的偏心度和平行度进行简易调整，使其符合联轴器的安装要求。

11.7.3 供电线缆连接

将电动机固定好后，就需要将供电线缆的三根相线连接到三相异步电动机的接线柱上。普通电动机一般将三相端子共6根导线引出到接线盒内。电动机的接线方法一般有两种，分别是星形（Y）接法和三角形（△）接法，如图11-60所示。将三相异步电动机的接线盖打开，在接线盖内侧标有该电动机的接线方式。

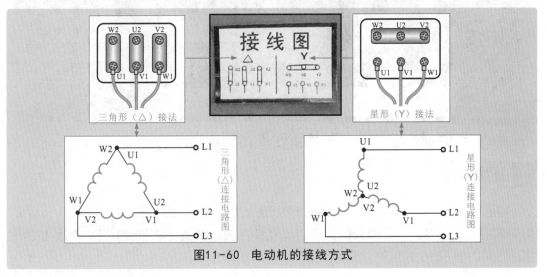

图11-60 电动机的接线方式

💡 **补充说明**

　　我国小型电动机的有关标准规定，3kW以下的单相电动机，其接线方式为三角形（△）接法，而三相电动机，其接线方式为星形（Y）接法；3kW以上的电动机，当所接电压为380V时，接线方式为三角形（△）接法。

1　拆下接线盒盖

　　使用螺钉旋具将电动机接线盒盖上的4颗固定螺钉拧下，然后取下接线盒盖，即可看到内部的接线柱，如图11-61所示。

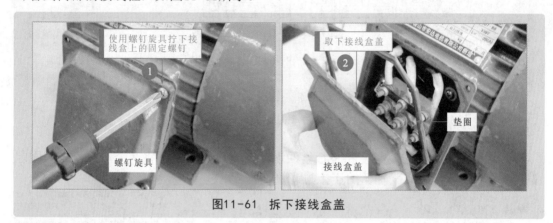

图11-61　拆下接线盒盖

2　查看连接方式

　　取下三相异步电动机接线盒盖后，在其内侧可找到接线图，对照电动机接线柱可知该电动机采用的是星形（Y）接线方式，如图11-62所示。

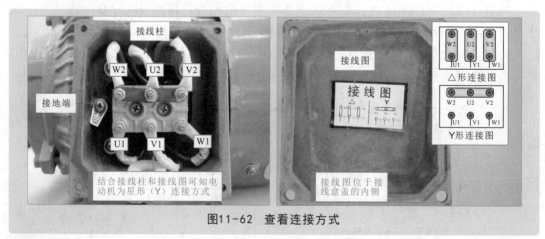

图11-62　查看连接方式

3　连接线缆

　　根据星形（Y）接线方式，将三根相线（L1、L2、L3）分别与接线柱（U1、V1、W1）进行连接，如图11-63所示。将线缆内的铜芯缠绕在接线柱上，然后将紧固螺母拧紧。

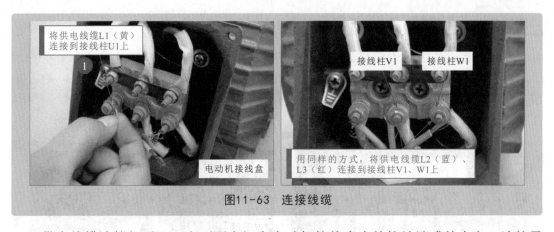

图11-63　连接线缆

供电线缆连接好后，一定不要忘记在电动机接线盒内的接地端或外壳上，连接导电良好的接地线，如图11-64所示。没有连接接地线，在电动机运行时，可能会由于电动机外壳带电引发触电事故。

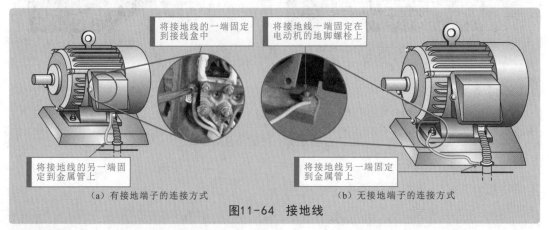

（a）有接地端子的连接方式　　　　　　　（b）无接地端子的连接方式

图11-64　接地线

11.8 控制箱的安装连接

11.8.1 控制箱的安装

将电动机安装好后，接下来需要对控制箱进行安装固定。如图11-65所示，在规划好的位置，将控制箱固定在墙面上，确保控制箱与地面保持水平，若由于环境不能与地面保持水平，其倾斜度也不可以超过5°，并且要做好防水措施。

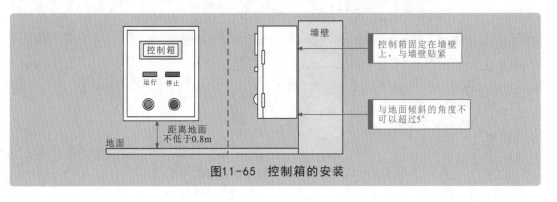

图11-65　控制箱的安装

11.8.2 控制部件的安装

在对控制部件进行安装布局时，应根据控制流程排序并遵循排列整齐、美观的原则，可靠地安装，必须安装在特定位置上的器件一定要安装在指定的位置上，如手动控制开关（按钮）、指示灯和测量器件等，可以安装在控制箱的门上，以方便操作和观察，如图11-66所示。

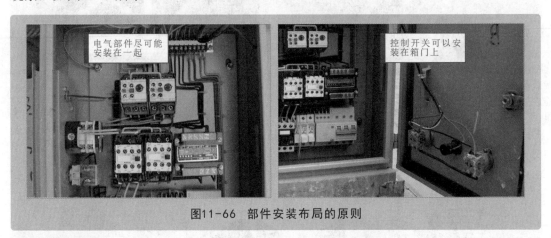

图11-66 部件安装布局的原则

补充说明

对发热的电气部件进行布局时，应考虑散热效果及对其他器件的影响，必要时还可以进行隔离或采用风冷措施。

图11-67所示为控制电路与接线图的对照关系。根据控制电路，按操作规程完成各电气部件及控制部件之间的连接即可。

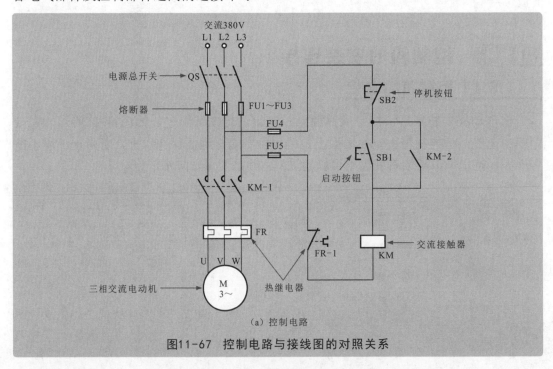

图11-67 控制电路与接线图的对照关系

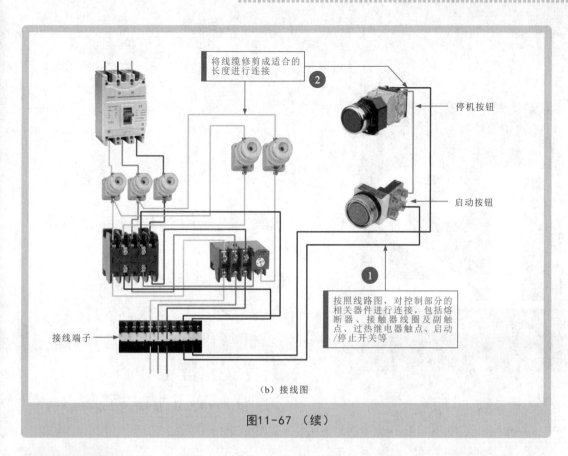

将线缆修剪成适合的长度进行连接 ②

停机按钮

启动按钮

① 按照线路图，对控制部分的相关器件进行连接，包括熔断器、接触器线圈及副触点、过热继电器触点、启动/停止开关等

接线端子 ←

（b）接线图

图11-67 （续）

补充说明

在对控制部件进行连接时，导线应平直、整齐，连接方式应合理。所有导线从一个端子到另一个端子进行连接时，应是连续的，中间不可以有接头，并且所有的导线连接必须牢固，不能松动。

另外，在连接控制箱内的电气部件时，还应遵循以下原则。

（1）若控制箱内电气部件之间的连接采用的是线槽配线，则线槽内的连接导线不应超过线槽容积的70%，以便安装与维修。

（2）一个接线端子上连接导线的数量不得超过两根。

（3）对于较为复杂的电路，可以将连接导线的两端安装套管，并对其进行编码，方便日后的维护或调整。

第1章 第2章 第3章 第4章 第5章 第6章 第7章 第8章 第9章 第10章 第11章 第12章 第13章 第14章 第15章 第16章

12

本章系统介绍供配电线路
及检修。

● 供配电线路的特点
◇ 高压供配电线路的特点
◇ 低压供配电线路的特点
● 常见供配电线路
◇ 10kV高压配电柜供配电
线路
◇ 高低压配电开关设备供
配电线路
◇ 工厂高压供配电线路
◇ 低压设备供配电线路
◇ 三相双电源自动互供供
配电线路
◇ 楼层配电箱供配电线路
● 供配电线路检修
◇ 高压供配电线路检修
◇ 低压供配电线路检修

第12章

供配电线路及检修

12.1 供配电线路的特点

12.1.1 高压供配电线路的特点

图说帮

微视频讲解"高压供配电线路的结构"

高压供配电线路是指6～10kV的供电和配电线路，主要实现将电力系统中的35～110kV供电电压降低为6～10kV的高压配电电压，并供给高压配电站、车间变电站和高压用电设备等。

高压供配电线路是由各种高压供配电器件和设备组合连接形成的。电气设备的接线方式和连接关系都可以利用电路图表示，如图12-1所示。

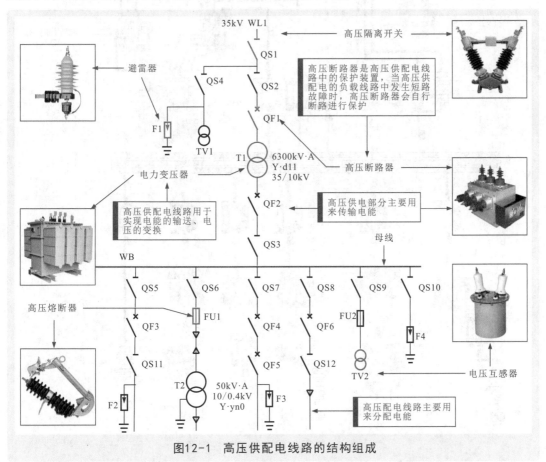

图12-1 高压供配电线路的结构组成

补充说明

　　在图12-1中，单线连接表示高压电气设备的一相连接方式，另外两相被省略，这是因为三相高压电气设备中三相接线方式相同，即其他两相接线与这一相接线相同。这种高压供配电线路的单线电路图主要用于供配电线路的规划与设计，有关电气数据的计算、选用、日常维护、切换回路等的参考，了解一相线路，就等于知道了三相线路的结构组成等信息。

　　如图12-2所示，高压供配电线路是高压供配电设备按照一定的供配电控制关系连接而成的。

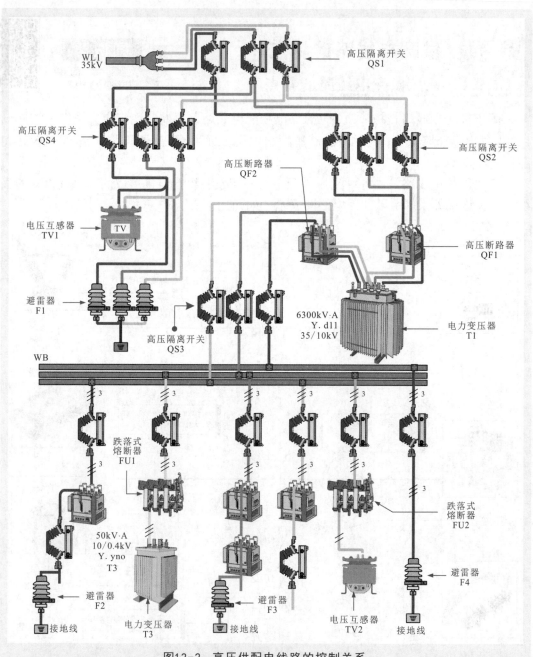

图12-2　高压供配电线路的控制关系

补充说明

供配电电路作为一种传输、分配电能的电路，与一般的电工电路有所区别。在通常情况下，供配电电路的连接关系比较简单，电路中电压或电流传输的方向也比较单一，基本上都是按照顺序关系从上到下或从左到右传输，而且大部分组成器件只是简单地实现接通与断开两种状态，没有复杂的变换、控制和信号处理过程。

12.1.2 | 低压供配电线路的特点

低压供配电线路是指380V/220V的供电和配电线路，主要实现对交流低压的传输和分配。

低压供配电线路主要由各种低压供配电器件和设备按照一定的控制关系连接构成。图12-3所示为典型低压供配电线路的结构组成。

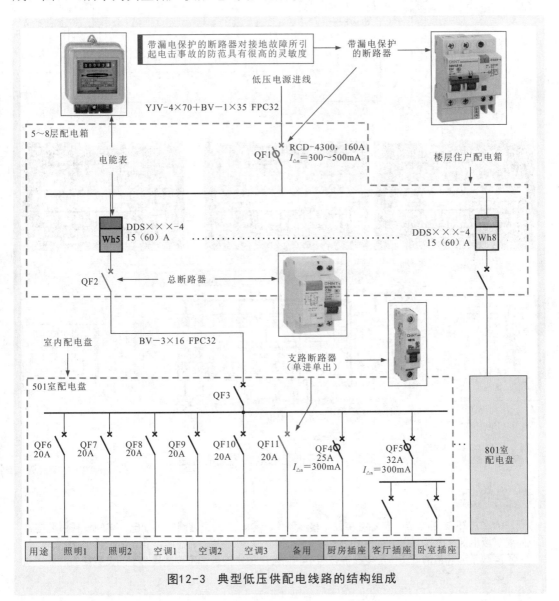

图12-3 典型低压供配电线路的结构组成

低压供配电电路具有将供电电源向后级层层传递的特点，如图12-4所示。

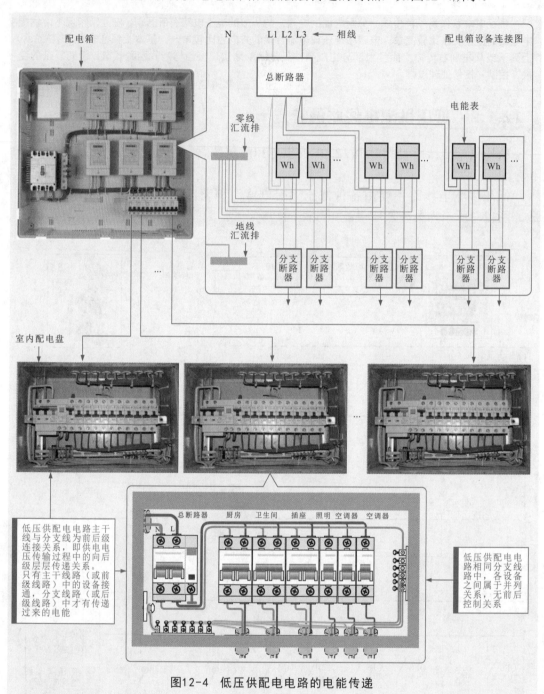

图12-4　低压供配电电路的电能传递

　　380V/220V供电的场合，包括各种住宅楼照明供配电、公共设施照明供配电、车间设备供配电、临时建筑场地供配电等。

　　不同数量和规格的低压供配电器件按照不同供配电要求连接，可构成具有不同负载能力的低压供配电电路。

12.2 常见供配电线路

12.2.1 10kV高压配电柜供配电线路

图12-5所示为10kV高压配电柜供配电线路。

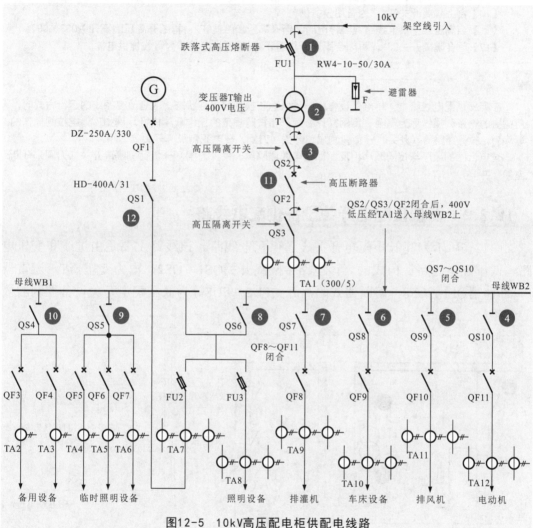

图12-5 10kV高压配电柜供配电线路

【1】合上跌落式高压熔断器FU1，10kV高压经架空线送入电力变压器T的输入端。

【2】电力变压器T输出端输出400V（3相380V）的低压。

【3】先合上隔离开关QS2、QS3，再闭合断路器QF2，400V低压经QS2、QF2、QS3及电流互感器TA1送入母线WB2上。母线WB2上连接了多个支路。

【4】合上隔离开关QS10和断路器QF11后，400V低压经QS10、QF11和电流互感器TA12为电动机进行供电。

【5】合上隔离开关QS9和断路器QF10后，400V低压经QS9、QF10和电流互感器TA11为排风机进行供电。

【6】合上隔离开关QS8和断路器QF9后，400V低压经QS8、QF9和电流互感器TA10为车床设备进行供电。

【7】合上隔离开关QS7和断路器QF8后，400V低压经QS7、QF8和电流互感器TA9为排灌机设备进行供电。

【8】合上隔离开关QS6后，母线WL2与母线WL1连接。

【9】合上隔离开关QS5，为临时照明设备供电。

【10】合上隔离开关QS4，为备用设备供电。

【11】当高压架空供电线路故障停电时，断开高压断路器QF2，再断开高压隔离开关QS3、QS2。

【12】闭合隔离开关QS1，再闭合高压断路器QF1，接通发电机，为母线提供电能。

补充说明

在高压供配电线路中，将电气设备由一种状态转换到另一种状态，或者改变系统的运行方式时，所需要的一系列操作称为倒闸。倒闸操作必须严格按照规范的操作顺序执行。例如，停电拉闸操作的顺序为：拉开断路器（开关）→负荷侧隔离开关（刀闸）→电源侧隔离开关（刀闸）。

送电合闸的顺序与拉闸顺序相反，即合电源侧隔离开关（刀闸）→负荷侧隔离开关（刀闸）→断路器（开关）。

12.2.2 │ 高低压配电开关设备供配电线路

图12-6所示为高低压配电开关设备供配电线路。该线路主要是由进线和变压电路、低压配电线路等构成的。该电路中隔离开关QS1、QS2，电力变压器T，避雷器F，断路器QF1～QF8，熔断器式隔离开关FU2～FU8等为低压配电开关设备控制的核心元件。

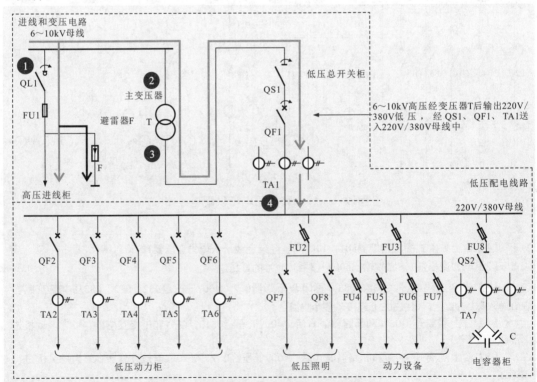

图12-6 高低压配电开关设备供配电线路

【1】在6～10kV母线的进线处设置有避雷器F，合上高压负荷隔离开关QL1，便可将F连入母线中。

【2】6～10kV高压送入电力变压器T的输入端。

【3】电力变压器T输出端输出220V/380V低压。

【4】合上隔离开关QS1、断路器QF1后，220V/380V低压经QS1、QF1和电流互感器TA1送入220V/380V 母线中。

12.2.3 | 工厂高压供配电线路

工厂高压供配电线路是一种为工厂车间供电的配线系统，设置有多个高压开关设备，如高压断路器、高压隔离开关等，可以控制电路的通、断，为车间的用电设备供电。图12-7所示为工厂高压供配电线路。

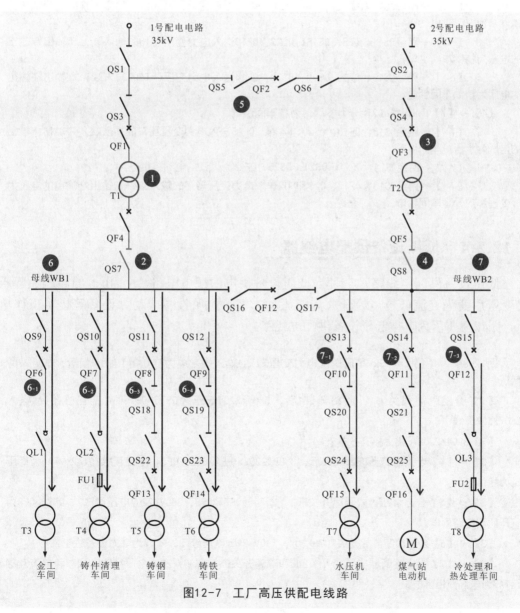

图12-7　工厂高压供配电线路

【1】1号配电线路中，35kV高压经高压隔离开关QS1和QS3、高压断路器QF1送入电力变压器T1的输入端。

【1】→【2】电力变压器T1降压后输出6kV高压，经高压断路器QF4和高压隔离开关QS7送到6kV母线WB1上。

【3】2号配电电路与1号电路结构相同，35kV高压经高压隔离开关QS2和QS4、高压断路器QF3送入电力变压器T2的输入端。

【3】→【4】电力变压器T2降压后输出6kV高压，经高压断路器QF5和高压隔离开关QS8送入6kV母线WB2上。

【5】当1号配电电路或2号配电线路中有一路出现故障、电力变压器T1或T2出现故障时，便可以闭合高压隔离开关QS5、QS6、QS16、QS17，高压断路器QF2、QF12，使电路互相供电，保证电路稳定。

【2】→【6】6kV母线WB1分为多路，为各车间供电。

【6-1】一路经QS9、QF6和QL1送入T3的输入端，T3输出端输出的电压为金工车间供电。

【6-2】一路经QS10、QF7、QL2和FU1送入电力变压器T4的输入端，T4输出端输出的电压为铸件清理车间供电。

【6-3】一路经QS11、QF8、QS18、QS22、QF13送入电力变压器T5的输入端，T5输出端输出的电压为铸钢车间供电。

【6-4】一路经QS12、QF9、QS19、QS23、QF14送入电力变压器T6的输入端，T6输出端输出的电压为铸铁车间供电。

【4】→【7】6kV母线WB2也分为多路，为各车间供电。

【7-1】一路经QS13、QF10、QS20、QS24、QF15送入电力变压器T7的输入端，T7输出端输出的电压为水压机车间供电。

【7-2】一路经QS14、QF11、QS21、QS25、QF16为煤气站电动机供电。

【7-3】一路经QS15、QF12、QL3和FU2送入电力变压器T8的输入端，T8输出端输出的电压为冷处理和热处理车间供电。

12.2.4 低压设备供配电线路

　　低压设备供配电线路是一种为低压设备供电的配电电路，6～10kV的高压经降压器变压后变为交流低压，经开关为低压动力柜、照明设备或动力设备等提供工作电压。图12-8所示为典型低压设备供配电线路。

图12-8中，【1】6～10kV高压送入电力变压器T的输入端。电力变压器T输出端输出380V/220V低压。

【2】合上隔离开关QS1、断路器QF1后，380V/220V低压经QS1、QF1和电流互感器TA1送入380/220V母线中。

【3】380V/220V母线上接有多条支路。

【3】→【4】合上断路器QF2～QF6后，380V/220V电压经QF2～QF6、电流互感器TA2～TA6为低压动力柜供电。

【3】→【5】合上熔断器式隔离开关FU2、断路器QF7和QF8，380V/220V电压经FU2、QF7、QF8为低压照明电路供电。

【3】→【6】合上熔断器式开关FU3～FU7，380V/220V电压经FU3～FU7为动力设备供电。

【3】→【7】合上熔断器式隔离开关FU8和隔离开关QS2，380V/220V电压经FU8、QS2和电流互感器TA7为电容器柜供电。

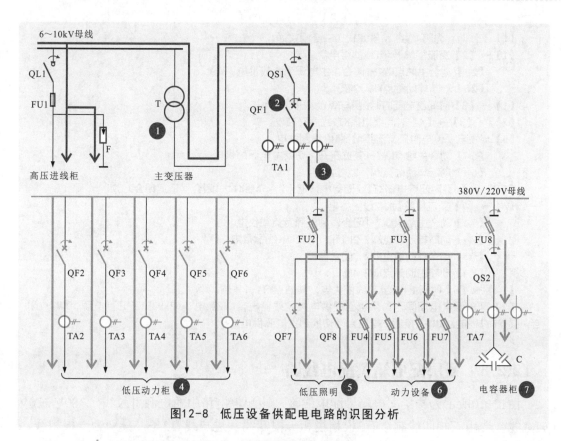

图12-8　低压设备供配电电路的识图分析

12.2.5 | 三相双电源自动互供供配电线路

图12-9所示为一种三相双电源自动互供供配电线路，该电路是由主电源和副电源两套供电系统（三相四线制）构成的。当主电源发生故障或停电时，自动切换到副电源，使负载能正常供电。

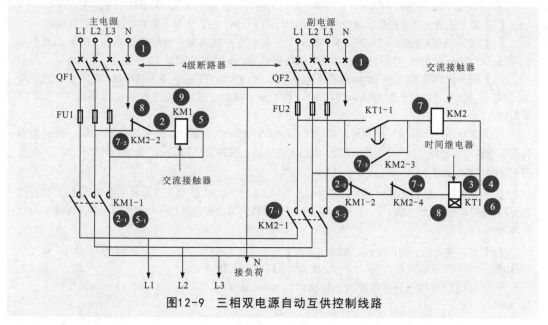

图12-9　三相双电源自动互供控制线路

【1】工作时，先将4级断路器QF1、QF2合闸接通。

【1】→【2】交流接触器KM1线圈得电。

　　【2-1】动合主触点KM1-1闭合，主电源为负载供电。

　　【2-2】动断辅助触点KM1-2断开。

【1】→【3】时间继电器KT1线圈与KM1线圈同时得电。

【2-2】+【3】→【4】时间继电器KT1线圈又断电。

【5】当主电源停电时，交流接触器KM1线圈失电。

　　【5-1】动合主触点KM1-1复位断开，切断主电源的供电。

　　【5-2】动断辅助触点KM1-2复位闭合。

【5-2】→【6】时间继电器KT1线圈得电，延迟2～5s后KT1-1闭合（延迟闭合）。

【6】→【7】交流接触器KM2线圈得电。

　　【7-1】动合主触点KM2-1闭合，副电源为负载供电。

　　【7-2】动断辅助触点KM2-2断开，防止KM1线圈得电。

　　【7-3】动合辅助触点KM2-3闭合自锁。

　　【7-4】动断辅助触点KM2-4断开。

【7-4】→【8】时间继电器KT1线圈失电，其触点KT1-1复位。

【9】副电源供电期间，如果也出现供电失常或停电，KM2断电，使KM2-1断开副电源，KM2-2闭合，又使KM1得电，KM1-1接通，电路自动切换到主电源供电。

12.2.6 | 楼层配电箱供配电线路

图12-10所示为楼层配电箱供配电线路。该配电电路中的电源引入线（380V/220V架空线）选用三相四线制，有3根相线和一根零线。进户线有3条，分别为一根相线、一根零线和一根地线。

【1】一个楼层一个单元有两个用户，将进户线分为两条，每一条都经过一个电度表DD862 5（20）A，经电度表后分为3路。

【2】一路经断路器C45N-60/2（6A）为照明灯供电。

另外两路分别经断路器C45N-60/1（10A）后，为客厅、卧室、厨房和阳台的插座供电。

【3】此外还有一条进户线经两个断路器C45N-60/2（6A）后，为地下室和楼梯的照明灯供电。

【4】进户线规格为BX（3×25+1×25SC50），表示进户线为铜芯橡胶绝缘导线（BX）。其中，3根截面积为25mm^{2}的相线，1根25mm^{2}的零线，采用管径为50mm的焊接钢管（SC）敷设。

【5】同一层楼不同单元门的线路规格为BV（3×25+2×25）SC50，表示该线路为铜芯塑料绝缘导线（BV）。其中，3根截面积为25mm^{2}的相线，2根25mm^{2}的零线，采用管径为50mm的焊接钢管（SC）穿管敷设。

【6】某一用户照明线路的规格为WL1 BV（2×2.5）PC15WC，表示该线路的编号为WL1，线材类型为铜芯塑料绝缘导线（BV），2根截面积为2.5mm^{2}的导线，采用管径为15mm的硬塑料导管（PC15）暗敷设在墙内（WC）。

【7】某客厅、卧室插座线路的规格为WL2 BV（3×6）PC15WC，表示该线路的编号为WL2，线材类型为铜芯塑料绝缘导线（BV），3根截面积为6mm^{2}的导线，采用管径为15mm的硬塑料导管（PC15）暗敷设在墙内（WC）。

【8】每户使用独立的电度表，电度表规格为DD862 5（20）A，第一个字母D表示电度表；第二个字母D表示为单相；862为设计型号，5（20）A表示额定电流为5～20A。

【9】住宅楼设有一只总电度表，规格标识为DD862 10（40）A，10（40）A表示额定电流，为10～40A。

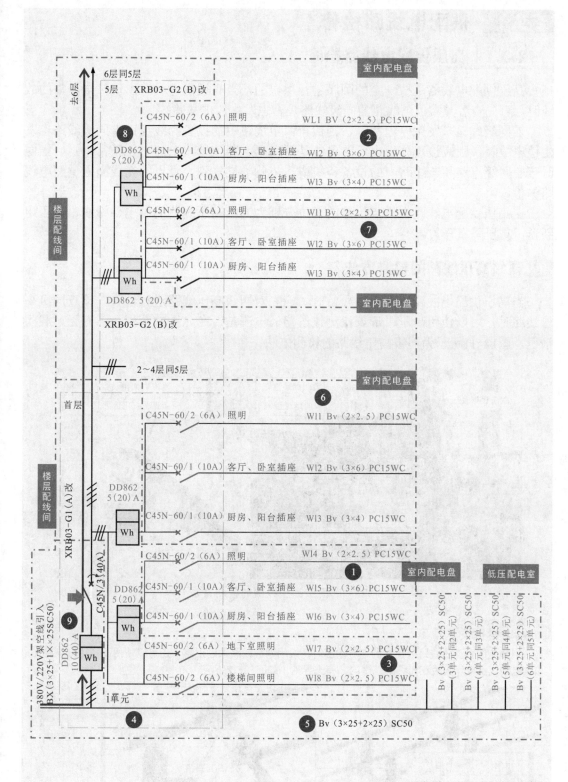

图12-10　楼层配电箱供配电线路

12.3 供配电线路检修

12.3.1 高压供配电线路检修

高压供配电线路是按一定的顺序进行供电的，当高压供电线路出现供电异常的故障时，可先查看异常供电线路的同级线路是否也发生停电故障。

若同级线路未发生停电故障，则检查停电线路中的设备和线缆；若同级线路也发生停电故障，则应检查分配电压的母线是否有电。若该母线上的电压正常，则应当同时查看同级电路和该线路上的设备和线缆，依此类推找到故障点，完成高压供配电线路的检修。

在高压供配电线路中重点检修的部位分别为同级高压线路的供电、母线、高压熔断器、高压隔离开关。

1 同级高压线路的检修方法

当高压供配电线路出现供电异常时，应先对同级高压线路进行检查。检查同级高压线路时，可以使用高压钳形表检测该线路的电流是否在允许的范围内，有无过载的情况。图12-11所示为同级高压线路的检测方法。

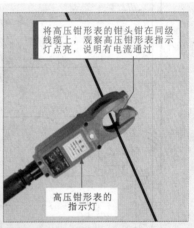

高压钳形表

在使用高压钳形表检测同级高压线路时，应当佩戴绝缘手套，并且单手持高压钳形表的绝缘手柄

将高压钳形表的钳头钳在同级线缆上，观察高压钳形表指示灯点亮，说明有电流通过

高压钳形表的指示灯

图12-11 同级高压线路的检测方法

补充说明

当确定同级高压线路有正常的电压输出时，说明同级线路供电正常。还可以使用高压钳形表检测该供电线缆上电流是否在允许的范围内，有无异常，如图12-12所示。

停电线路
供电线缆

使用高压钳形表检查停电线路上的电流是否正常

高压钳形表

将高压钳形表的钳头钳在停电的供电线缆上，经检测高压钳形表指示灯无反应，则说明该供电线缆上无电流通过

图12-12 检测供电线路的电流

2 母线的检修方法

若所有的支路输出都不正常，应对母线进行检查。首先检查母线的连接端有无断路、损坏等，其次检查母线有无明显的锈蚀，以及是否有短路和断路等情况，如图12-13所示。

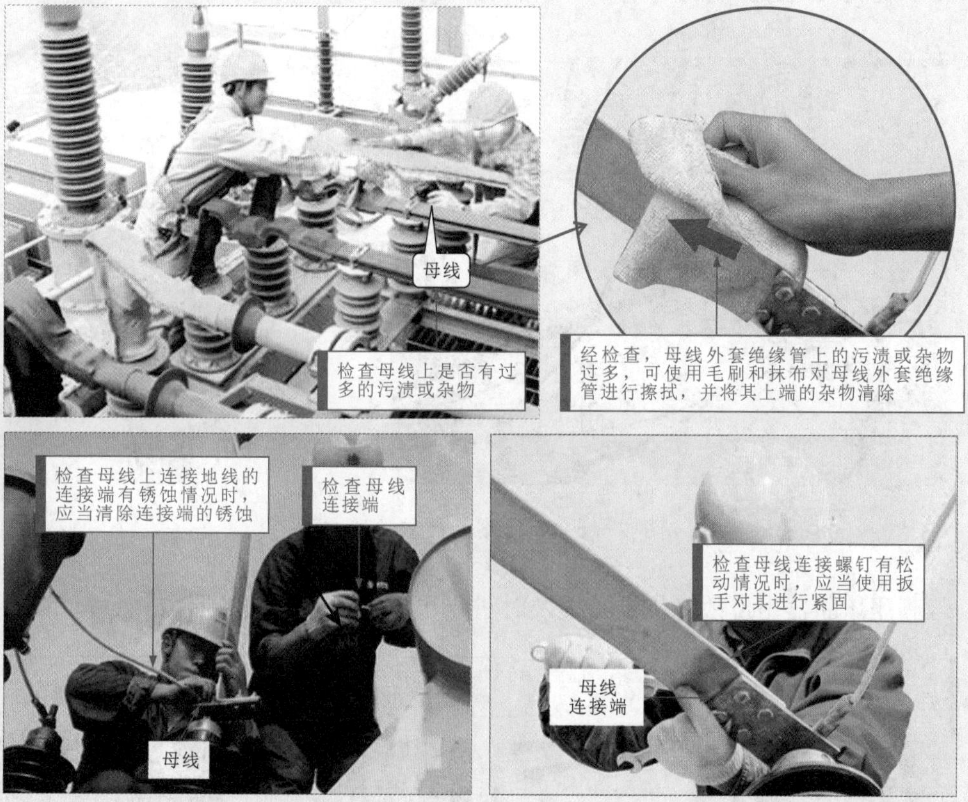
母线
检查母线上是否有过多的污渍或杂物
经检查，母线外套绝缘管上的污渍或杂物过多，可使用毛刷和抹布对母线外套绝缘管进行擦拭，并将其上端的杂物清除
检查母线上连接地线的连接端有锈蚀情况时，应当清除连接端的锈蚀
检查母线连接端
母线
检查母线连接螺钉有松动情况时，应当使用扳手对其进行紧固
母线连接端

图12-13 母线的检修方法

补充说明

在对高压线路进行检修操作前，应当将电路中的高压断路器和高压隔离开关断开，并且放置安全警示牌，用于提示，如图12-14所示，防止其他人员合闸，导致人员伤亡。

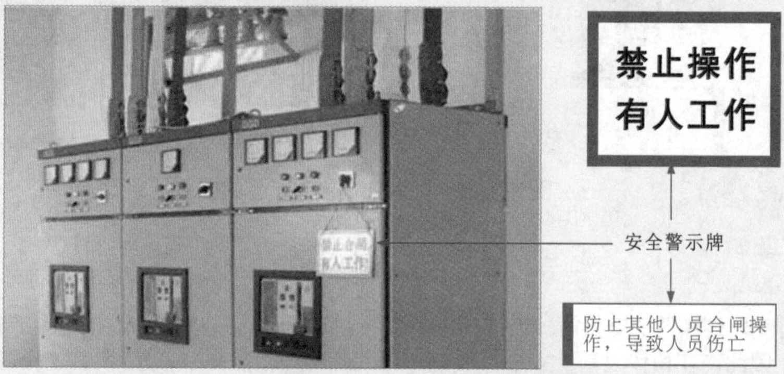
禁止操作
有人工作
安全警示牌
防止其他人员合闸操作，导致人员伤亡

图12-14 进行高压检修时应当放置警示牌

3 高压熔断器的检修方法

在高压供配电线路的检修过程中，若供电线路正常，则可以进一步检查高压熔断器是否正常。

对高压供电线路中的高压熔断器进行检查之前，可先进行观察，若发现高压熔断器表面出现裂纹，并且有击穿现象，则表明该高压熔断器损坏，如图12-15所示。

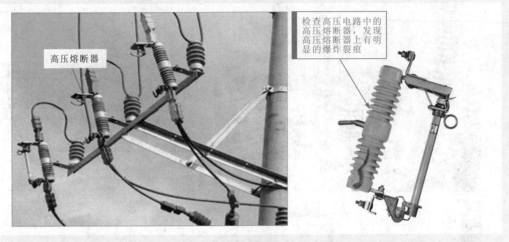

图12-15　高压熔断器的检测方法

若高压熔断器出现故障，则需要及时进行更换。更换方法如图12-16所示。

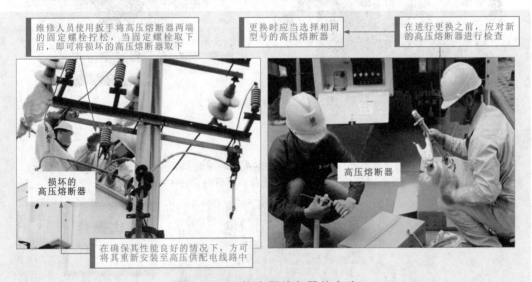

图12-16　更换高压熔断器的方法

📝 补充说明

在进行高压熔断器的更换时，断开高压断路器和高压隔离开关后，可能无法将高压线缆中原有的电荷释放。因此，在操作之前，应进行放电，再消除静电，如图12-17所示。这样可以将高压线缆中剩余的电荷通过接地进行释放，以防止对维修人员造成人身伤害。

补充说明

绝缘棒

绝缘棒又称绝缘拉杆，主要用来闭合或拉开高压隔离开关，以及进行测量和试验时使用

图12-17 使用绝缘棒进行绝缘

4 高压电流互感器的检修方法

如果检查发现高压熔断器发生损坏，出现熔断现象，则说明该线路中发生了过电流情况，应当继续对相关的器件进行检查，如高压电流互感器。通常可直接观察高压电流互感器的表面是否正常，有无明显损坏的迹象，若发现高压电流互感器上带有黑色烧焦痕迹，并有电流泄漏现象，说明其内部发生损坏，失去电流的检测与保护作用，当线路中电流过大时不能进行保护，导致高压熔断器熔断。

高压电流互感器的检测方法如图12-18所示。

对高压电流互感器进行检查，经检查发现高压电流互感器上带有黑色烧焦痕迹，并有电流泄漏现象

高压电流互感器

图12-18 高压电流互感器的检测方法

补充说明

通常，高压电流互感器的表面出现黑色烧焦的迹象时，就需要对其进行拆除并更换，如图12-19所示。需要注意的是，高压电流互感器中可能存有剩余的电荷，在拆卸前，应当使用绝缘棒将其接地连接，将内部的电荷完全释放，才可对其进行检修和拆卸。

使用扳手将高压电流互感器两端连接线缆的螺栓拧下，并使用吊车将损坏的电流互感器取下，然后安装相同型号的电流互感器即可

高压电流互感器

高压电流互感器

图12-19 拆卸高压电流互感器

5　高压隔离开关的检修方法

若高压电流互感器损坏，则应对相关的器件和线路进行检查，如高压隔离开关。判断高压隔离开关是否正常时，通常可以观察高压隔离开关是否出现烧焦的迹象。

高压隔离开关的检测方法如图12-20所示。

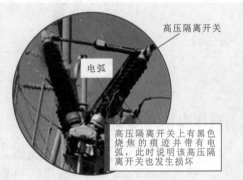

图12-20　高压隔离开关的检测方法

若确定高压隔离开关损坏后，应及时进行更换。对损坏的高压隔离开关进行更换时，操作人员应当使用扳手将高压隔离开关连接的线缆拆卸开来，然后使用吊车将高压隔离开关进行吊起，更换相同型号的高压隔离开关，如图12-21所示。

图12-21　更换高压隔离开关

12.3.2 | 低压供配电线路检修

在对低压供配电线路进行检修时，可以根据供电过程，首先查看供电线路中同级线路是否也发生停电故障。若同级线路未发生故障，应当检查停电线路中的设备和线缆；若同级线路也发生停电故障，应当检查上级供电线路是否发生故障，具体检修流程如图12-22所示。

根据检修流程可知，在低压供配电线路中重点检修的部分有同级供配电的供电、电能表送出的电压或电流、配电盘中的供电线路。

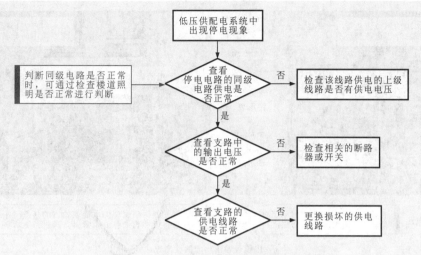

图12-22 低压供配电线路的检修流程

1 同级供配电的检测

若低压供配电线路中出现供电异常时，应先对同级供配电的供电进行检查，如查看楼道照明电路和电梯供电电路是否正常。若同级供配电的供电异常，则应对上级供配电进行检修；若同级供配电的供电正常，则需要对电能表输出的电压或电流进行检测。

2 电能表输出的电压或电流的检测

若经检查发现楼内照明灯可正常点亮，并且电梯也可以正常运行，此时即可将故障锁定为该用户室内的供配电电路。

判断用户室内供配电是否正常时，应先判断配电箱线路中的电流是否正常，即检测电能表输出的电压或电流是否正常。

电能表输出电压和电流的检测方法如图12-23所示。

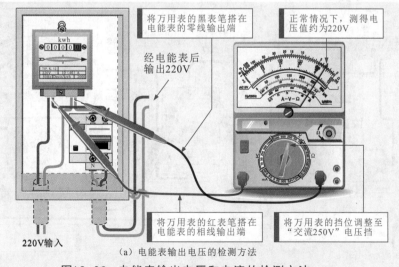

（a）电能表输出电压的检测方法

图12-23 电能表输出电压和电流的检测方法

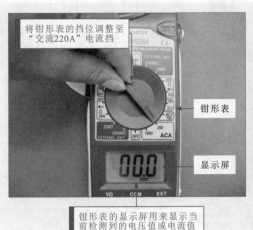
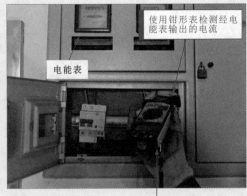

（b）电能表输出电流的检测方法

图12-23（续）

使用钳形表检查配电箱中的线路是否有电流通过。将钳形表的挡位调整至"AC 200A"挡，按下钳形表的钳头扳机，使其钳头钳住经电能表输出的任意一根线缆，即可查看钳形表上是否有电流读数。

3 **供配电线路的检测**

检测电能表送出的电压或电流正常时，则可以根据供电流程，对供配电的线路进行检修。检修时，可以使用万用表对开关或断路器的输入及输出电压进行检测。

供配电线路的检测如图12-24所示。

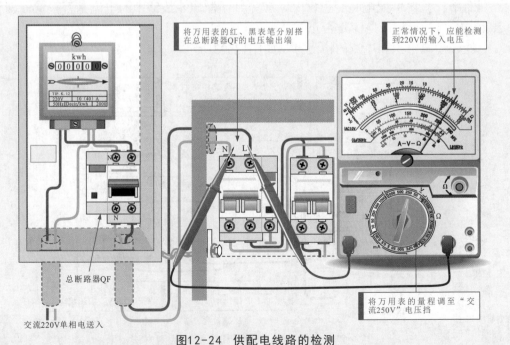

图12-24 供配电线路的检测

13

本章系统介绍照明控制
线路及检修。

● 照明控制线路的特点
◇ 室内照明控制线路的
　特点
◇ 公共照明控制线路的
　特点
● 常用照明控制线路
◇ 两室一厅室内照明控
　制线路
◇ 走道照明灯延迟控制
　线路
◇ 光控公共路灯照明控
　制线路
◇ 声光双控公共路灯照
　明控制线路
● 照明控制线路检修
◇ 室内照明控制线路的
　检修
◇ 公共照明控制线路的
　检修

第13章

照明控制线路及检修

13.1 照明控制线路的特点

13.1.1 室内照明控制线路的特点

室内照明控制线路是指应用在室内场合，在室内自然光线不足的情况下，创造明亮环境的照明控制线路，主要由控制开关和照明灯具等构成。

图13-1所示为典型室内照明控制线路的结构组成。该线路由3个控制开关和1盏照明灯构成。

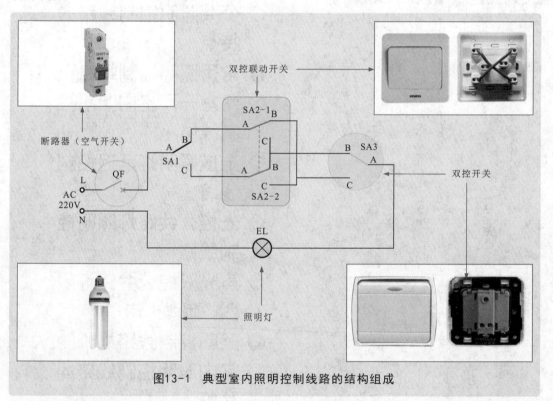

图13-1 典型室内照明控制线路的结构组成

照明控制线路依靠开关、电子元件等控制部件控制照明灯，进而完成对照明灯亮度、开关状态及时间的控制。

图13-2为3个开关控制1盏照明灯线路的连接关系示意图。根据连接关系能够比较清晰地看出线路中开关与照明灯的控制关系。

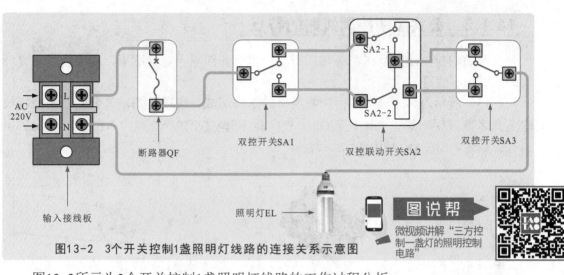

图13-2 3个开关控制1盏照明灯线路的连接关系示意图

图13-3所示为3个开关控制1盏照明灯线路的工作过程分析。

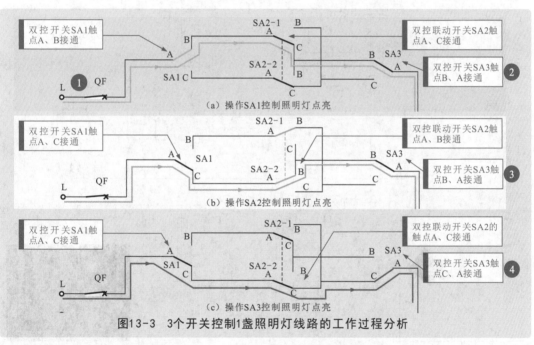

图13-3 3个开关控制1盏照明灯线路的工作过程分析

【1】合上供电线路中的断路器QF，接通交流220V电源，照明灯未点亮时，按下任意开关都可以点亮照明灯EL。

【2】图13-3（a）：在初始状态下，按下双控开关SA1，触点A、B接通，电源经SA1的A、B触点，双控联动开关SA2-1的A、C触点，SA3的B、A触点后，与照明灯EL形成回路，照明灯点亮。

在照明灯EL点亮的状态下，按动SA2或SA3均可使照明灯EL熄灭。

【3】图13-3（b）：在初始状态下，按下双控开关SA2，触点A、B接通，电源经SA1的A、C触点，双控联动开关SA2-2的A、B触点，双控开关SA3的B、A触点后，与照明灯EL形成回路，照明灯点亮。

在照明灯EL点亮的状态下，按动SA1或SA3均可使照明灯EL熄灭。

【4】图13-3（c）：在初始状态下，按下双控开关SA3，触点C、A接通，电源经双控开关SA1的A、C触点，双控联动开关SA2-2的A、C触点，双控开关SA3的C、A触点后，与照明灯EL形成回路，照明灯点亮。

在照明灯EL点亮的状态下，按动SA1或SA2均可使照明灯EL熄灭。

13.1.2 公共照明控制线路的特点

公共照明控制线路是指在公共场所，当自然光线不足的情况下，用来创造明亮环境的照明控制线路。

图13-4所示为典型公共照明控制线路的结构组成。可以看到，该公共照明控制线路是由多盏照明路灯、总断路器QF、双向晶闸管VT、控制芯片（NE555时基集成电路）、光敏电阻器MG等构成的。

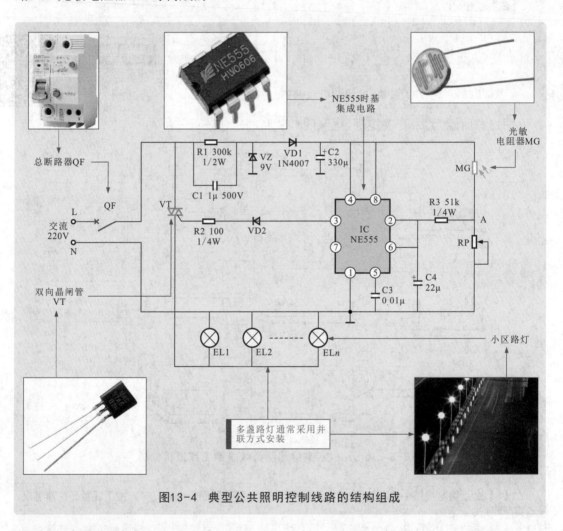

图13-4 典型公共照明控制线路的结构组成

补充说明

公共照明控制线路大多是依靠自动感应元件、触发控制器件等组成的触发控制电路对照明灯进行控制的。

在公共照明控制线路中，NE555时基集成电路是主要的控制器件之一，可以将送入的信号经处理后输出，并控制电路的整体工作状态。

图13-5所示为典型公共照明控制线路的连接关系示意图。

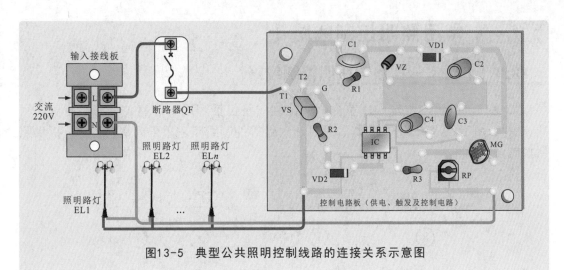

图13-5 典型公共照明控制线路的连接关系示意图

图13-6所示为典型公共照明控制线路的工作过程分析。

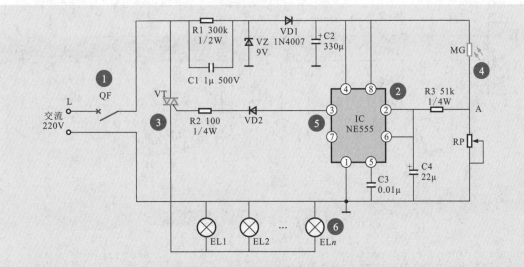

图13-6 典型公共照明控制线路的工作过程分析

【1】合上供电电路中的断路器QF，接通交流220V电源，经整流和滤波电路后，输出直流电压为时基集成电路IC（NE555）供电，进入准备工作状态。

【2】当夜晚来临时，光照强度逐渐减弱，光敏电阻器MG的阻值逐渐增大，压降升高，分压点A点电压降低，加到时基集成电路IC的②、⑥脚上的电压变为低电平。

【3】时基集成电路IC的②、⑥脚为低电平（低于1/3VDD）时，内部触发器翻转，③脚输出高电平，二极管VD2导通，触发晶闸管VT导通，照明路灯形成供电回路，EL1～ELn同时点亮。

【4】当第二天黎明来临时，光照强度越来越高，光敏电阻器MG的阻值逐渐减小，压降降低，分压点A点电压升高，加到时基集成电路IC的②、⑥脚上的电压逐渐升高。

【5】当IC的②、⑥脚电压上升至2/3VDD以上时，IC内部触发器再次翻转，IC的③脚输出低电平，二极管VD2截止，晶闸管VT截止。

【6】晶闸管VT截止，照明路灯EL1～ELn供电回路被切断，所有照明路灯熄灭。

13.2 常用照明控制线路

13.2.1 两室一厅室内照明控制线路

如图13-7所示，两室一厅室内照明控制线路包括客厅、卧室、书房、厨房、厕所、玄关（门厅）等部分的吊灯、顶灯、射灯等控制线路，用于为室内各部分提供照明控制。

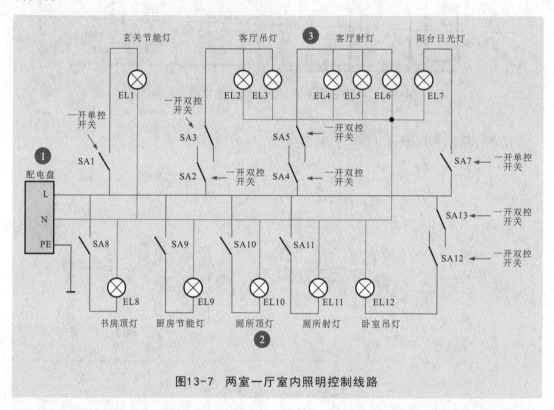

图13-7 两室一厅室内照明控制线路

【1】由室内配电盘引出各分支供电引线。

【2】玄关节能灯、书房顶灯、厨房节能灯、厕所顶灯、厕所射灯、阳台日光灯都采用一开单控开关控制一盏照明灯的结构形式。闭合一开单控开关，照明灯得电点亮；断开一开单控开关，照明灯失电熄灭。

【3】客厅吊灯、客厅射灯和卧室吊灯3条照明支路均采用一开双控开关控制，可实现两地控制一盏或一组照明灯的点亮和熄灭。

13.2.2 走道照明灯延迟控制线路

图13-8所示为走道照明灯延迟控制线路。该控制线路中的电源总开关QS、不闭锁的联动开关SA（灯启动开关）、三极管V、继电器K、电容器C3、电阻器R3、照明灯EL等为照明灯控制的核心部件。

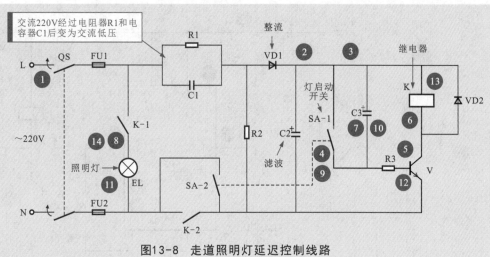

图13-8 走道照明灯延迟控制线路

　　【1】合上电源开关QS，接通单相电源。

　　【2】交流220V电压经电阻器R1和电容器C1降压，整流二极管VD1整流、滤波电容C2滤波后变为直流电压。

　　【3】直流电压为控制电路和延时电路中的元器件供电。

　　【4】当需要点亮照明灯时，按下联动开关SA，触点SA-1和SA-2同时闭合。

　　【5】直流电压经SA-1送到三极管V的基极，V导通。

　　【6】直流电压经继电器K线圈、三极管V、SA-2形成回路，继电器K线圈得电，动合触点K-1、K-2闭合。

　　【7】延时电路中的电容器C3开始充电，其负极升高至与正极等电位。

　　【8】K-1闭合后，接通照明灯EL的供电电源，照明灯点亮。

　　【9】手离开联动开关SA后，开关立即复位断开。

　　【10】电容器C3开始放电，维持三极管V的导通状态。

　　【11】继电器K线圈依然得电，其动合触点继续闭合，照明灯EL延时点亮。

　　【12】当电容器C3放电完毕时，三极管V的基极电流为0时，V截止。

　　【13】继电器K线圈失电，动合触点K-1、K-2复位断开。

　　【14】切断照明灯EL供电电源，照明灯熄灭。

13.2.3 | 光控公共路灯照明控制线路

　　马路两侧的公共路灯常采用光控方式，白天时路灯处于熄灭状态，起到节能省电的作用；夜晚光线较弱时，路灯则自动点亮，为马路进行照明。

　　图13-9所示为典型的光控公共路灯照明控制线路。总断路器QF、桥式整流电路VD1～VD4、滤波电容器C1、双D触发器IC（CD4013）、光敏电阻器RG1和RG2、三极管V、继电器KA为光控路灯照明控制线路的核心元件。

　　【1】合上总断路器QF，接通交流市电电源。

　　【2】交流220V市电电压经桥式整流电路VD1～VD4整流、电阻器R4降压、滤波电容器C1滤波及稳压二极管VZ稳压后，变为12V左右的直流电压。

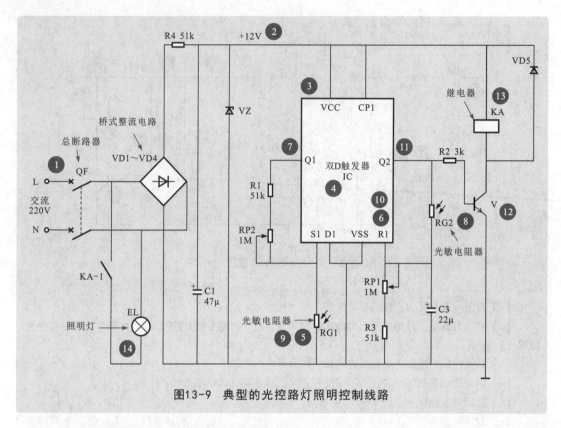

图13-9 典型的光控路灯照明控制线路

【3】12V直流电压为双D触发器IC的VCC端提供工作电压。

【4】双D触发器IC的CP1端接电源，其D1端为低电平时，则S1端、R1端、Q1端和Q2端的电平状态会相互影响，其电平变化的规律见表13-1。

表13-1 双D触发器IC关键引脚的电平状态（D1端为低电平、CP1端接电源时）

R1端	S1端	Q2端	Q1端
高电平（H）	低电平（L）	低电平（L）	高电平（H）
低电平（L）	高电平（H）	高电平（H）	低电平（L）
高电平（H）	高电平（H）	高电平（H）	高电平（H）

【5】白天光线强度较强时，光敏电阻器RG1和RG2处于低阻状态。

【6】双D触发器IC的R1端处于高电平状态，S1端处于低电平状态。

【7】根据表13-1可知，此时Q1端为高电平，Q2端输出低电平。

【8】三极管V基极为低电平，处于截止状态，继电器KA线圈未得电，照明灯EL不亮。

【9】夜晚光线强度较弱时，光敏电阻器RG1和RG2的阻值变大。

【10】双D触发器IC的R1端处于低电平状态，S1端处于高电平状态。

【11】根据表13-1可知，此时Q1端为低电平，Q2端输出高电平。

【12】三极管V基极为高电平，处于导通状态。

【13】三极管V导通后，其集电极和发射极有电流流过，继电器KA线圈得电，动合触点KA-1闭合。

【14】照明灯EL接通220V市电电源，开始点亮。

13.2.4 | 声光双控公共路灯照明控制线路

声光双控公共路灯照明控制线路是指通过声波传感器和光敏器件自动控制公共路灯点亮与熄灭的线路。白天光照较强，即使有声音，照明灯也不亮；当夜晚降临或光照较弱时，可通以过声音控制照明灯点亮，并可以实现延时一段时间后自动熄灭的功能。

图13-10所示为典型的声光双控公共路灯照明控制线路，该控制线路中总断路器QF、桥式整流电路VD1~VD4、晶闸管VS、三极管V1~V3、光敏电阻器RG、传声器BM为核心元件。

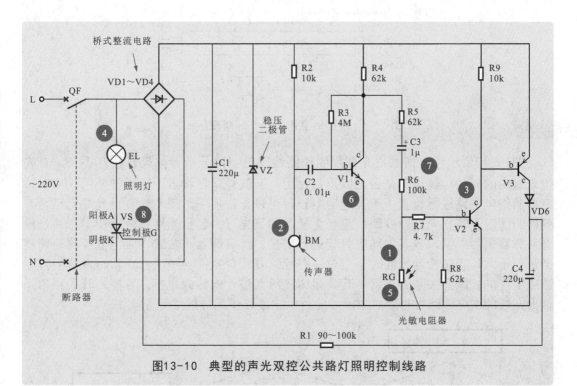

图13-10 典型的声光双控公共路灯照明控制线路

【1】白天光照强度比较强时，光敏电阻器RG的阻值较小。

【2】当传声器有声音信号输入时，该信号经三极管V1放大后，再经R5、C3、R6及光敏电阻器RG直接到地。

【3】使三极管V2的基极锁定在低电平状态，无法导通。

【4】三极管V3和晶闸管VS也处于截止状态，照明灯EL不亮。

【5】当夜晚光照强度比较弱时，光敏电阻器RG的阻值增大。

【6】当传声器接收到声音信号时，该信号加到三极管V1的基极上。

【7】经三极管V1的集电极放大后输出，经R5、C3、R6、R7后，送到三极管V2和V3的基极上。

【8】三极管V2导通和V3导通，使二极管VD6和晶闸管VS导通，照明灯被点亮。

13.3 照明控制线路检修

13.3.1 室内照明控制线路的检修

当室内照明控制线路出现故障时，可以根据故障现象分析整个照明控制线路，沿信号流程和控制关系查找故障。

图13-11所示为典型的室内日光灯照明控制线路。从结构上看，该电路中的日光灯管与启辉器进行并联后，再与电路中的镇流器和单控开关SA串联在交流220V供电电路中。

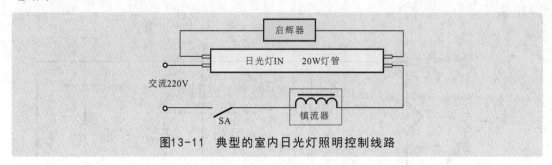

图13-11 典型的室内日光灯照明控制线路

图13-12所示为典型的日光灯照明控制线路的故障分析。如果日光灯不亮，首先检查屋内的其他电器设备是否可以正常使用，若其他电器设备不能正常使用，应对该室内的供电电路进行检查；若其他用电设备可以正常使用，应当检查日光灯管是否有变黑的情况。若日光灯管变黑，应当更换新的日光灯；若日光灯管没有变黑，应当检查启辉器是否正常，若其损坏应对其进行更换。当启辉器正常时，应当继续检查镇流器是否正常，当镇流器损坏时，应对其进行修复或更换；当镇流器正常时，应当查看该照明灯的控制开关是否正常，若其损坏应对其进行维修或更换。若控制开关正常，该日光灯的供电线路中有断路故障，应对供电线路中的导线进行更换。

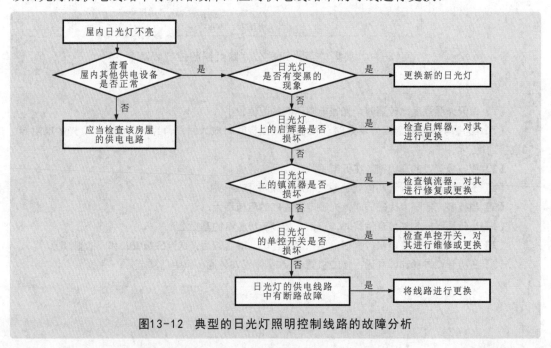

图13-12 典型的日光灯照明控制线路的故障分析

如果日光灯开启后持续闪烁，首先检查日光灯内部的灯丝是否出现接触不良的现象，若日光灯内的灯丝出现虚接的现象，应当对该日光灯进行更换；若灯丝正常，应当检查启辉器是否损坏，若其损坏应对其进行更换。

图13-13所示为典型的室内日光灯照明控制线路的检修方法。

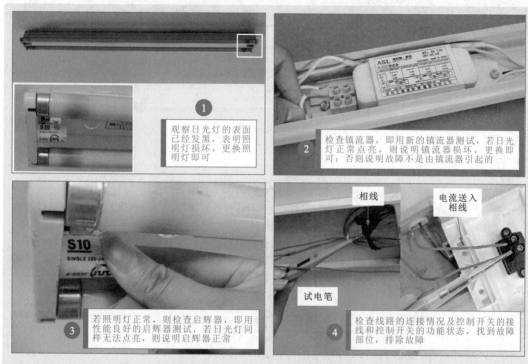

图13-13 典型的室内日光灯照明控制线路的检修方法

图13-14所示为触摸延时照明控制线路的故障检修。

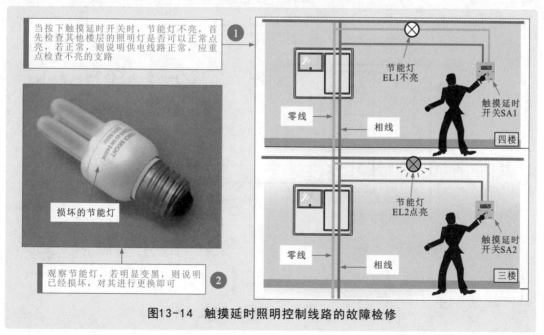

图13-14 触摸延时照明控制线路的故障检修

图13-14 （续）

补充说明

　　触摸延时开关的内部由多个电子元器件和集成电路组成，判断其好坏时，应将其连接在220V的供电线路中，并连接一盏照明灯。在确定供电线路和照明灯都正常的情况下，触摸该开关，若可以控制照明灯点亮，则说明开关正常；若无法控制照明灯点亮，则说明开关已经损坏。

　　需要注意的是，在照明控制线路中，灯座的检查也不可忽视。若节能灯、触摸延时开关均正常，则应检查灯座中的金属导体是否锈蚀，并将万用表的两支表笔分别搭在金属导体的相线和零线上，若能测出220V的供电电压，则说明灯座正常；否则说明灯座已经损坏。

13.3.2 │ 公共照明控制线路的检修

　　公共照明控制线路的故障分析如图13-15所示。

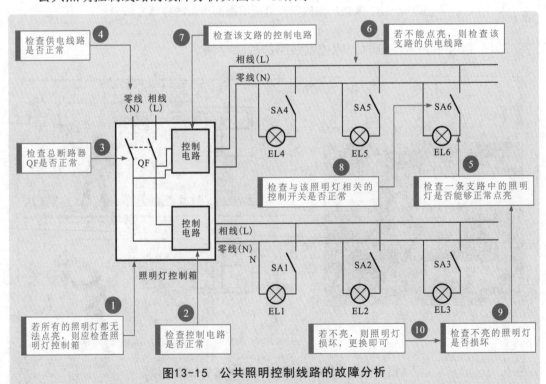

图13-15 公共照明控制线路的故障分析

第1章 第2章 第3章 第4章 第5章 第6章 第7章 第8章 第9章 第10章 第11章 第12章 第13章 第14章 第15章 第16章

补充说明

当照明灯出现白天点亮、黑夜熄灭的故障时，应当检查线路的控制方式。若控制方式为自动控制，则可能是因为设置故障；若控制方式为人为控制，则可能是由于操作失误导致的。

当小区照明控制线路出现故障时，应先了解小区照明控制线路的控制方式，小区照明控制线路如图13-16所示。

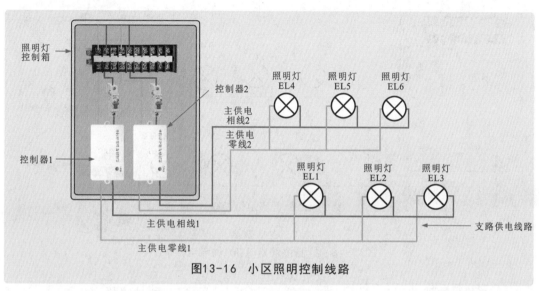

图13-16 小区照明控制线路

当小区照明控制线路中由控制器1控制的照明灯EL1、EL2、EL3不能正常点亮时，应当检查由控制器1送出的供电电压是否正常，如图13-17所示。

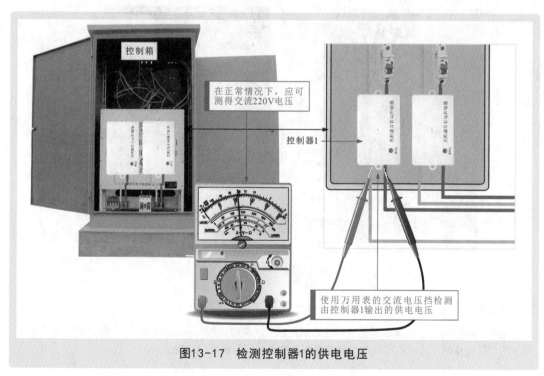

图13-17 检测控制器1的供电电压

　　若供电电压正常，则应检查主供电线路的供电电压，即使用万用表检测照明灯EL3的供电电压，如图13-18所示。若无供电电压，则说明支路供电线路有故障。

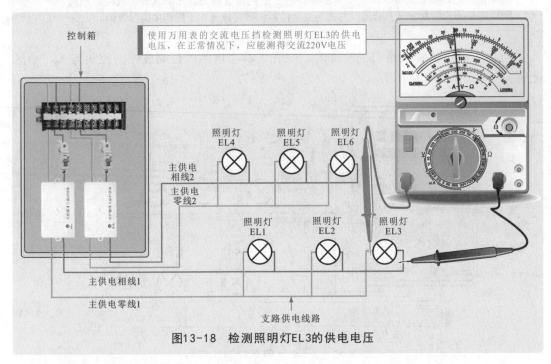

图13-18　检测照明灯EL3的供电电压

　　若支路供电线路正常，则检查照明灯，可以用新的相同型号的照明灯测试，若可以点亮，则说明原照明灯损坏，更换照明灯即可，如图13-19所示。

图13-19　检查及更换照明灯

🔖 补充说明

　　公路照明控制线路设有专用的城市路灯监控系统，可以监控和远程控制公路照明控制线路。对该类线路进行检修时，可重点检测路灯监控系统中的电气部件及接线情况。

14

本章系统介绍电动机控制线路及检修。

● 电动机控制线路的特点
◇ 直流电动机控制线路的特点
◇ 交流电动机控制线路的特点
● 常见电动机控制线路
◇ 直流电动机调速控制线路
◇ 直流电动机降压启动控制线路
◇ 根据速度控制直流电动机的启动线路
◇ 单相交流电动机正/反转控制线路
◇ 单相交流电动机启/停控制线路
◇ △接线三相交流电动机零序电压断相保护控制线路
◇ 三相交流电动机绕组短路式制动控制线路
◇ 三相交流电动机Y-△降压式启动控制线路
● 电动机控制线路检修
◇ 直流电动机控制线路的检修
◇ 交流电动机控制线路的检修

第14章

电动机控制线路及检修

14.1 电动机控制线路的特点

14.1.1 直流电动机控制线路的特点

　　直流电动机控制线路可实现多种多样的功能，如直流电动机的启动、运转、变速、制动和停机等控制。不同的直流电动机控制线路所选用的控制器件、直流电动机和功能部件基本相同，但根据选用部件数量的不同及部件间的不同组合，加之电路上的连接差异，从而实现了对直流电动机不同工作状态的控制。

　　图14-1所示为典型直流电动机控制线路。

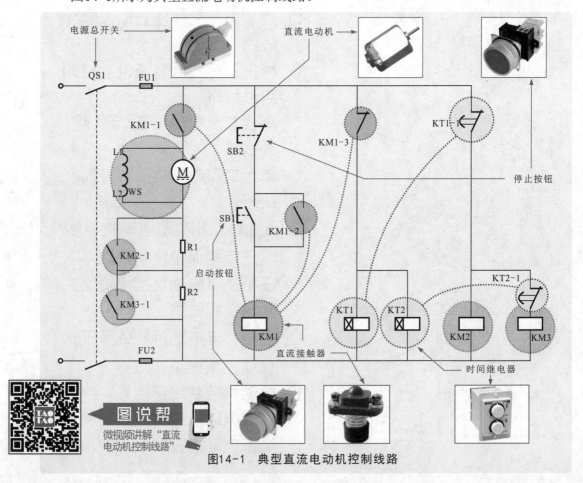

图14-1 典型直流电动机控制线路

图说帮

微视频讲解"直流电动机控制线路"

280

图14-2所示为直流电动机控制线路的连接关系示意图，直流电动机控制下的线路依靠启停按钮、直流接触器、时间继电器等控制部件控制直流电动机的运转。

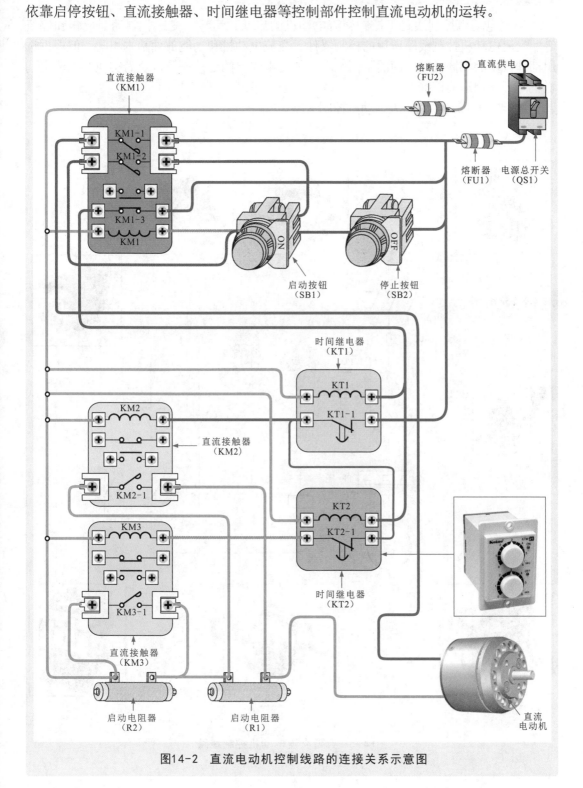

图14-2 直流电动机控制线路的连接关系示意图

14.1.2 │ 交流电动机控制线路的特点

交流电动机控制线路可控制交流电动机的启动、运转、变速、制动、反转和停机等。交流电动机控制线路所用的控制器件、交流电动机和功能部件基本相同，但根据选用部件数量的不同及部件间的不同组合，加之电路上的连接差异，从而实现对交流电动机不同工作状态的控制。

图14-3所示为典型交流电动机控制线路。

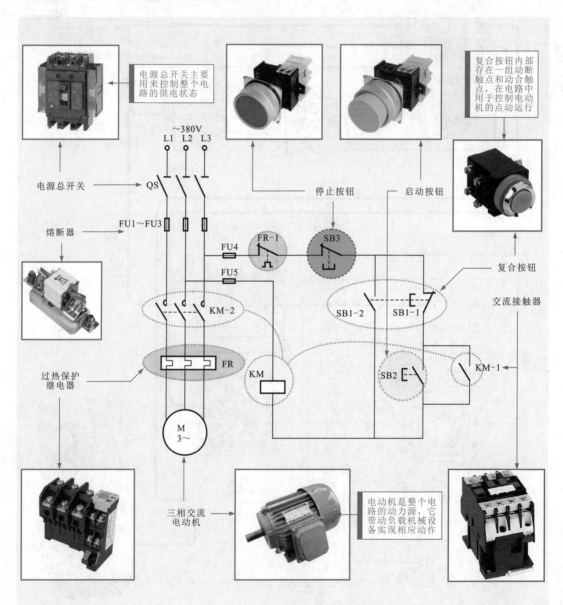

图14-3　典型交流电动机控制线路

图14-4所示为交流电动机控制线路的连接关系示意图。

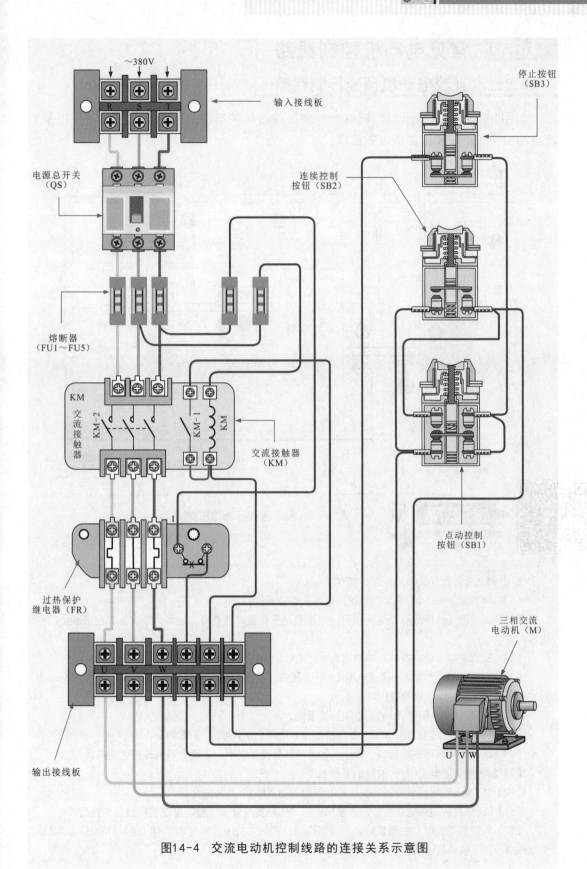

停止按钮
（SB3）

连续控制
按钮（SB2）

点动控制
按钮（SB1）

输入接线板

~380V

电源总开关
（QS）

熔断器
（FU1～FU5）

KM
交流接触器

交流接触器
（KM）

过热保护
继电器（FR）

三相交流
电动机（M）

输出接线板

图14-4　交流电动机控制线路的连接关系示意图

14.2 常见电动机控制线路

14.2.1 直流电动机调速控制线路

　　如图14-5所示，直流电动机调速控制线路是一种可在负载不变的条件下，控制直流电动机稳速旋转和旋转速度的线路。

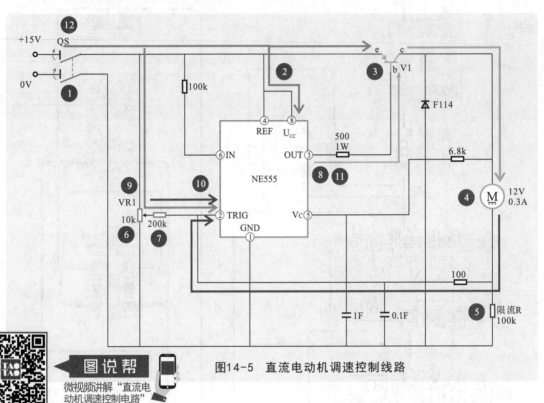

图14-5　直流电动机调速控制线路

　　【1】合上总电源开关QS，接直流15V电源。

　　【2】15V直流为NE555的⑧脚提供工作电源，NE555开始工作。

　　【3】NE555的③脚输出驱动脉冲信号，送往驱动三极管V1的基极，经放大后，其集电极输出脉冲电压。

　　【4】15V直流电压经V1变成脉冲电流为直流电动机供电，电动机开始运转。

　　【5】直流电动机的电流在限流电阻R上产生压降，经电阻器反馈到NE555的②脚，并由③脚输出脉冲信号的宽度，对电动机稳速控制。

　　【6】将速度调整电阻器VR1的阻值调至最下端。

　　【7】15V直流电压经过VR1和200kΩ电阻器串联电路后送入NE555的②脚。

　　【8】NE555芯片内部电路控制③脚输出的脉冲信号宽度最小，直流电动机转速达到最低。

　　【9】将速度调整电阻器VR1的阻值至最上端。

　　【10】15V直流电压则只经过200kΩ的电阻器后送入NE555芯片的②脚。

　　【11】NE555芯片内部电路控制③脚输出的脉冲信号宽度最大，直流电动机转速达到最高。

　　【12】若需要直流电动机停机时，只需将电源总开关QS关闭，即可切断控制电路和直流电动机的供电回路，直流电动机停转。

14.2.2 │ 直流电动机降压启动控制线路

图14-6所示为直流电动机降压启动控制线路。直流电动机的降压启动控制线路是指直流电动机启动时，将启动电阻R1、R21串入直流电动机中，限制启动电流，当直流电动机低速旋转一段时间后，再把启动电阻从电路中消除（使之短路），使直流电动机正常运转。

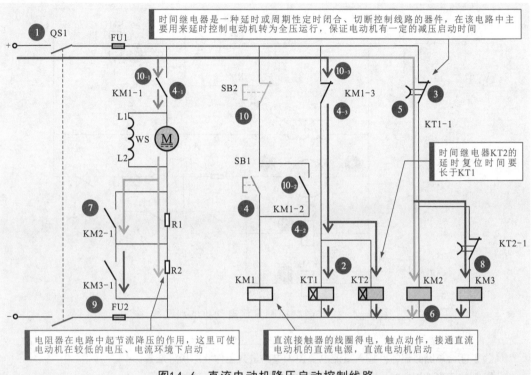

图14-6 直流电动机降压启动控制线路

【1】合上电源总开关QS1，接通直流电源。

【2】时间继电器KT1、KT2线圈得电。

【3】时间继电器KT1、KT2的触点KT1-1、KT2-1瞬间断开，防止直流接触器KM2、KM3线圈得电。

【4】按下启动按钮SB1，直流接触器KM1线圈得电。

　　【4-1】KM1的动合主触点KM1-1闭合，电动机接通电源，低速启动运转。

　　【4-2】KM1的动合辅助触点KM1-2闭合，实现自锁功能。

　　【4-3】KM1的动合辅助触点KM1-3断开，KT1、KT2失电，开始延时计时。

【4-1】→【5】达到时间继电器KT1预设的复位时间时，动断触点KT1-1复位闭合。

【6】直流接触器KM2线圈得电。

【7】KM2-1闭合，电动机串联R2运转，转速提升。

【8】当达到KT2预设时间时，触点KT2-1复位闭合，KM3线圈得电。

【9】KM3-1闭合，短接R2，电动机在全压额定电压下开始运转。

【10】需要直流电动机停机时，按下控制电路中的停止按钮SB2，直流接触器KM1线圈失电。

　　【10-1】KM1-1断开，切断电源，电动机停止运转。

　　【10-2】触点KM1-2复位断开，解除自锁功能。

　　【10-3】动断触点KM1-3复位闭合，为直流电动机的下一次启动做好准备。

14.2.3 | 根据速度控制直流电动机的启动线路

图14-7所示为根据速度控制直流电动机的启动线路。在电路中设置两个直流接触器KM2、KM3，用于检测直流电动机电枢端的反电势，并根据电动机的旋转速度来控制电枢中串联的电阻器是否接入电路中。

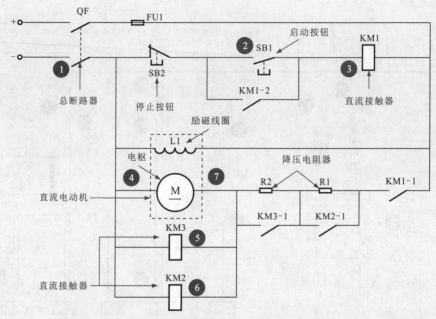

图14-7　根据速度控制直流电动机的启动线路

【1】闭合总断路器QF，接入直流电源，为电路进入工作状态做好准备。

【2】按下启动按钮SB1，其动合触点闭合。

【3】直流接触器KM1线圈得电。

　　【3-1】动合触点KM1-1闭合，直流电源经限流电阻R1、R2为直流电动机的电枢供电，电动机开始降压启动。

　　【3-2】动合触点KM1-2闭合，实现自锁。

【4】直流电动机启动后，速度开始上升，随着电动机转速的升高，反电势增大，电枢两端的电压也逐渐升高。此时直流接触器KM2、KM3线圈依次得电。

【4】→【5】直流接触器KM2线圈得电后，其动合触点KM2-1闭合，将R1短接。

【4】→【6】直流接触器KM3线圈得电后，其动合触点KM3-1闭合，将R2短接。

【5】+【6】→【7】外部电压全部加到电枢两端，完成启动进入全速工作状态。

14.2.4 | 单相交流电动机正/反转控制线路

图14-8所示为采用限位开关的单相交流电动机正/反转控制线路。该控制线路是指通过限位开关对电动机的运转状态进行控制。当电动机带动的机械部件运动到某一位置触碰到限位开关时，限位开关便会断开供电电路，使电动机停止。

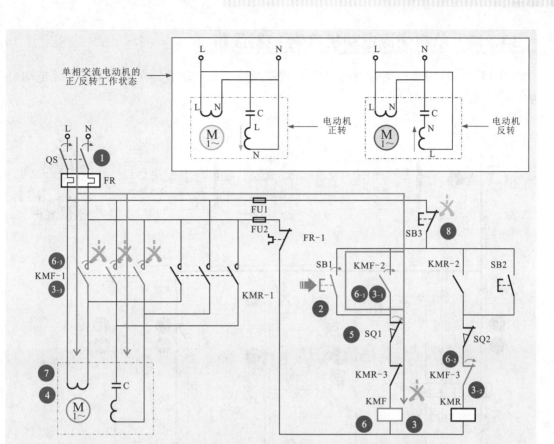

图14-8 采用限位开关的单相交流电动机正/反转控制线路

【1】合上总电源开关QS，接通单相电源。

【2】按下正转启动按钮SB1。

【3】正转交流接触器KMF线圈得电。

　　【3-1】动合辅助触点KMF-2闭合，实现自锁功能。

　　【3-2】动断辅助触点KMF-3断开，防止KMR得电。

　　【3-3】动合主触点KMF-1闭合。

【3-3】→【4】电动机主绕组接通电源相序L、N，电流经启动电容器C和辅助绕组形成回路，电动机正向启动运转。

【5】当电动机驱动对象到达正转限位开关SQ1限定的位置时，触动正转限位开关SQ1，其动断触点断开。

【6】正转交流接触器KMF线圈失电。

　　【6-1】动合辅助触点KMF-2复位断开，解除自锁。

　　【6-2】动合辅助触点KMF-3复位闭合，为反转启动做好准备。

　　【6-3】动合主触点KMF-1复位断开。

【7】切断电动机供电电源，电动机停止正向运转。同样，按下反转启动按钮，工作过程与上述过程相似。

【8】若在电动机正转过程中按下停止按钮SB3，其动断触点断开，正转交流接触器KMF线圈失电，动合主触点KMF-1复位断开，电动机停止正向运转；反转停机控制过程同上。

14.2.5 | 单相交流电动机启/停控制线路

图14-9所示为单相交流电动机启/停控制线路，该控制线路可实现单相交流电动机的启/停控制。

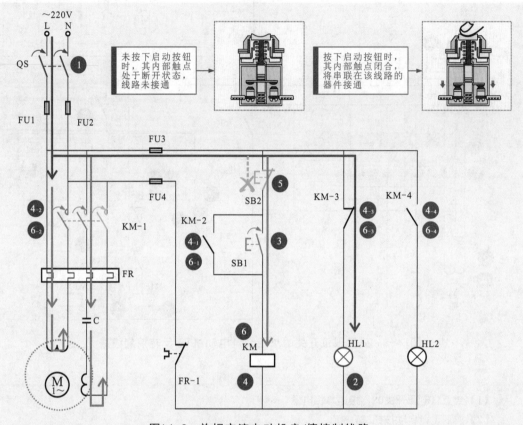

图14-9 单相交流电动机启/停控制线路

【1】合上总电源开关QS，接通单相电源。

【2】电源经动断触点KM-3为停机指示灯HL1供电，HL1点亮。

【3】按下启动按钮SB1。

【4】交流接触器KM线圈得电。

　【4-1】KM的动合辅助触点KM-2闭合，实现自锁功能。

　【4-2】KM的动合主触点KM-1闭合，电动机接通单相电源，开始启动运转。

　【4-3】KM的动断辅助触点KM-3断开，切断停机指示灯HL1的供电电源，HL1熄灭。

　【4-4】KM的动合辅助触点KM-4闭合，运行指示灯HL2点亮，指示电动机处于工作状态。

【5】当需要电动机停机时，按下停止按钮SB2。

【6】交流接触器KM线圈失电。

　【6-1】KM的动合辅助触点KM-2复位断开，解除自锁功能。

　【6-2】KM的动合主触点KM-1复位断开，切断电动机的供电电源，电动机停止运转。

　【6-3】KM的动断辅助触点KM-3复位闭合，停机指示灯HL1点亮，指示电动机处于停机状态。

　【6-4】KM的动合辅助触点KM-4复位断开，切断运行指示灯HL2的电源供电，HL2熄灭。

14.2.6 △接线三相交流电动机零序电压断相保护控制线路

图14-10所示为△接线三相交流电动机零序电压断相保护控制线路。△接线的三相交流电动机断相的检测和保护是由三相电源通过三个电阻R1、R2、R3短接到一点A，该点就形成了人为的中性点，在三相供电平衡的情况下，A点的电压为0，如果出现缺相或断相的情况时，A点的电压就不为0了，经过VD1整和C1滤波后形成直流电压，该电压如果达到一定的幅度会使稳压二极管VD2击穿，并使继电器KA得电动作，实施保护。

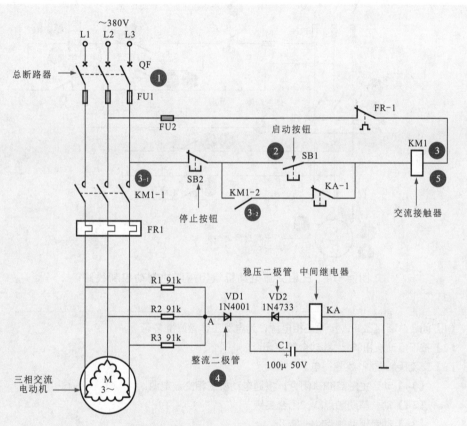

图14-10　△接线三相交流电动机零序电压断相保护控制线路

【1】闭合总断路器QF，接入三相电源，为电路进入工作状态做好准备。

【2】按下启动按钮SB1，其动合触点闭合。

【3】交流接触器KM1线圈得电。

　　【3-1】动合主触点KM1-1闭合，接通电动机电源，电动机进入工作状态。

　　【3-2】动合辅助触点KM1-2闭合，实现自锁。

【4】当有缺相情况发生时，A点电压突然上升使KA线圈得电，其动断触点KA-1断开。

【4】→【5】交流接触器KM1线圈失电，其所有触点复位，切断电动机电源，实现缺相保护。

14.2.7 | 三相交流电动机绕组短路式制动控制线路

　　图14-11所示为三相交流电动机绕组短路式制动控制线路。为了在电动机制动时，吸收由于惯性产生的再生电能，利用两个动断触点将三相交流电动机的三个绕组端进行短路控制，使其在断电时，电动机定子绕组所产生的电流通过触点短路，迫使电动机转子停转。

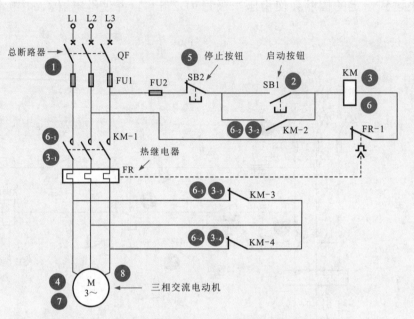

图14-11　三相交流电动机绕组短路式制动控制线路

【1】闭合总断路器QF，接通三相电源，为电路工作做好准备。

【2】按下启动按钮SB1，其动合触点闭合。

【3】交流接触器KM1线圈得电。

　　【3-1】动合主触点KM-1闭合，接通电动机三相交流电源。

　　【3-2】动合辅助触点KM-2闭合自锁。

　　【3-3】动断辅助触点KM-3断开。

　　【3-4】动断辅助触点KM-4断开。

【3-1】+【3-2】→【4】三相交流电动机连续运转。

【5】当需要电动机停转时，按下停止按钮SB2，其动断触点断开。

【6】交流接触器KM1线圈失电。

　　【6-1】动合主触点KM-1复位断开，切断电动机三相交流电源。

　　【6-2】动合辅助触点KM-2复位断开，解除自锁。

　　【6-3】动断辅助触点KM-3复位闭合。

　　【6-4】动断辅助触点KM-4复位闭合。

【6-1】+【6-2】→【7】电动机停转。

【6-3】+【6-4】→【8】将电动机三相绕组短路，吸收绕组产生的电流。这种制动方式适用于较小功率的电动机，针对制动要求不高的情况。

14.2.8 三相交流电动机Y-△降压式启动控制线路

如图14-12所示，电动机Y-△降压启动控制电路是指三相交流电动机启动时，先由电路控制三相交流电动机定子绕组连接成Y形进入降压启动状态，待转速达到一定值后，再由电路控制三相交流电动机定子绕组换接成△形，进入全压运行状态。

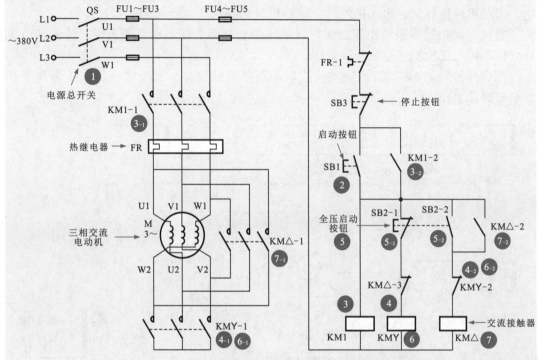

图14-12 三相交流电动机Y-△降压启动控制线路

【1】合上电源总开关QS，接通三相电源。

【2】按下启动按钮SB1。

【2】→【3】交流接触器KM1线圈得电。

　　【3-1】动合主触点KM1-1接通，为降压启动做好准备。

　　【3-2】动合辅助触点KM1-2接通，实现自锁功能。

【2】→【4】交流接触器KMY线圈得电。

　　【4-1】动合主触点KMY-1接通。

　　【4-2】动断辅助触点KMY-2断开，保证KM△的线圈不会得电，此时电动机以Y形方式接通电路，电动机降压启动运转。

【5】当电动机转速接近额定转速时，按下全压启动按钮SB2。

　　【5-1】动断触点SB2-1断开。

　　【5-2】动合触点SB2-2闭合。

【5-1】→【6】接触器KMY线圈失电。

　　【6-1】动合主触点KMY-1复位断开。

　　【6-2】动断辅助触点KMY-2复位闭合。

【5-2】+【6-2】→【7】接触器KM△的线圈得电。

　　【7-1】动合触点KM△-1接通，电动机以△形方式接通电路，电动机在全压状态下开始运转。

　　【7-2】动断触点KM△-2断开，保证KMY的线圈不会得电。

图说帮

微视频讲解"三相交流电动机Y-△降压启动控制电路"

14.3 电动机控制线路检修

14.3.1 直流电动机控制线路的检修

直流电动机控制系统出现故障时，电动机便会出现各种异常情况，对电动机的故障表现进行分析，以便判断出故障原因。直流电动机常见的故障表现有电动机不启动、电动机转速异常、电动机过热、电动机异常振动、电动机漏电等。

直流电动机控制系统出现故障时，可先根据故障表现，对可能出现故障的部位进行分析，再通过检测来查找故障原因。

图14-13所示为典型直流电动机控制线路的故障检修。直流电动机的故障现象和常见原因见表14-1。

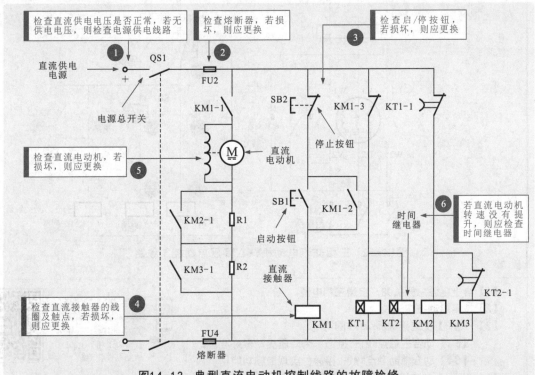

图14-13 典型直流电动机控制线路的故障检修

表14-1 直流电动机的故障现象和常见原因

故障现象		常见原因
直流电动机不启动	按下启动按钮，直流电动机不启动	电源供电异常、直流电动机损坏、接线松脱（至少有两相）、控制部件损坏、保护部件损坏
	直流电动机通电不启动并伴有嗡嗡声	直流电动机损坏、启动电流过小、线路电压过低
直流电动机转速异常	转速过快、过慢或不稳定	接线松脱、接线错误、直流电动机损坏、电源电压异常
直流电动机过热	直流电动机运行正常，但温度过高	电流异常、负载过大、直流电动机损坏
直流电动机异常振动	直流电动机运行时，振动频率过高	直流电动机损坏、安装不稳
直流电动机漏电	直流电动机停机或运行时，外壳带电	引出线碰壳、绝缘电阻下降、绝缘老化

14.3.2 交流电动机控制线路的检修

对于三相交流电动机控制线路的检修，需根据故障表现，结合电路连接关系，分析判别故障原因。

图14-14所示为典型三相交流电动机电动控制线路。

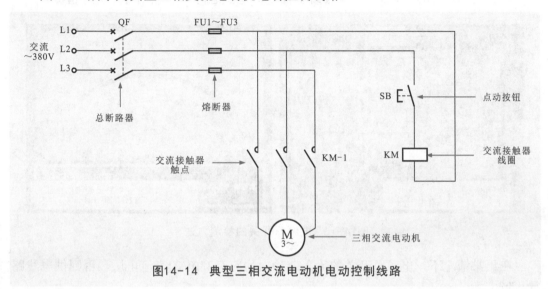

图14-14 典型三相交流电动机电动控制线路

在该电路中，当接通供电电源，并按下按钮开关时，电动机应该正常运转。首先根据该电路的控制关系可知，在电路中是由按钮开关SB、接触器KM控制三相交流感应电动机的工作状态；三相交流感应电动机作为执行部件，在该电路中实现运转和停止。若控制线路通电无动作，应重点对电动机供电电压、电源总开关、熔断器、按钮开关及接触器等部件进行检测。

1 电动机供电电压的检测方法

在三相交流感应电动机中，接通开关，按下点动按钮后，使用万用表检测电动机接线柱是否有电压，如图14-15所示。在正常情况下，任意两个接线柱之间的电压为380V。若供电电压失常，则表明控制线路有器件发生断路的故障。

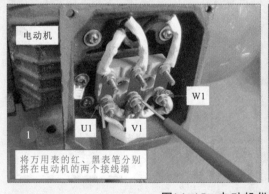

图14-15 电动机供电电压的检测方法

2 电源总开关的检测方法

若控制电路的供电电压失常，通常根据供电流程，先对电源总开关的性能进行检测。检修时，可在工作状态下用万用表检测其输入电压，即可判断交流380V供电是否正常，如图14-16所示，该供电正常时则需要对电源总开关的输出电压进行检测。

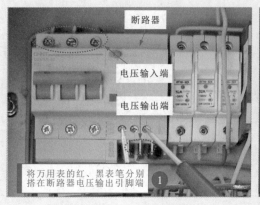
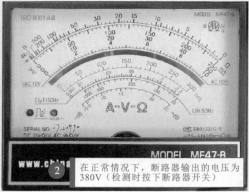

将万用表的红、黑表笔分别搭在断路器电压输出引脚端 ①

在正常情况下，断路器输出的电压为380V（检测时按下断路器开关）②

图14-16 电源总开关的检测方法

在正常情况下，电源总开关的输入或输出均应有380V的交流电压，否则供电线路有故障。

补充说明

将万用表的两只表笔任意搭在电源总开关的电压输出端上，当启动开关处于断开状态时，电压应为0；当启动开关处于闭合状态时，电压应为交流380V。

3 熔断器的检测方法

若控制电路的电压为0，则需要对电路中的熔断器进行检修，当熔断器损坏时，会造成电动机无法正常启动的故障，因此对熔断器的检修也非常重要。

判断熔断器是否正常，可使用万用表检测输入端和输出端的电压，如图14-17所示。在正常情况下，检测输入端和输出端都有电压，说明熔断器性能良好。

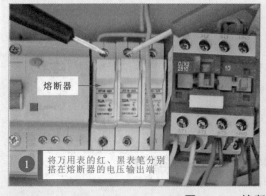

将万用表的红、黑表笔分别搭在熔断器的电压输出端 ①

在正常情况下，熔断器输出端的电压为380V ②

图14-17 熔断器的检测方法

📝 补充说明

　　熔断器在电路中主要起保护作用，当电流量超过其额定值时，熔断器将会熔断，电路断开，使电动机无法启动。

4 按钮开关的检测方法

　　经检测，若熔断器的性能也正常，则需要对按钮开关进行检测。将万用表的表笔搭在按钮的两个接线柱上，用手按压开关，检测引脚间的阻值，如图14-18所示。

断开按钮开关的连接引线，检测按钮开关两个引脚间的阻值

按钮开关

将万用表的红、黑表笔分别搭在按钮开关的两个引脚端

正常情况下，按下按钮开关时，两个引脚的阻值为0

图14-18　按钮开关的检修方法

5 接触器的检测方法

　　若检测按钮开关可以正常工作，则需要进一步对接触器进行检测。在电路中检测接触器多使用电压检测法，使用万用表分别检测交流接触器的线圈端和触点端，如图14-19所示。若线圈有控制电压，则接触器的输出端会有输出电压。

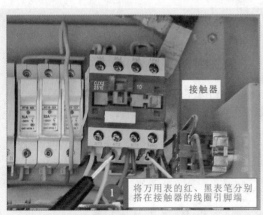

接触器

将万用表的红、黑表笔分别搭在接触器的线圈引脚端

正常情况下，测得接触器线圈的引脚端有380V的电压

图14-19　接触器线圈的检修方法

　　若接触器的线圈端有电压，需要对接触器的触点进行检测，如图14-20所示。在正常情况下，接触器触点端应有输出的电压值，若无输出，则表明接触器本身已损坏，需要更换接触器。

第1章
第2章
第3章
第4章
第5章
第6章
第7章
第8章
第9章
第10章
第11章
第12章
第13章
第14章
第15章
第16章

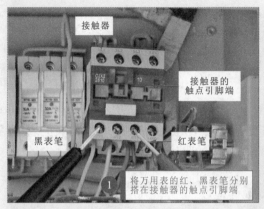

接触器

接触器的
触点引脚端

黑表笔

红表笔

① 将万用表的红、黑表笔分别
搭在接触器的触点引脚端

MODEL MF47-8

② 正常情况下，接触器工作时，在触
点的引脚端应有380V的工作电压

图14-20　交流接触器触点的检测

补充说明

若线路因故障等原因无法通电时，则可明确断开断路器，然后用万用表测电阻的方法检测接触器主触点和辅助触点的通断状态、绕组的阻值和不同组触点之间的阻值。

（1）交流接触器线圈的检测和判断。

首先找到交流接触器的线圈接线端子，将万用表的红、黑表笔分别搭在线圈的两个接线端子上，在正常情况下，常见的交流接触器的线圈阻值应为几百欧姆，说明交流接触器线圈正常。若阻值为零，则说明线圈已经短路损坏；若阻值为无穷大，则说明线圈已经断路损坏。

（2）交流接触器主触点的检测和判断。

首先明确交流接触器的主触点上下对应的接线端子分为L1/T1、L2/T2、L3/T3三组，检测前先将万用表挡位旋钮调至蜂鸣挡，短接两个表笔，测试万用表检测状态是否正常，然后分别将万用表的红、黑表笔搭在三组主触点接线端子上，检测其通断状态。

交流接触器的主触点一般都是动合触点，在线圈未得电、铁芯未吸合的状态下，主触点应为断开状态，否则说明主触点损坏。

当按下交流接触器上的按钮，模拟交流接触器吸合状态，即在线圈得电、铁芯吸合时应带动主触点闭合后再次检测，主触点应变为闭合状态，否则说明主触点损坏。

（3）交流接触器辅助触点的检测和判断。

不同型号的交流接触器带有辅助触点的类型或数量也不同，有些交流接触器带有一个动合辅助触点，有些带有一个动断辅助触点，也有的交流接触器同时带有一个或多个动合、动断辅助触点。

在交流接触器上，接线端子附近标识有NO字母的表示动合辅助触点，标识有NC字母的表示动断辅助触点。

在正常情况下，接触器未吸合状态下，动合辅助触点处于断开状态；吸合状态下，交流接触器动合辅助触点变为接通，说明交流接触器的动合辅助触点正常。

（4）交流接触器触点间通、断的检测和判断。

需要注意的是，除了上面三个步骤外，为了进一步确认触点之间未发生粘连等情况，还需要对主触点之间的状态进行检测，即用万用表分别检测交流接触器主触点三组接线端子之间（即左右触点之间），主触点与辅助触点接线端子之间的通断状态。

在任何状态下，各组主触点、辅助触点之间必须是断开的。交流接触器主触点可能因工作时温度过高，触点熔化造成触点间短路的故障。通过这个步骤测量，可以排除该类短路故障。

由以上四个检测步骤，可以明确判断出交流接触器是否正常。

若经上述检测发现交流电动机控制线路的控制功能正常，但交流电动机工作异常，则应重点对电动机进行检修。

本章系统介绍变频器及变频技术的应用。

- ● 变频器的种类特点
- ◇ 变频器的种类
- ◇ 变频器的结构
- ● 变频器的功能和应用
- ◇ 变频器的功能特点
- ◇ 变频器的应用
- ● 变频器的工作原理和控制过程
- ◇ 变频器的工作原理
- ◇ 变频器的控制过程
- ● 变频技术的应用实例
- ◇ 变频技术在制冷设备中的应用
- ◇ 变频技术在自动控制系统中的应用

第15章

变频器及变频技术的应用

15.1 变频器的种类特点

15.1.1 变频器的种类

变频器种类很多，其分类方式也是多种多样，可根据需求，按其用途、变换方式、电源性质、变频控制方式等进行分类。

1 按照用途分类

变频器按照用途可以分为通用变频器和专用变频器两大类。

① 通用变频器

通用变频器是指在很多方面具有很强通用性的变频器。该类变频器简化了一些系统功能，并以节能为主要目的，多为中小容量变频器，一般应用于水泵、风扇、鼓风机等对于系统调速性能要求不高的场合。图15-1所示为几种常见通用变频器的实物外形。

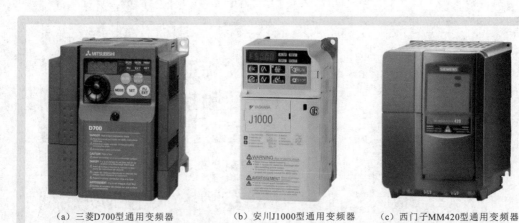

(a) 三菱D700型通用变频器　　(b) 安川J1000型通用变频器　　(c) 西门子MM420型通用变频器

图15-1　几种常见通用变频器的实物外形

② 专用变频器

专用变频器是指专门针对某一方面或某一领域而设计研发的变频器。该类变频器针对性较强，具有适用于其所针对领域独有的功能和优势，从而能够更好地发挥变频调速的作用。图15-2所示为几种常见专用变频器的实物外形。

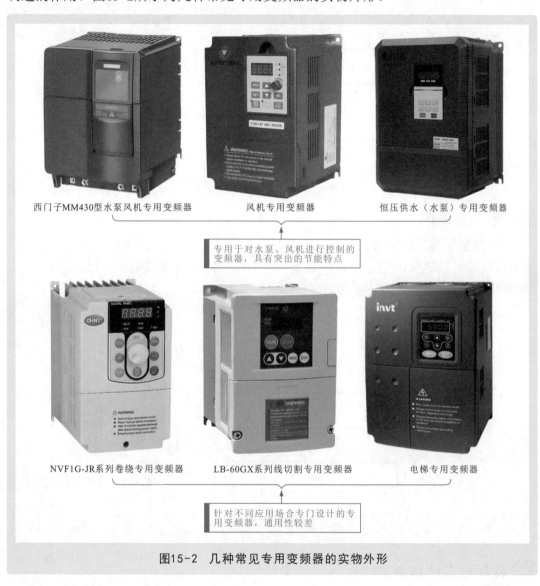

西门子MM430型水泵风机专用变频器　　　　风机专用变频器　　　　恒压供水（水泵）专用变频器

专用于对水泵、风机进行控制的变频器，具有突出的节能特点

NVF1G-JR系列卷绕专用变频器　　　LB-60GX系列线切割专用变频器　　　电梯专用变频器

针对不同应用场合专门设计的专用变频器，通用性较差

图15-2　几种常见专用变频器的实物外形

2 按照变换方式分类

变频器按照其工作时频率变换的方式，主要分为两类：交-直-交变频器和交-交变频器。

1 交-直-交变频器

交-直-交变频器又称间接式变频器，是指变频器工作时，首先将工频交流电通过整流单元转换成脉动的直流电，再经过中间电路中的电容平滑滤波，为逆变电路供电；在控制系统的控制下，逆变电路再将直流电源转换成频率和电压可调的交流电，然后提供给负载（电动机）进行变速控制。交-直-交变频器结构如图15-3所示。

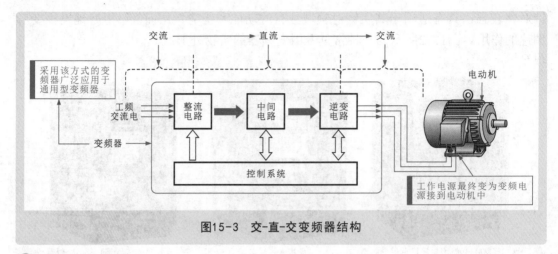

图15-3　交-直-交变频器结构

② 交-交变频器

交-交变频器又称直接式变频器，是指变频器工作时，将工频交流电直接转换成频率和电压可调的交流电，提供给负载（电动机）进行变速控制。图15-4所示为交-交变频器结构。

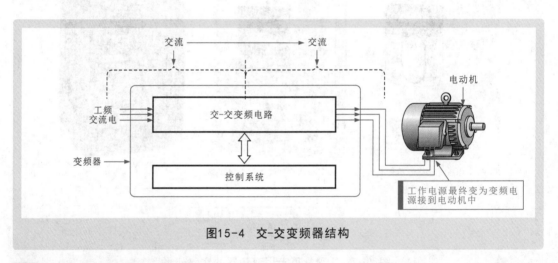

图15-4　交-交变频器结构

3　按照电源性质分类

在上述交-直-交变频器中，根据其中间电路部分电源性质的不同，又可将变频器分为两大类：电压型变频器和电流型变频器。

① 电压型变频器

电压型变频器的特点是中间电路采用电容器作为直流储能元件，缓冲负载的无功功率。直流电压比较平稳，直流电源内阻较小，相当于电压源，故电压型变频器常用于负载电压变化较大的场合。图15-5所示为电压型变频器结构。

② 电流型变频器

电流型变频器的特点是中间电路采用电感器作为直流储能元件，用以缓冲负载的无功功率，即扼制电流的变化，使电压接近正弦波，由于该直流电源内阻较大，可扼制负载电流频繁而急剧的变化，故电流型变频器常用于负载电流变化较大的场合，适用于需要回馈制动和经常正、反转的生产机械。图15-6所示为电流型变频器结构。

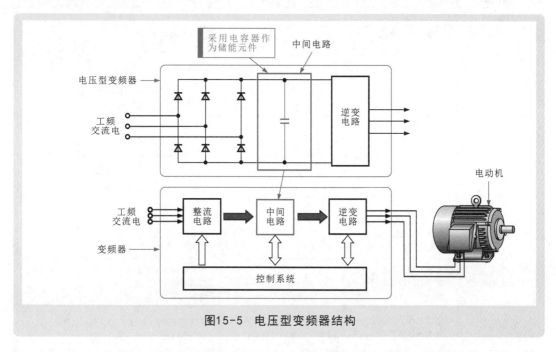

图15-5 电压型变频器结构

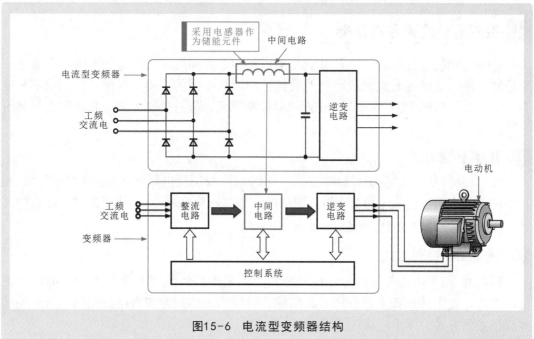

图15-6 电流型变频器结构

电压型变频器与电流型变频器不仅在电路结构上有所不同，其性能及使用范围也有所差别。表15-1所示为两种类型变频器的对比。

表15-1　电压型变频器与电流型变频器的对比

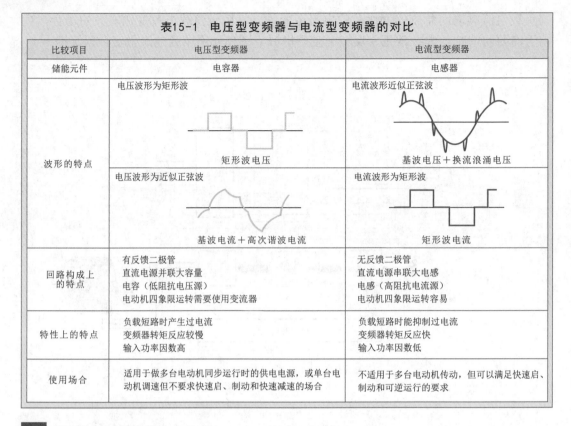

比较项目	电压型变频器	电流型变频器
储能元件	电容器	电感器
波形的特点	电压波形为矩形波 矩形波电压 电压波形为近似正弦波 基波电流＋高次谐波电流	电流波形近似正弦波 基波电压＋换流浪涌电压 电流波形为矩形波 矩形波电流
回路构成上的特点	有反馈二极管 直流电源并联大容量 电容（低阻抗电压源） 电动机四象限运转需要使用变流器	无反馈二极管 直流电源串联大电感 电感（高阻抗电流源） 电动机四象限运转容易
特性上的特点	负载短路时产生过电流 变频器转矩反应较慢 输入功率因数高	负载短路时能抑制过电流 变频器转矩反应快 输入功率因数低
使用场合	适用于做多台电动机同步运行时的供电电源，或单台电动机调速但不要求快速启、制动和快速减速的场合	不适用于多台电动机传动，但可以满足快速启、制动和可逆运行的要求

4　按照变频控制方式分类

由于电动机的运行特性，使其对交流电源的电压和频率有一定的要求，变频器作为控制电源，需满足对电动机特性的最优控制，从不同的应用目的出发，采用多种变频控制方式，如压/频控制方式、转差频率控制方式、矢量控制方式、直接转矩控制方式等。

① 压/频控制方式

压/频控制方式又称为U/f控制方式，即通过控制逆变电路输出电源频率变化的同时也调节输出电压的大小（即U增大则f增大，U减小则f减小），从而调节电动机的转速。图15-7所示为典型压/频控制电路框图。

② 转差频率控制方式

转差频率控制方式又称为SF控制方式，即采用测速装置来检测电动机的旋转速度，然后与设定转速频率进行比较，根据转差频率去控制逆变电路。图15-8所示为转差频率控制方式工作原理框图。

③ 矢量控制方式

矢量控制方式是一种仿照直流电动机的控制特点，将异步电动机的定子电流在理论上分成两部分：产生磁场的电流分量（磁场电流）和与磁场相垂直、产生转矩的电流分量（转矩电流），并分别加以控制。

矢量控制方式的变频器具有低频转矩大、响应快、机械特性好、控制精度高等特点。

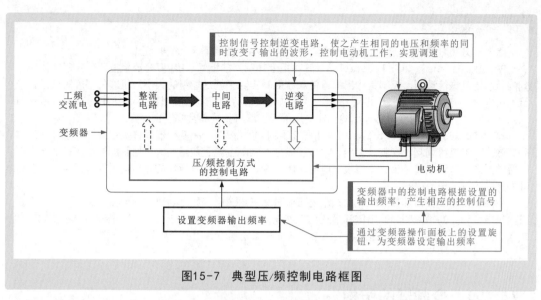

图15-7 典型压/频控制电路框图

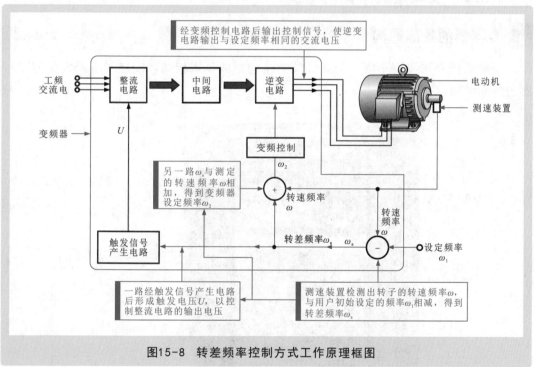

图15-8 转差频率控制方式工作原理框图

❹ 直接转矩控制方式

直接转矩控制方式又称为DTC控制方式，是目前最先进的交流异步电动机控制方式。该方式不是间接地控制电流、磁链等量，而是把转矩直接作为被控制量来进行变频控制。

目前，该类方式多用于一些大型的变频器设备中，如重载、起重、电力牵引、惯性较大的驱动系统及电梯等设备中。

除上述分类方式外，还可以按调压方法的不同分为PAM变频器和PWM变频器。

PAM是Pulse Amplitude Modulation（脉冲幅度调制）的缩写。PAM变频器是按照一定规律对脉冲列的脉冲幅度进行调制，控制其输出的量值和波形。实际上就是能量的大小用脉冲的幅度来表示，整流输出电路中增加开关管（门控管IGBT），通过对该IGBT的控制改变整流电路输出的直流电压幅度（140～390V），这样变频电路输出的脉冲电压不但宽度可变，而且幅度也可变。

PWM是Pulse Width Modulation（脉冲宽度调制）的缩写。PWM变频器同样是按照一定规律对脉冲列的脉冲宽度进行调制，控制其输出的量值和波形。实际上就是能量的大小用脉冲的宽度来表示，此种驱动方式，整流电路输出的直流供电电压基本不变，变频器功率模块的输出电压幅度恒定，控制脉冲的宽度受微处理器控制。

另外，常用变频器按输入电流的相数还可以分为三进三出变频器和单进三出变频器。其中，三进三出是指变频器的输入侧和输出侧都是三相交流电，大多数变频器属于该类。单进三出是指变频器的输入侧为单相交流电，输出侧是三相交流电，一般家用电器设备中的变频器属于该类。

15.1.2 变频器的结构

1 变频器的外部结构

变频器的外形虽有不同，但其外部的结构组成基本相同。图15-9所示为典型变频器的外部结构。

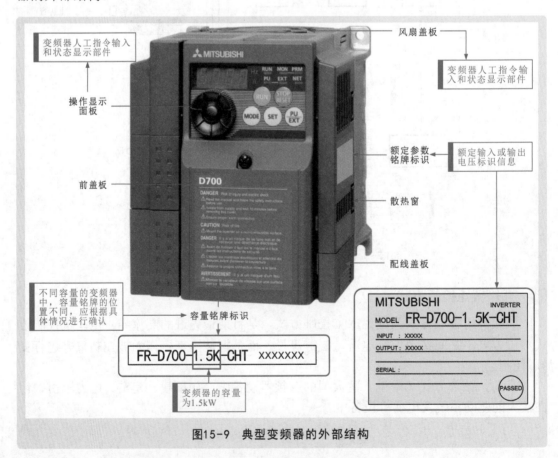

图15-9 典型变频器的外部结构

直接观察外观，可以看到变频器的操作显示面板、容量铭牌标识、额定参数铭牌标识及各种盖板等部分。

1 操作显示面板

操作显示面板是变频器与外界实现交互的关键部分。目前，多数变频器都是通过操作显示面板上的显示屏、操作按键或旋钮、指示灯等进行相关参数的设置及运行状态的监视。图15-10所示为典型变频器的操作显示面板。

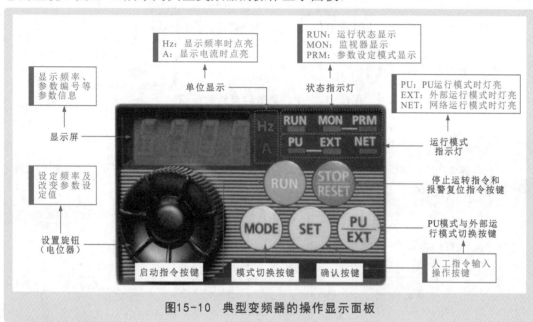

图15-10 典型变频器的操作显示面板

补充说明

不同类型的变频器，操作面板的具体结构也有所不同。图15-11所示为另一种常见变频器操作面板的结构图，可以看出，其与图15-10所包含的按键功能及形式有所区别，但基本的功能按键十分相似。

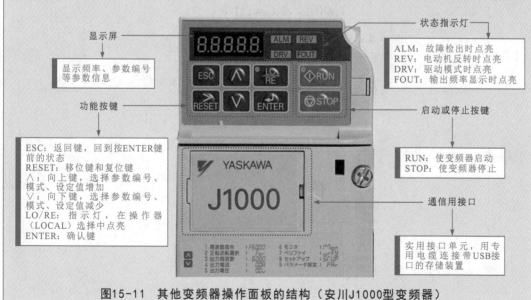

图15-11 其他变频器操作面板的结构（安川J1000型变频器）

2 容量铭牌标识

变频器的容量铭牌标识一般直接印在变频器的前盖板上，与变频器的型号组合在一起，如图15-12所示。通过该标识可以区分同型号不同系列（参数不同）变频器的规格参数。

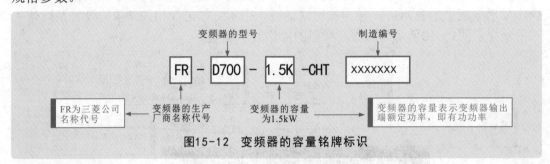

图15-12 变频器的容量铭牌标识

补充说明

不同厂家生产的变频器标识含义也有所区别，图15-13～图15-16所示为几种不同厂家生产的变频器的铭牌标识及其含义。

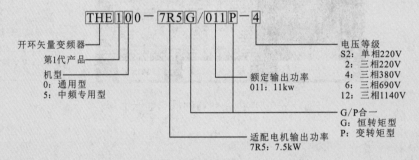

图15-13 台海变频器铭牌标识及其含义

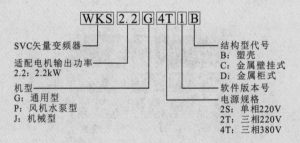

图15-14 威尔凯变频器铭牌标识及其含义

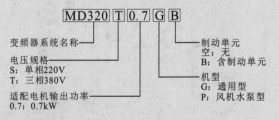

图15-15 汇川变频器铭牌标识及其含义

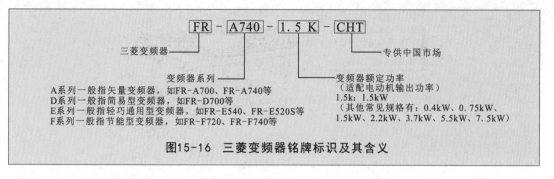

图15-16 三菱变频器铭牌标识及其含义

③ 额定参数铭牌标识

变频器的额定参数铭牌标识一般贴在变频器的侧面外壳上，标识出了变频器额定输入相关参数（如额定电流、额定电压、额定频率等）、额定输出相关参数（如额定电流、额定电压、输出频率范围等），如图15-17所示。

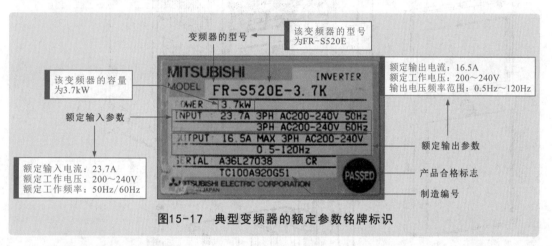

图15-17 典型变频器的额定参数铭牌标识

变频器铭牌标识没有统一的标准，不同厂商各自对产品命名，因此想要读懂某一品牌变频器的铭牌标识，需要先对该厂商的命名规格有一定的了解。

2 变频器的内部结构

将变频器外部的各挡板取下后，即可看到变频器的内部结构，如图15-18所示。从图15-18可以看出，变频器的外部主要由冷却风扇、主电路接线端子、控制电路接线端子、其他功能接口或开关（如控制逻辑切换跨接器、PU接口、电压或电流输入切换开关等）等构成。

① 冷却风扇

变频器内部的冷却风扇用于在变频器工作时，对内部电路中的发热器件进行冷却，以确保变频器工作的稳定性和可靠性。图15-19所示为典型变频器的冷却风扇部分。

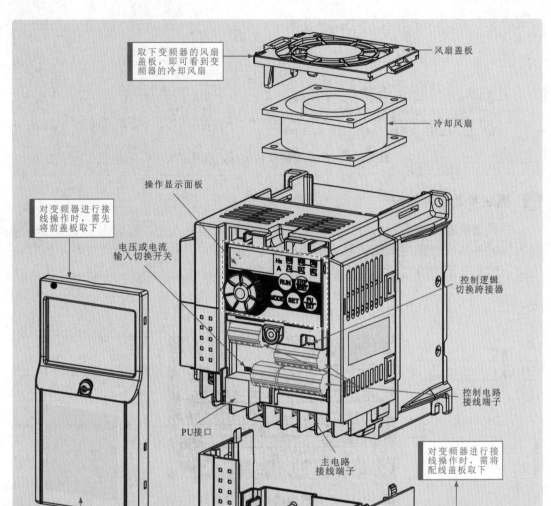

取下变频器的风扇盖板，即可看到变频器的冷却风扇

风扇盖板

冷却风扇

操作显示面板

对变频器进行接线操作时，需先将前盖板取下

电压或电流输入切换开关

控制逻辑切换跨接器

控制电路接线端子

PU接口

对变频器进行接线操作时，需将配线盖板取下

主电路接线端子

配线盖板

前盖板

图15-18　典型变频器的内部结构

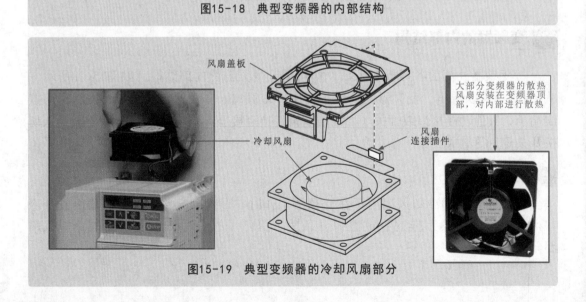

风扇盖板

冷却风扇

风扇连接插件

大部分变频器的散热风扇安装在变频器顶部，对内部进行散热

图15-19　典型变频器的冷却风扇部分

❷ 主电路接线端子

　　打开变频器的前面板和配线盖板后，即可看到变频器的各种接线端子，并可在该状态下进行接线操作。

　　其中，电源侧的主电路接线端子主要用于连接三相供电电源，而负载侧的主电路接线端子主要用于连接电动机。图15-20所示为典型变频器的主电路接线端子部分及其接线方式。

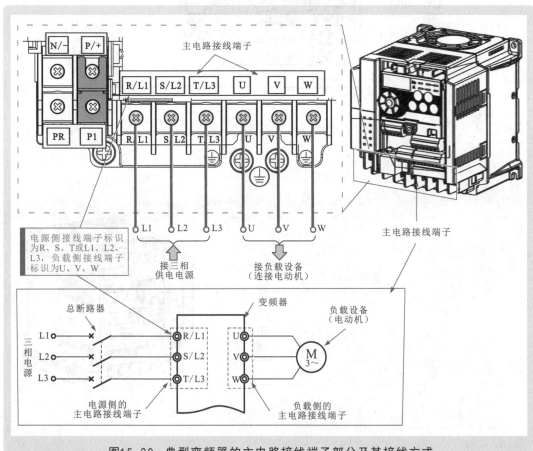

图15-20　典型变频器的主电路接线端子部分及其接线方式

📎 **补充说明**

　　不同类型的变频器，具体接线端子的排列和位置有所不同，但其主电路接线端子基本均用L1、L2、L3和U、V、W字母进行标识，可根据该标识进行识别和区分。图15-21所示为另外一个品牌的变频器的主电路接线端子的位置及相关标识。

❸ 控制电路接线端子

　　控制电路接线端子一般包括输入信号、输出信号及生产厂家设定用端子部分，用于连接变频器控制信号的输入、输出、通信等部件。其中，输入信号接线端子一般用于为变频器输入外部的控制信号，如正反转启动方式、频率设定值、PTC热敏电阻输入等；输出信号端子则用于输出对外部装置的控制信号，如继电器控制信号等；生产厂家设定用端子一般不可连接任何设备，否则可能导致变频器故障。

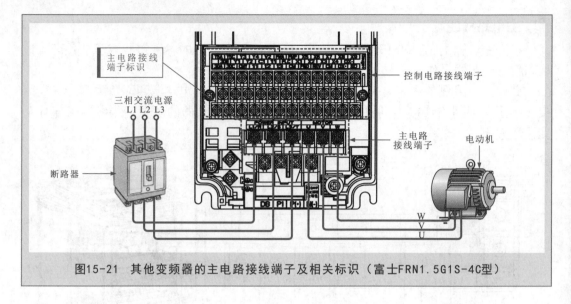

图15-21　其他变频器的主电路接线端子及相关标识（富士FRN1.5G1S-4C型）

典型变频器的控制接线端子部分如图15-22所示。

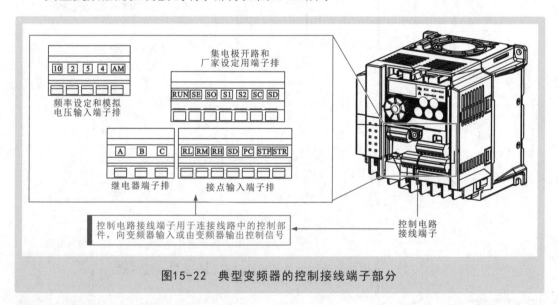

图15-22　典型变频器的控制接线端子部分

④ 其他功能接口或功能开关

变频器除上述主电路接线端子和控制接线端子外，在其端子部分一般还包含一些其他功能接口或功能开关等，如控制逻辑切换跨接器、PU接口、电流或电压切换开关等，如图15-23所示。

3 变频器的电路结构

变频器的电路部分是由构成各种功能电路的电子、电力器件构成的。一般需要拆开变频器外壳才可看到其电路部分的具体构成，如图15-24所示。

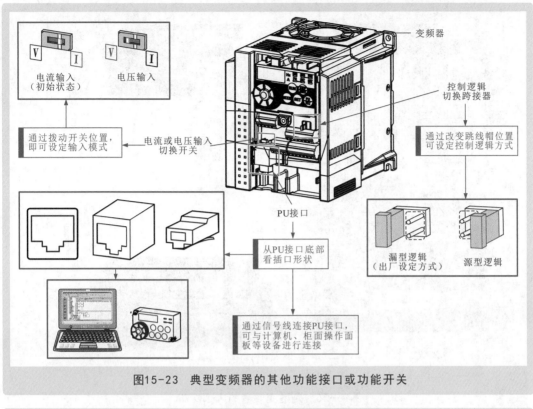

图15-23 典型变频器的其他功能接口或功能开关

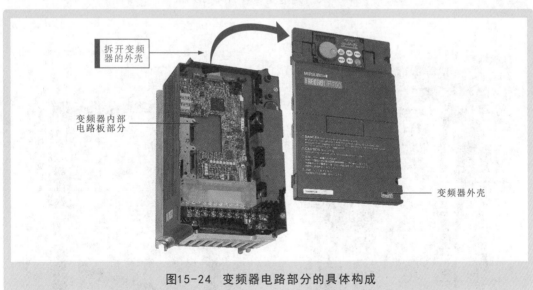

图15-24 变频器电路部分的具体构成

图15-25所示为典型变频器的电路结构，可以看到其内部一般包含两只高容量电容、整流单元、挡板下的控制单元和其他单元（通信电路板、接线端子排）等。

继续拆卸内部的散热片和挡板后，可以看到其内部具体的单元模块，如图15-26所示。从图15-26可以看到，变频器内部主要是由控制单元（控制电路板）、整流单元（整流电路）、逆变单元（智能功率模块）、水泥电阻器、高容量电容、电流互感器等部分构成的。

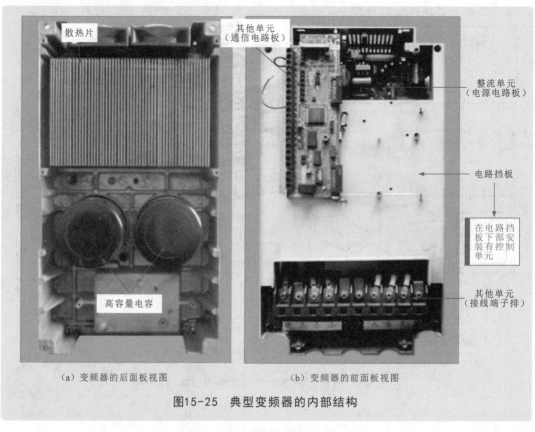

散热片

其他单元
（通信电路板）

整流单元
（电源电路板）

电路挡板

在电路挡板下部安装有控制单元

其他单元
（接线端子排）

高容量电容

（a）变频器的后面板视图　　　　　　　　（b）变频器的前面板视图

图15-25　典型变频器的内部结构

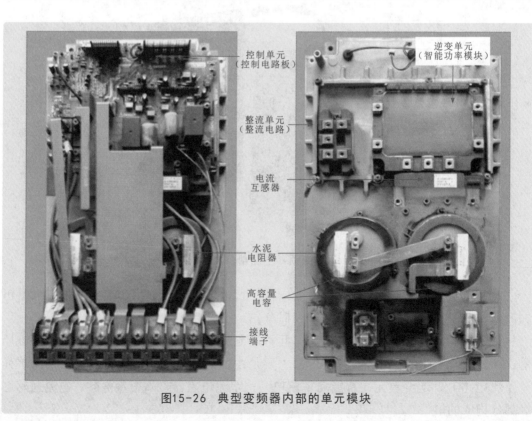

控制单元
（控制电路板）

逆变单元
（智能功率模块）

整流单元
（整流电路）

电流
互感器

水泥
电阻器

高容量
电容

接线
端子

图15-26　典型变频器内部的单元模块

15.2　变频器的功能和应用

15.2.1　变频器的功能

变频器的作用是改变电动机驱动电流的频率和幅值，进而改变其旋转磁场的周期，达到平滑控制电动机转速的目的。变频器的出现，使得复杂的调速控制简单化，用变频器与交流鼠笼式感应电动机的组合，替代了大部分原先只能用直流电动机完成的工作，缩小了体积，降低了故障发生的概率，使传动技术发展到新阶段。

由于变频器既可以改变输出电压又可以改变频率（即改变电动机的转速），因此实现了对电动机的启动及对转速的控制。变频器的功能原理图如图15-27所示。

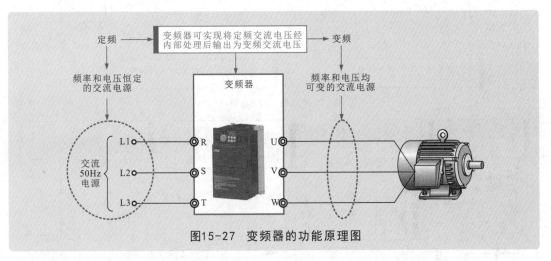

图15-27　变频器的功能原理图

综合来说，变频器是一种集启停控制、变频调速、显示及按键设置功能、保护功能等于一体的电动机控制装置。

1 软启动功能

变频器基本上包含了最基本的启动功能，可实现被控负载电动机的启动电流从零开始，最大值也不超过额定电流的150%，减轻了对电网的冲击和对供电容量的要求，图15-28所示为电动机硬启动、变频器软启动两种启动方式中其启动电流、转速上升状态的比较。

2 可受控的加速或减速功能

在使用变频器对电动机进行控制时，变频器输出的频率和电压可从低频低压加速至额定的频率和额定的电压，或者从额定的频率和额定的电压减速至低频低压，而加速或减速的快慢可以由用户选择加速或减速方式进行设定，即改变上升或下降频率。其基本原则是，在电动机的启动电流允许的条件下，尽可能缩短加速或减速时间。

例如，三菱FR-A700通用型变频器的加速或减速方式有直线加减速、S曲线加速或减速A、S曲线加速或减速B和齿隙补偿等，如图15-29所示。

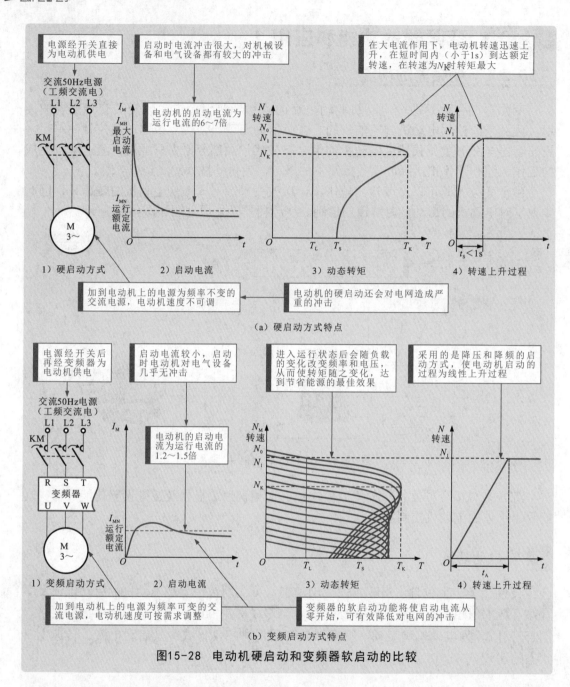

电源经开关直接为电动机供电

启动时电流冲击很大，对机械设备和电气设备都有较大的冲击

在大电流作用下，电动机转速迅速上升，在短时间内（小于1s）到达额定转速，在转速为N_K时转矩最大

交流50Hz电源（工频交流电）

电动机的启动电流为运行电流的6～7倍

1）硬启动方式

2）启动电流

3）动态转矩

4）转速上升过程

加到电动机上的电源为频率不变的交流电源，电动机速度不可调

电动机的硬启动还会对电网造成严重的冲击

（a）硬启动方式特点

电源经开关后再经变频器为电动机供电

启动电流较小，启动时电动机对电气设备几乎无冲击

进入运行状态后会随负载的变化改变频率和电压，从而使转矩随之变化，达到节省能源的最佳效果

采用的是降压和降频的启动方式，使电动机启动的过程为线性上升过程

交流50Hz电源（工频交流电）

电动机的启动电流为运行电流的1.2～1.5倍

1）变频启动方式

2）启动电流

3）动态转矩

4）转速上升过程

加到电动机上的电源为频率可变的交流电源，电动机速度可按需求调整

变频器的软启动功能将使启动电流从零开始，可有效降低对电网的冲击

（b）变频启动方式特点

图15-28 电动机硬启动和变频器软启动的比较

（a）直线加速方式

（b）S曲线加速或减速A型方式

图15-29 三菱FR-A700通用型变频器的加速或减速方式

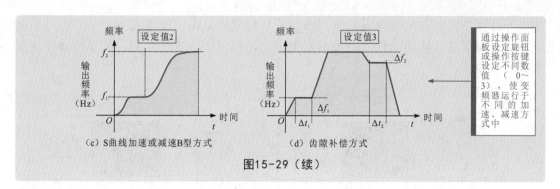

图15-29（续）

3 可受控的停车及制动功能

在变频器控制中，停车及制动方式可以受控，而且一般变频器具有多种停车方式及制动方式进行设定或选择，如减速停车、自由停车、减速停车加制动等，该功能可减少对机械部件及对电动机的冲击，从而使整个系统更加可靠。

补充说明

在变频器中经常使用的制动方式有两种，即直流制动功能、外接制动电阻和制动单元功能，用来满足不同用户的需要。

（1）直流制动功能。变频器的直流制动功能是指当电动机的工作频率下降到一定的范围时，变频器向电动机的绕组间接入直流电压，从而使电动机迅速停止转动。在直流制动功能中，用户需对变频器的直流制动电压、直流制动时间和直流制动起始频率等参数进行设置。

（2）外接制动电阻和制动单元。当变频器输出频率下降过快时，电动机将产生回馈制动电流，使直流电压上升，可能会损坏变频器。此时为回馈电路中加入制动电阻和制动单元，将直流回路中的能量消耗掉，以便保护变频器并实现制动。

4 突出的变频调速功能

变频器的变频调速功能是其最基本的功能。在传统电动机控制系统中，电动机直接由工频电源（50Hz）供电，其供电电源的频率f_1是恒定不变的，因此其转速也是恒定的。

而在电动机的变频控制系统中，电动机的调速控制是通过改变变频器的输出频率实现的。通过改变变频器的输出频率，即可实现电动机在不同电源频率下工作，从而可自动完成电动机的调速控制。

图15-30所示为上述两种电动机控制系统中电动机调速控制的比较。

5 监控和故障诊断功能

变频器前面板上一般都设有显示屏、状态指示灯及操作按键，可用于对变频器各项参数进行设定及对设定值、运行状态等进行监控显示。

大多数变频器内部设有故障诊断功能，该功能可对系统构成、硬件状态、指令的正确性等进行诊断，当发现异常时，会控制报警系统发出报警提示声，同时在显示屏上显示错误信息，当故障严重时则会发出控制指令停止运行，从而提高变频器控制系统的安全性。

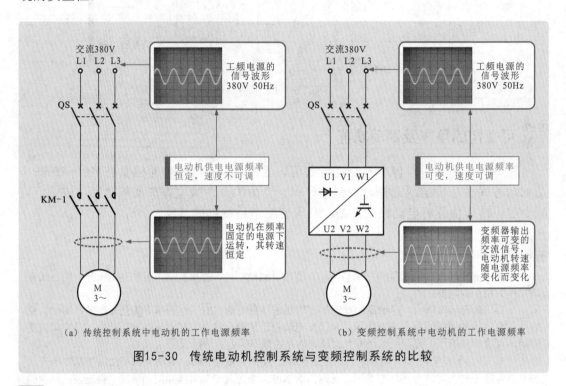

（a）传统控制系统中电动机的工作电源频率　　（b）变频控制系统中电动机的工作电源频率

图15-30　传统电动机控制系统与变频控制系统的比较

6　安全保护功能

变频器内部设有保护电路，可实现对其自身及负载电动机的各种异常保护功能，其中主要包括过热（过载）保护和防失速保护。

① 过热（过载）保护功能

变频器的过热（过载）保护即过流保护或过热保护。在所有的变频器中配置了电子热保护功能或采用热继电器进行保护。过热（过载）保护功能是通过监测负载（电动机）及变频器本身的温度，当变频器所控制的负载惯性过大或因负载过大引起电动机堵转时，其输出电流超过额定值或交流电动机过热时，保护电路动作，使电动机停转，防止变频器及负载（电动机）损坏。

② 防失速保护

失速是指当给定的加速时间过短，电动机加速变化远远跟不上变频器的输出频率变化时，变频器因电流过大而跳闸，运转停止。

为了防止上述失速现象，保障电动机正常运转，变频器内部设有防失速保护电路，该电路可检出电流的大小进行频率控制。当加速电流过大时适当放慢加速速率，减速电流过大时也适当放慢减速速率，以防出现失速情况。

另外，变频器内的保护电路可在运行中实现过电流短路保护、过电压保护、冷却风扇过热和瞬时停电保护等，当检测到异常状态后可控制内部电路停机保护。

7 与其他设备通信的功能

为了便于通信及和人机交互，变频器上通常设有不同的通信接口，可用于与PLC自动控制系统及远程操作器、通信模块、计算机等进行通信连接，如图15-31所示。

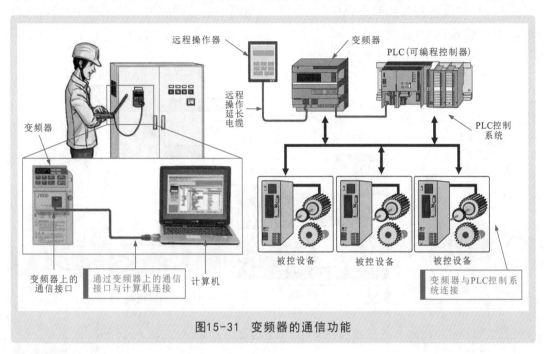

远程操作器

变频器

PLC（可编程控制器）

远程操作延长电缆

PLC控制系统

变频器

变频器上的通信接口

通过变频器上的通信接口与计算机连接

计算机

被控设备

被控设备

被控设备

变频器与PLC控制系统连接

图15-31 变频器的通信功能

8 其他功能

变频器作为一种新型的电动机控制装置，除上述功能特点外，还具有运转精度高、功率因数可控等特点。

无功功率不但增加线损和设备的发热，更主要的是功率因数的降低会导致电网有功功率的降低，使大量的无功电能消耗在线路当中，使设备的效率低下，能源浪费严重。使用变频调速装置后，由于变频器内部设置了功率因数补偿电路（滤波电容的作用），从而减少了无功损耗，增加了电网的有功功率。

15.2.2 变频器的应用

变频器是一种依托于变频技术开发的新型智能型驱动和控制装置，广泛地应用于交流异步电动机速度控制的各种场合，其高效率的驱动性能及良好的控制特性，已成为目前公认的最理想、最具有发展前景的调速方式之一。

变频器的各种突出功能使其在节能、提高产品质量或生产效率、改造传统产业使其实现机电一体化、工厂自动化、改善环境等各个方面得到了广泛的应用。其所涉及的行业领域也越来越广泛，简单来说，只要使用到交流电动机的场合，特别是需要运行中实现电动机转速调整的环境，几乎都可以应用变频器。

1 变频器在节能方面的应用

变频器在节能方面的应用主要体现在风机、水泵类等作为负载设备的领域中，一般可实现20%～60%的节电率。

图15-32所示为变频器在锅炉和水泵驱动电路中的节能应用。该系统中有2台风机驱动电动机和1台水泵驱动电动机，这3台电动机都采用了变频器驱动方式，耗能下降了25%～40%，大大节省了能耗。

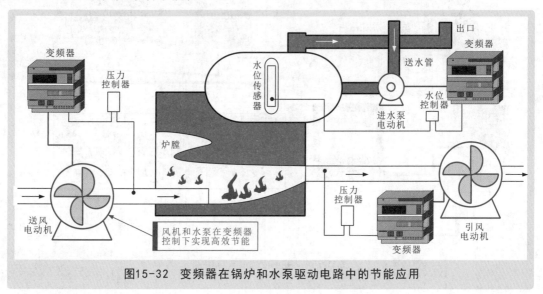

图15-32　变频器在锅炉和水泵驱动电路中的节能应用

2 变频器在提高产品质量或生产效率方面的应用

变频器的控制性能使其在提高产品质量或生产效率方面得到广泛应用，如传送带、起重机、挤压、注塑机、机床、纸/膜/钢板加工、印刷板开孔机等各种机械设备控制领域。

图15-33所示为变频器在典型挤压机驱动系统中的应用。挤压机是一种用于挤压一些金属或塑料材料的压力机，其具有将金属或塑料锭坯一次加工成管、棒、型材的功能。

> **补充说明**
>
> 采用变频器对该类机械设备进行调速控制，不仅可根据机械特点调节挤压机螺杆的速度，提高生产量，还可检测挤压机柱体的温度，实现控制螺杆的运行速度；另外，为了保证产品质量一致，使挤压机的进料均匀，需要对进料控制电动机的速度进行实时控制，为此，在变频器中设有自动运行控制、自动检测和自动保护电路。

3 变频器在改造传统产业、实现机电一体化方面的应用

近年来，变频器的发展十分迅速，在工业生产领域和民用生活领域都得到了广泛的应用，特别在一些传统产业的改造建设中起到了关键作用，使它们从功能、性能及结构上都有一个质的提高，同时可实现国家节能减排的基本要求。

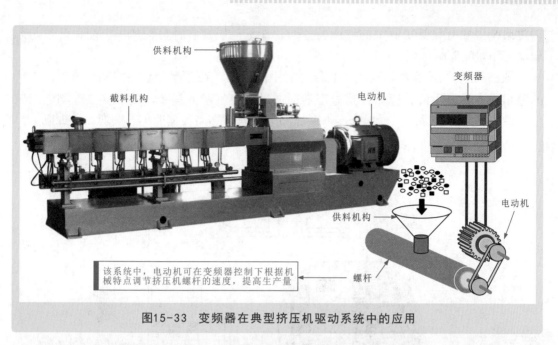

供料机构

截料机构

变频器

电动机

电动机

供料机构

螺杆

该系统中，电动机可在变频器控制下根据机械特点调节挤压机螺杆的速度，提高生产量

图15-33 变频器在典型挤压机驱动系统中的应用

例如，变频器在纺织机械中的应用如图15-34所示。

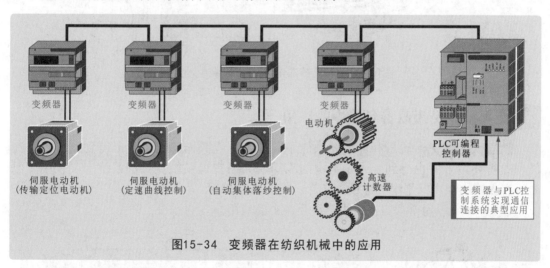

变频器　变频器　变频器　变频器

电动机

高速计数器

PLC可编程控制器

伺服电动机
(传输定位电动机)

伺服电动机
(定速曲线控制)

伺服电动机
(自动集体落纱控制)

变频器与PLC控制系统实现通信连接的典型应用

图15-34 变频器在纺织机械中的应用

纺织工业是我国最早的民族工业之一，在工业生产中占有举足轻重的地位，传统纺织机械的自动化也是我国工业自动化发展的一个重要项目。可编程控制器、变频器、伺服电动机、人机界面是驱动控制系统中不可缺少的组成部分。

在纺织机械中有多个电动机驱动的传动机构，互相之间的传动速度和相位都有一定的要求。通常，纺织机械系统中的电动机普遍采用通用变频器控制，所有的变频器则统一由PLC控制。

4 变频器在自动控制系统中的应用

随着控制技术的发展，一些变频器除了基本的软启动、调速控制之外，还具有多种智能控制、多电动机一体控制、多电动机级联控制、力矩控制、自动检测和保护功能，输出精度高达0.01%～0.1%，由此在自动化系统中也得到了广泛的应用。常见的自动化系统主要有化纤工业中的卷绕、拉伸、计量，以及各种自动加料、配料、包装系统及电梯智能控制系统。

图15-35所为示变频器在电梯智能控制中的应用。在该电梯智能控制系统中，电梯的停车、上升、下降、停车位置等都是根据操作控制输入指令，变频器由检测电路或传感器实时监测电梯的运行状态，根据检测电路或传感器传输的信息实现自动控制。

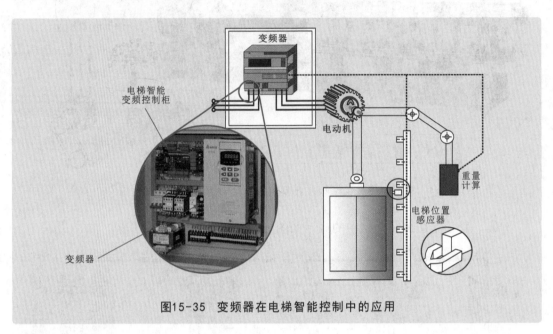

图15-35 变频器在电梯智能控制中的应用

5 变频器在民用改善环境中的应用

随着人们对生活质量和环境要求的不断提高，变频器除在工业上得到发展外，在民用改善环境方面也得到了一定范围的应用，如在空调系统及供水系统中，采用变频器可有效减小噪声、平滑加速度、防爆、提高安全性等。

图15-36所示为变频器在中央空调系统中的应用。

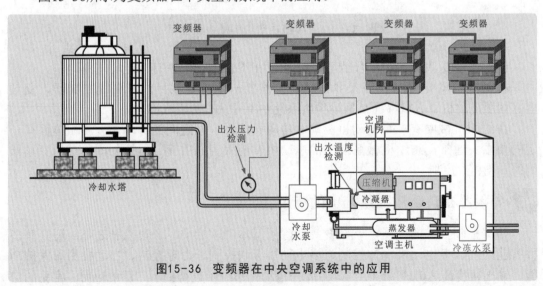

图15-36 变频器在中央空调系统中的应用

15.3 变频器的工作原理和控制过程

15.3.1 变频器的工作原理

传统的电动机驱动方式是恒频的，即用频率为50Hz的交流220V或380V电源直接去驱动电动机。由于电源频率恒定，电动机的转速是不变的。如果需要满足变速的要求，就需要增加附加的减速或升速设备（变速齿轮箱等），这样会增加设备成本，还会增加能源消耗，其功能还受限制。

为了克服恒频驱动中的缺点，提高效率，随着变频技术的发展，采用变频器进行控制的方式得到了广泛应用，即采用变频的驱动方式驱动电动机可以实现宽范围的转速控制，还可以大大提高效率，具有环保节能的特点。

如图15-37所示，在电动机驱动系统中采用变频器将恒压、恒频的电源变成电压和频率都可调的驱动电源，从而使电动机的转速随输出电源频率的变化而变化。

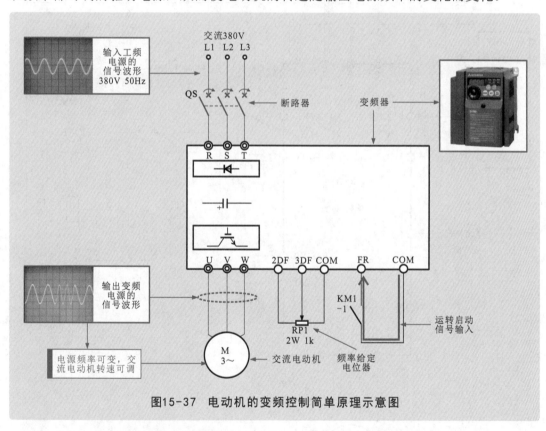

图15-37 电动机的变频控制简单原理示意图

15.3.2 变频器的控制过程

图15-38所示为典型三相交流电动机的变频器调速控制电路。从图15-38中可以看到，该电路主要是由变频器、总断路器、检测及保护电路、控制及指示电路和三相交流电动机（负载设备）等部分构成的。

变频器调速控制电路的控制过程主要可分为待机、启动和停机三个状态。

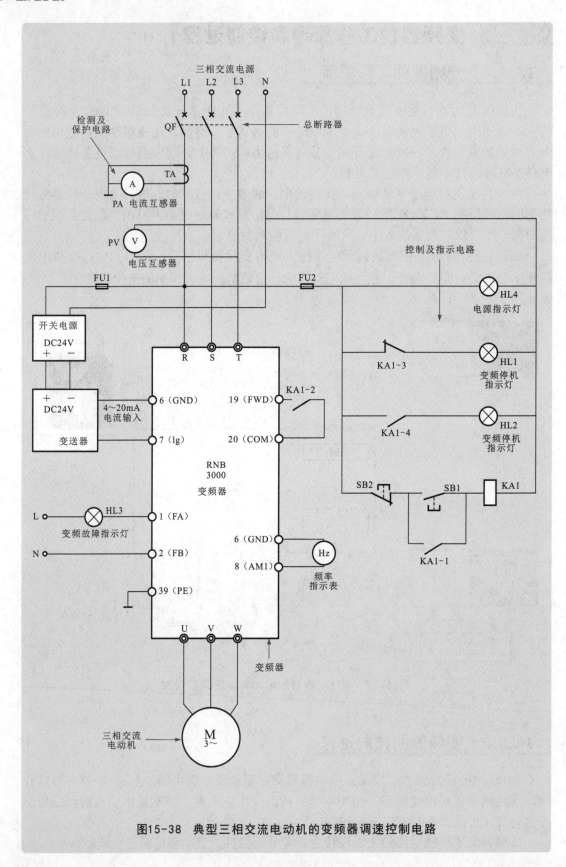

图15-38　典型三相交流电动机的变频器调速控制电路

1 变频器的待机状态

如图15-39所示，当闭合总断路器QF后，接通三相电源，变频器进入待机准备状态。

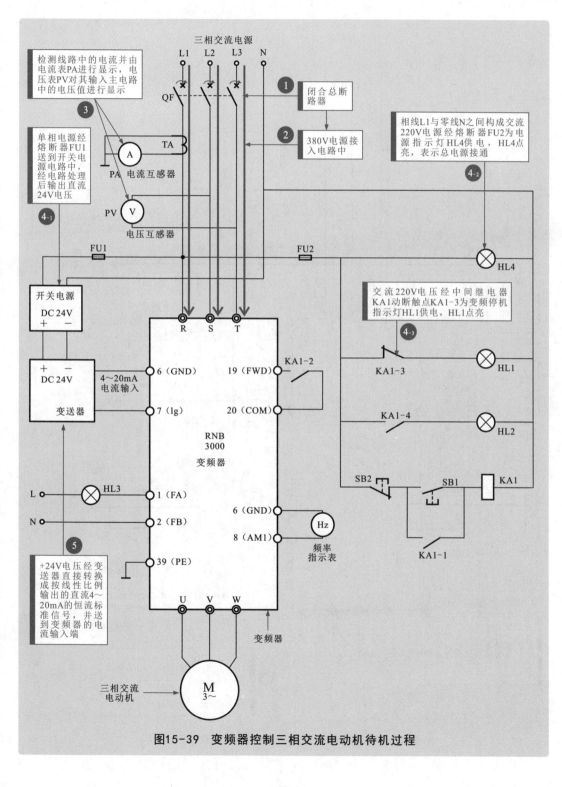

图15-39 变频器控制三相交流电动机待机过程

2 变频器控制三相交流电动机的启动过程

图15-40所示为按下启动按钮SB1后，由变频器控制三相交流电动机软启动的控制过程。

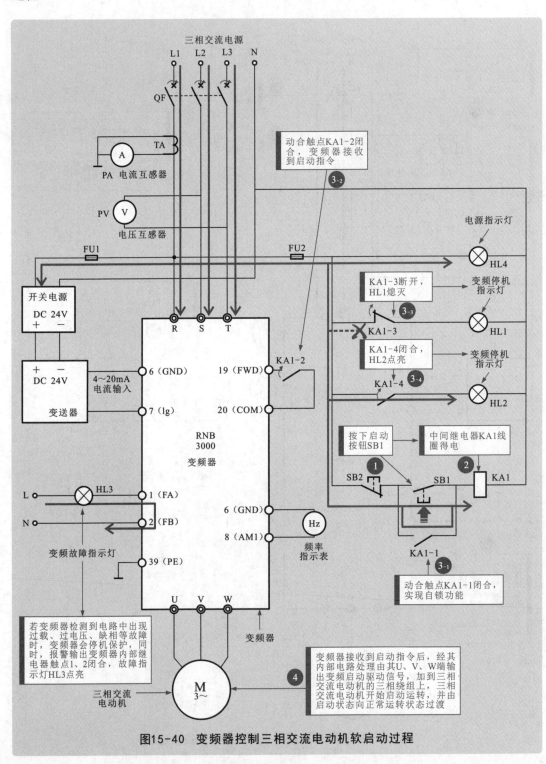

图15-40 变频器控制三相交流电动机软启动过程

3 变频器控制三相交流电动机的停机过程

图15-41所示为按下停止按钮SB2后，由变频器控制三相交流电动机停机的控制过程。

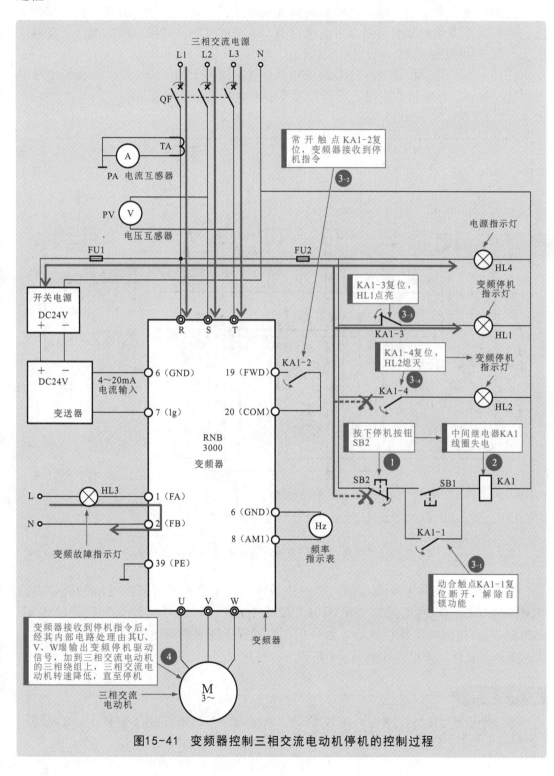

图15-41 变频器控制三相交流电动机停机的控制过程

15.4 变频技术的应用实例

15.4.1 变频技术在制冷设备中的应用

在制冷设备中，变频技术的引入使设备制冷或制热效率得到了提升，具有高效节能、噪声低、适应负荷能力强、启动电流小、温控精度高、适用电压范围广、调温速度快、保护功能强等特点。

图15-42所示为海信KFR-25GW/06BP型变频空调器中的变频电路。该变频电路主要由控制电路、过流检测电路、智能功率模块和变频压缩机构成。

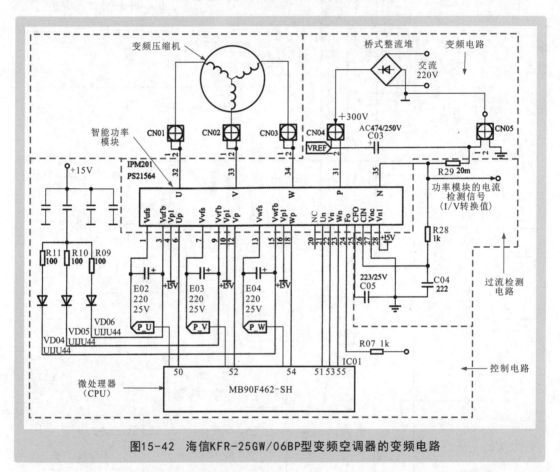

图15-42 海信KFR-25GW/06BP型变频空调器的变频电路

该电路中，变频电路满足供电等工作条件后，由室外机控制电路中的微处理器（MB90F462-SH）为变频模块IPM201/PS21564提供控制信号，经变频模块IPM201/PS21564内部电路的逻辑控制后，为变频压缩机提供变频驱动信号，驱动变频压缩机启动运转，具体工作过程如图15-43所示。

补充说明

图15-44所示为图15-42中PS21564型智能功率模块的实物外形、引脚排列及内部结构，其各引脚标识及功能见表15-2。

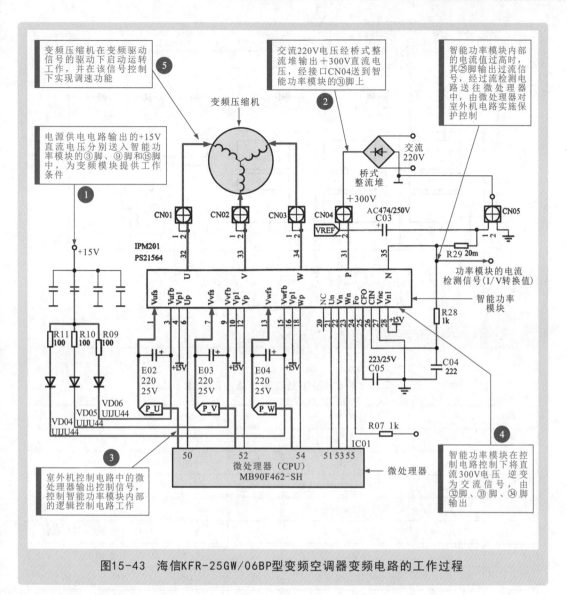

变频压缩机在变频驱动信号的驱动下启动运转工作，并在该信号控制下实现调速功能 **5**

交流220V电压经桥式整流堆输出+300V直流电压，经接口CN04送到智能功率模块的③脚上 **2**

智能功率模块内部的电流值过高时，其㉕脚输出过流信号，经过流检测电路送往微处理器中，由微处理器对室外机电路实施保护控制

变频压缩机

电源供电电路输出的+15V直流电压分别送入智能功率模块的③脚、⑨脚和⑮脚中，为变频模块提供工作条件 **1**

室外机控制电路中的微处理器输出控制信号，控制智能功率模块内部的逻辑控制电路工作 **3**

智能功率模块在控制电路控制下将直流300V电压逆变为交流信号，由㉜脚、㉝脚、㉞脚输出 **4**

图15-43 海信KFR-25GW/06BP型变频空调器变频电路的工作过程

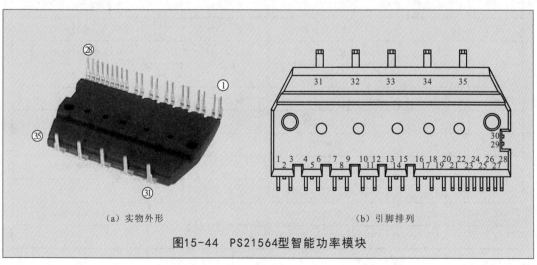

（a）实物外形　　　　　　　（b）引脚排列

图15-44 PS21564型智能功率模块

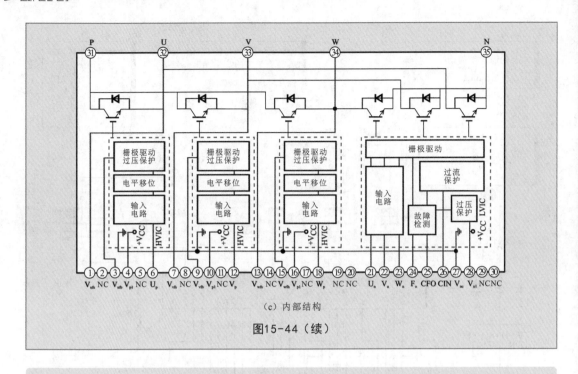

（c）内部结构

图15-44（续）

表15-2　PS21564型智能功率模块引脚标识及功能

引脚	标识	引脚功能	引脚	标识	引脚功能
①	V_{Uufa}	U绕组反馈信号	⑲	NC	空脚
②	NC	空脚	⑳	NC	空脚
③	V_{ufb}	U绕组反馈信号输入	㉑	U_n	功率晶体管U（下）控制
④	V_{pl}	模块内IC供电+15V	㉒	V_n	功率晶体管V（下）控制
⑤	NC	空脚	㉓	W_n	功率晶体管W（下）控制
⑥	U_p	功率晶体管U（上）控制	㉔	F_o	故障检测
⑦	V_{vfs}	V绕组反馈信号	㉕	CFO	故障输出（滤波端）
⑧	NC	空脚	㉖	CIN	过电流检测
⑨	V_{vfb}	V绕组反馈信号输入	㉗	V_{nc}	接地
⑩	V_{pl}	模块内IC供电+15V	㉘	V_{n1}	欠电压检测端
⑪	NC	空脚	㉙	NC	空脚
⑫	V_p	功率晶体管V（上）控制	㉚	NC	空脚
⑬	V_{wfs}	W绕组反馈信号	㉛	P	直流供电端
⑭	NC	空脚	㉜	U	接电动机绕组W
⑮	V_{wfb}	W绕组反馈信号输入	㉝	V	接电动机绕组V
⑯	V_{pl}	模块内IC供电+15V	㉞	W	接电动机绕组U
⑰	NC	空脚	㉟	N	直流供电负端
⑱	W_p	功率晶体管W（上）控制	——	——	——

15.4.2 变频技术在自动控制系统中的应用

图15-45所示为变频器在风机变频控制系统（燃煤炉鼓风机）中的典型应用。该控制线路采用康沃CVF-P2-4T0055型风机、水泵专用变频器，控制对象为5.5kW的三相交流电动机（鼓风机电动机）。变频器可对三相交流电动机的转速进行控制，从而调节风量，风速大小要求由司炉工操作，因炉温较高，故要求变频器放在较远处的配电柜内。

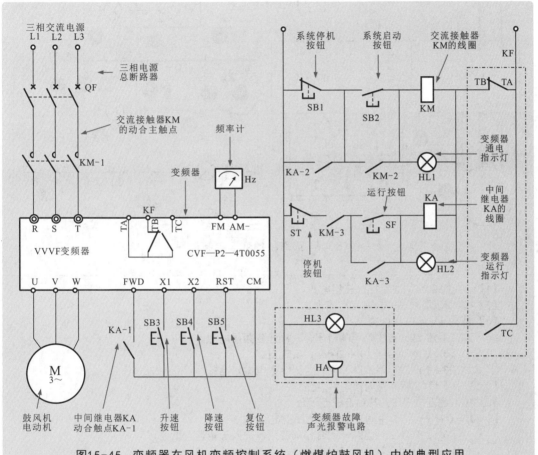

图15-45 变频器在风机变频控制系统（燃煤炉鼓风机）中的典型应用

补充说明

鼓风机是一种压缩和输送气体的机械。风压和风量是风机运行过程中的两个重要参数。其中，风压是管路中单位面积上风的压力；风量（GF）是空气的流量，指单位时间内排出气体的总量。

在转速不变的情况下，风压和风量之间的关系曲线称为风压特性曲线。风压特性与水泵的扬程特性相当，但在风量很小时，风压也较小；随着风量的增大，风压逐渐增大，当其增大到一定程度后，风量再增大，风压又开始减小。故风压特性曲线呈中间高、两边低的形状。

调节风量大小的方法有以下两种：

（1）调节风门的开度。转速不变，故风压特性也不变，风阻特性则随风门开度的改变而改变。

（2）调节转速。风门开度不变，故风阻特性也不变，风压特性则随转速的改变而改变。

在所需风量相同的情况下，调节转速的方法所消耗的功率要小得多，其节能效果是十分显著的。

图15-46所示为鼓风机的变频控制过程。

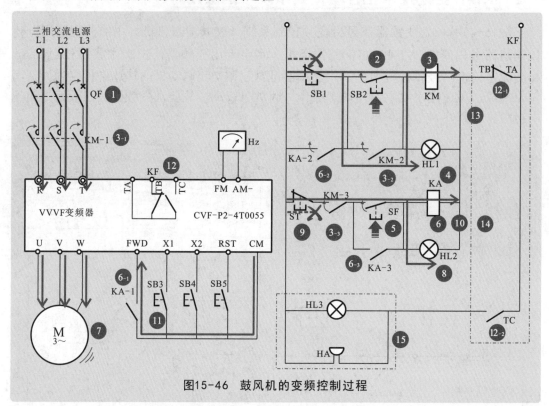

图15-46　鼓风机的变频控制过程

【1】合上总断路器QF，接通三相电源。

【2】按下起动按钮SB2，其触点闭合。

【3】交流接触器KM线圈得电：

　　【3-1】KM动合主触点KM-1闭合，接通变频器电源。

　　【3-2】KM动合触点KM-2闭合，实现自锁。

　　【3-3】KM动合触点KM-3闭合，为KA得电做好准备。

【3-2】→【4】变频器通电指示灯点亮。

【5】按下运行按钮SF，其动合触点闭合。

【3-3】+【5】→【6】中间继电器KA线圈得电。

　　【6-1】KA动合触点KA-1闭合，向变频器送入正转运行指令。

　　【6-2】KA动合触点KA-2闭合，锁定系统停机按钮SB1。

　　【6-3】KA动合触点KA-3闭合，实现自锁。

【6-1】→【7】变频器启动工作，向鼓风机电动机输出变频驱动电源，电动机开机正向启动，并在设定频率下正向运转。

【3-3】+【5】→【8】变频器运行指示灯点亮。

【9】当需要停机时，首先按下停止按钮ST。

【10】中间继电器KA线圈失电释放，其所有触点均复位：动合触点KA-1复位断开，变频器正转运行端FED指令消失，变频器停止输出；动合触点KA-2复位断开，解除对停机按钮SB1的锁定；动合触点KA-3复位断开，解除对运行按钮SF的锁定。

【11】当需要调整鼓风机电动机转速时，可通过操作升速按钮SB3、降速按钮SB4向变频器送入调速指令，由变频器控制鼓风机电动机转速。

【12】当变频器或控制电路出现故障时，其内部故障输出端子TA-TB断开，TA-TC闭合。

　　【12-1】TA-TB触点断开，切断启动控制线路供电。

　　【12-2】TA-TC触点闭合，声光报警电路接通电源。

【12-1】→【13】交流接触器KM线圈失电；变频器通电指示灯熄灭。

【12-1】→【14】中间继电器KA线圈失电；变频器运行指示灯熄灭。

【12-2】→【15】报警指示灯HL3点亮，报警器HA发出报警声，进行声光报警。

变频器停止工作，鼓风机电动机停转，等待检修。

补充说明

在鼓风机变频电路中，交流接触器KM和中间继电器KA之间具有连锁关系。

例如，当交流接触器KM未得电之前，由于其动合触点KM-3串联在KA线路中，KA无法通电；当中间继电器KA得电工作后，由于其动合触点KA-2并联在停机按钮SB1两端，使其不起作用，因此，在KA-2闭合状态下，交流接触器KM也不能断电。

补充说明

在鼓风机变频控制电路中，采用了康沃CVF-P2-4T0055型变频器，该变频器各接线端子配线如图15-47所示。

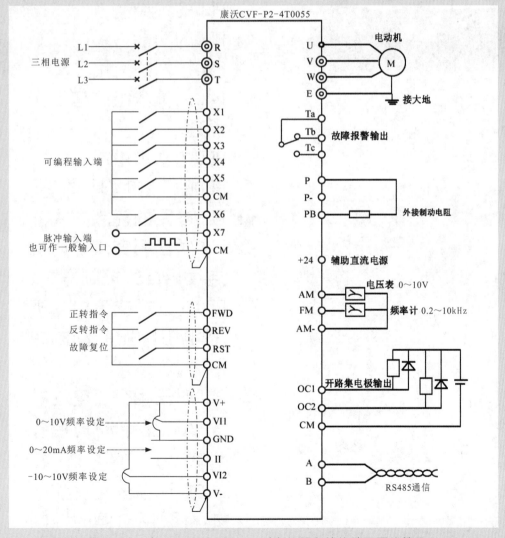

图15-47 康沃CVF-P2-4T0055型变频器各接线端子配线情况

16

本章系统介绍PLC及PLC技术应用。

● PLC的功能特点
◇ PLC的种类
◇ PLC的功能
◇ PLC技术的应用
● PLC的基本组成与工作原理
◇ PLC的基本组成
◇ PLC的工作原理
● PLC电路的控制方式
◇ PLC对三相交流电动机连续运行的控制方式
◇ PLC对三相交流电动机串电阻降压启动的控制方式
◇ PLC对三相交流电动机Y-△降压启动的控制方式
◇ PLC对两台三相交流电动机联锁启停的控制过程

第16章

PLC及PLC技术应用

16.1 PLC的功能特点

16.1.1 PLC的种类

PLC的英文全称为Programmable Logic Controller，即可编程控制器。根据其内部结构的不同，可以分成整体式PLC和组合式PLC两大类。

1 整体式PLC

整体式PLC是将CPU、I/O接口、存储器、电源等部分全部固定安装在一块或几块印制电路板上，使之成为统一的整体。图16-1所示为整体式PLC的实物外形。目前，小型、超小型PLC多采用整体式结构。

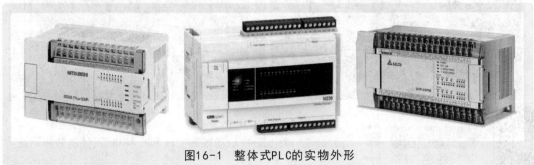

图16-1 整体式PLC的实物外形

2 组合式PLC

如图16-2所示，组合式PLC的CPU、I/O接口、存储器、电源等部分都是以模块形式按一定规则组合配置而成的（因此也称模块式PLC）。这种PLC可以根据实际需要进行灵活配置。中型或大型PLC多采用组合式结构。

16.1.2 PLC的功能

PLC控制系统通过软件控制取代了硬件控制，用标准接口取代了硬件安装连接，用大规模集成电路与可靠元件的组合取代了线圈和活动部件的搭配。不仅大大简化了整个控制系统，而且也使得控制系统的性能更加稳定，功能更加强大。另外，在拓展性和抗干扰能力方面也有了显著的提高。

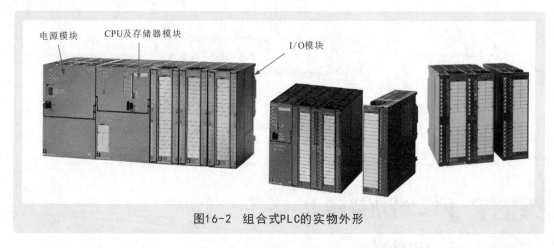

图16-2 组合式PLC的实物外形

在工业控制中，继电器-接触器控制系统和PLC控制系统的效果对比如图16-3所示。PLC不仅实现了控制系统的简化，而且在改变控制方式和效果时不需要改动电气部件的物理连接线路，只需要重新编写PLC内部程序即可。

（a）继电器-接触器控制系统

（b）PLC控制系统

微视频讲解"继电器控制与PLC控制"

图16-3 继电器-接触器控制系统和PLC控制系统的效果对比

计算机、网络及通信技术与PLC的融合与发展，使得PLC功能更加强大。

1 编程与调试功能

PLC通过存储器中的程序对I/O接口外接的设备进行控制，程序可根据实际应用编写，一般可将PLC与计算机通过编程电缆进行连接，实现对其内部程序的编写、调试、监视、实验和记录。这也是区别于继电器等其他控制系统最大的功能优势。

2 通信联网功能

PLC具有通信联网功能，可以与远程I/O、其他PLC、计算机、智能设备（如变频器、数控装置等）之间进行通信。

3 数据采集、存储与处理功能

PLC具有数学运算和数据的传送、转换、排序、位操作等功能，可完成数据采集、分析、处理等功能。这些数据还可与存储器中的参考值进行比较，完成一定的控制操作，也可以将数据进行传输或直接打印输出。数据处理一般用于大型控制系统，如造纸、冶金、食品工业等无人控制的柔性制造系统。

4 开关逻辑和顺序控制功能

PLC的开关逻辑和顺序功能是其应用最为广泛的领域，是用于取代传统继电器的组合逻辑控制、定时、计数、顺序控制等。既可用于单台设备的控制，也可用于多机群控及自动化流水线，如注塑机、印刷机、组合机床、包装生产线、电镀流水线等。

5 运动控制功能

PLC使用专用的运动控制模块，对直线运动或圆周运动的位置、速度和加速度进行控制，如机床、机器人、电梯等。

6 过程控制功能

过程控制是指对温度、压力、流量、速度等模拟量的闭环控制。作为工业控制计算机，PLC能编制各种各样的控制算法程序，完成闭环控制。

16.1.3 PLC技术的应用

目前，PLC已经成为生产自动化、现代化的重要标志。众多电子器件生产厂商投入到了PLC产品的研发中，PLC的品种越来越丰富，功能越来越强大，应用也越来越广泛，无论是生产、制造还是管理、检验，都可以看到PLC的身影。

1 PLC在电子产品制造设备中的应用

PLC在电子产品制造设备中的应用主要是实现自动控制功能。PLC在电子元件加工、制造设备中作为控制中心，使元件的输送定位驱动电动机、加工深度调整电动机、旋转电动机和输出电动机能够协调运转，相互配合实现自动化工作。图16-4所示为PLC在电子产品制造设备中的应用。

2 PLC在自动包装系统中的应用

在自动包装控制系统中，产品的传送、定位、包装、输出等一系列操作都按一定的时序（程序）进行动作，PLC在预先编制的程序控制下，由检测电路或传感器实时监测包装生产线的运行状态，根据检测电路或传感器传输的信息，实现自动控制。图16-5所示为PLC在自动包装系统中的应用。

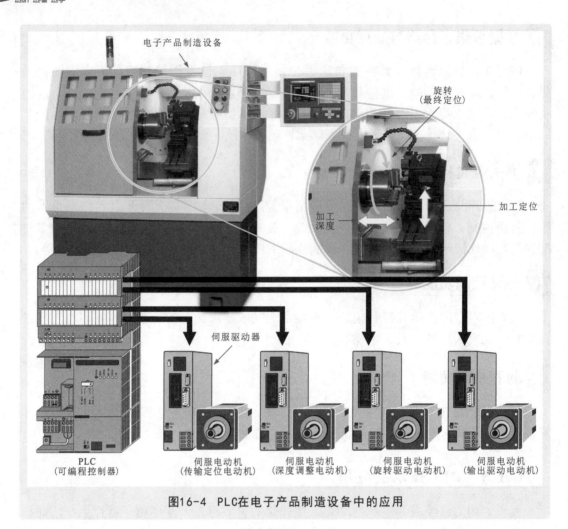

图16-4 PLC在电子产品制造设备中的应用

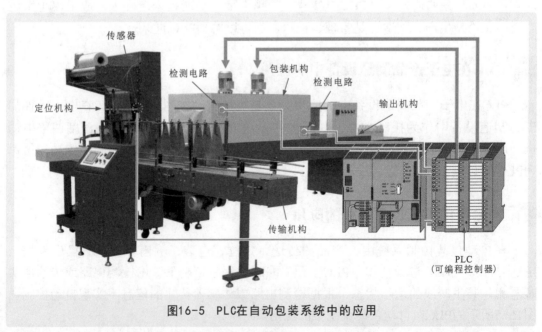

图16-5 PLC在自动包装系统中的应用

3 PLC在自动检测装置中的应用

用以检测所生产零件弯曲度的自动检测系统中，检测流水线上设置有多个位移传感器，每个传感器将检测的数据送给PLC，PLC即会根据接收到的测量数据进行比较运算，得到零部件弯曲度的值，并与标准进行比对，从而自动完成对零部件是否合格的判定。图16-6所示为PLC在自动检测装置中的应用。

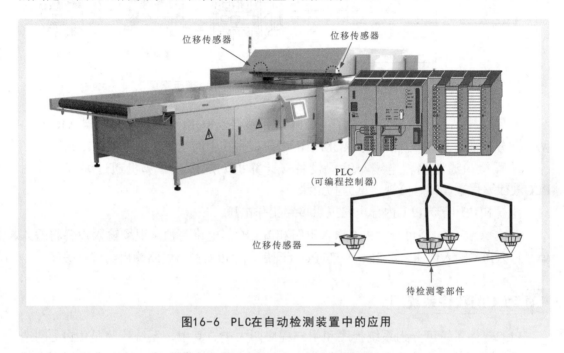

图16-6　PLC在自动检测装置中的应用

16.2 PLC的基本组成与工作原理

16.2.1 PLC的基本组成

PLC属于精密的电子设备，从功能电路上讲，主要由输入电路、运算控制电路、输出电路等构成。输入电路的作用是将被控对象的各种控制信息及操作命令转换成PLC输入信号，然后送给运算控制电路部分；运算控制电路以内部的CPU为核心，按照用户设定的程序对输入信息进行处理，然后由输出电路输出控制信号，这个过程实现算术运算和逻辑运算等多种处理功能；输出电路由PLC输出接口和外部被控负载构成，CPU完成的运算结果由PLC输出接口提供给负载。其中，输入电路和输出电路都具备人机对话功能。

不同的电路功能需要借助不同的电路和内部程序协作完成。图16-7所示为典型PLC电路结构及协同工作原理示意图。

1 PLC的硬件系统

PLC的硬件系统主要由CPU模块、存储器、编程接口、电源模块、基本I/O接口电路五部分组成。其中，CPU模块是PLC的核心，CPU的性能决定了PLC的整体性能。

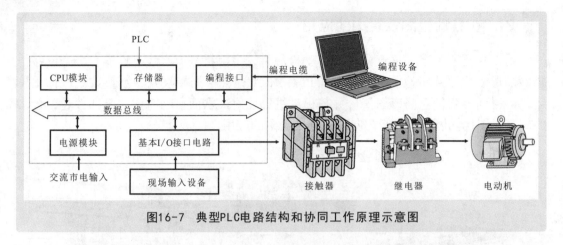

图16-7 典型PLC电路结构和协同工作原理示意图

存储器主要用于存储用户程序，由只读存储器（ROM）和随机存储器（RAM）两大部分构成。系统程序存放在ROM中，用户程序和中间运算数据存放在RAM中。

编程接口通过编程电缆与编程设备（计算机）连接，计算机通过编程电缆对PLC进行编程、调试、监视、试验和记录。

电源模块用于为PLC内部电路提供多路工作电压。

基本I/O接口电路可分为PLC输入电路和PLC输出电路两种。现场输入设备将输入信号送入PLC输入电路，经PLC内部CPU处理后，由PLC输出电路输出给外部设备。

2 PLC的软件系统

PLC软件系统可分为系统程序和用户程序两大类。其中，系统程序是由PLC制造厂商设计编写的，不能直接读写和更改，一般包括系统诊断程序、输入处理程序、编译程序、信息传送程序、监控程序等。而用户程序是用户根据控制要求，按系统程序允许的编程规则，用厂家提供的编程语言编写的程序。

16.2.2 PLC的工作原理

PLC是一种以微处理器为核心的数字运算操作的电子系统装置，是专门为大中型工业用户现场的操作管理而设计的，它采用可编程序存储器，用以在其内部存储执行逻辑运算、顺序控制、定时或计数和算术运算等操作指令，并通过数字式或模拟式的输入、输出接口，控制各种类型的机械或生产过程。

图16-8所示为PLC的整机工作原理框图。

补充说明

　　CPU（中央处理器）是PLC的控制核心，它主要由控制器、运算器和寄存器三部分构成，通过数据总线、控制总线和地址总线与I/O接口相连。

　　PLC的程序是由工程技术人员通过编程设备（简称编程器）输入的。目前，PLC的编程有两种方式：一种是通过PLC手持式编程器编写程序，然后传送到PLC内；另一种是利用PLC通信接口（I/O接口）上的RS232串口与计算机相连后，通过计算机上专门的PLC编程软件向PLC内部输入程序。

第1章
第2章
第3章
第4章
第5章
第6章
第7章
第8章
第9章
第10章
第11章
第12章
第13章
第14章
第15章
第16章

补充说明

　　编程器或计算机输入的程序输入到PLC内部，存放在PLC的存储器中。通常，PLC的存储器分为系统程序存储器、用户程序存储器和工作数据存储器。

　　用户编写的程序主要存放在用户程序存储器中，系统程序存储器主要用于存放系统管理程序、系统监控程序和对用户编制程序进行编译处理的解释程序。

　　当用户编写的程序存入后，CPU会向存储器发出控制指令，从系统程序存储器中调用解释程序将用户编写的程序进行进一步的编译，使之成为PLC认可的编译程序。

　　存储器中的工作数据存储器是用来存储工作过程中的指令信息和数据的。通过控制及传感部件发出的状态信息和控制指令通过输入接口（I/O接口）送入存储器的工作数据存储器中。在CPU控制器的控制下，这些数据信息从工作数据存储器中调入CPU的寄存器，与编译程序结合，由运算器进行数据分析、运算和处理。最终，将运算结果或控制指令通过输出接口传送给继电器、电磁阀、指示灯、蜂鸣器、电磁线圈、电动机等外部设备及功能部件。这些外部设备及功能部件即会执行相应的工作。

　　在整个工作过程中，PLC的电源始终为各部分电路提供工作电压，确保PLC工作的顺利进行。

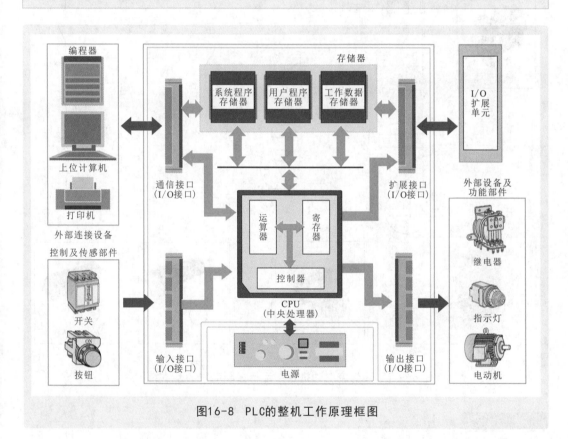

图16-8　PLC的整机工作原理框图

16.3　PLC电路的控制方式

16.3.1　PLC对三相交流电动机连续运行的控制方式

　　连续控制是指按下电动机启动键后再松开，控制电路仍保持接通状态，电动机能够继续正常运转，在运转状态按下停机键，电动机停止运转，松开停机键，复位后，电动机仍处于停机状态。因此，这种控制方式也称为自锁控制。

图16-9所示为三相交流电动机连续运行控制电路的基本结构。

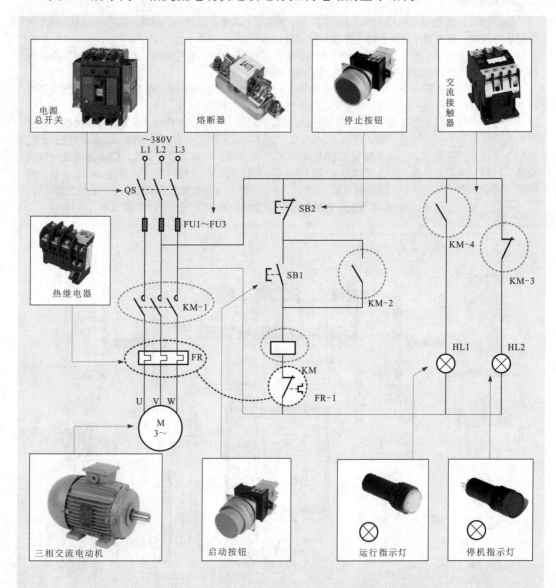

图16-9　三相交流电动机连续运行控制电路的基本结构

补充说明

　　图16-9所示电路是一种典型的三相交流感应电动机的控制电路。它主要由电源总开关、交流接触器、热继电器、启动键、停机键和启停指示灯等部分构成。

　　（1）电源总开关。电源总开关用于接通或切断交流三相380V电源。

　　（2）交流接触器。交流接触器主要用于控制接通或断开电动机供电的电源。

　　（3）热继电器。热继电器接在供电电路中，在温度过高的情况下自动切断电动机的供电，实现自动保护。

　　（4）启动键。启动键用于为交流接触器提供启动电压，使电路进入启动运转状态。

　　（5）停机键。停机键的功能是切断交流接触器线圈的供电通道，通过交流接触器使电动机停机。

　　（6）指示灯。指示灯为操作者提供工作状态的指示。

　　三相交流电动机连续控制电路基本上采用了交流继电器、接触器的控制方式。该种控制方式由于电气部件的连接过多，存在人为因素的影响，具有可靠性低、线路维护困难等缺点，将直接影响企业的生产效率。

　　由此，很多生产型企业中采用PLC控制方式对其进行改进。图16-10所示为采用PLC对三相交流电动机连续运行的控制方式。表16-1为采用三菱FX$_{2N}$系列PLC控制电动机连续运行电路的I/O分配表。

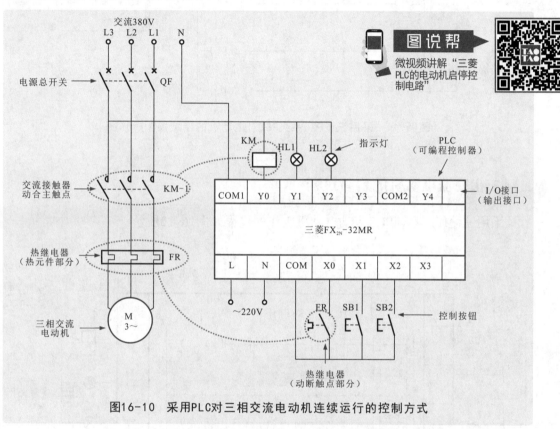

图16-10　采用PLC对三相交流电动机连续运行的控制方式

表16-1　采用三菱FX$_{2N}$系列PLC控制电动机连续运行电路的I/O分配表

输入信号及地址编号			输出信号及地址编号		
名称	代号	输入点地址编号	名称	代号	输出点地址编号
热继电器	FR1	X0	交流接触器	KM	Y0
启动按钮	SB1	X1	运行指示灯	HL1	Y1
停止按钮	SB2	X2	停机指示灯	HL2	Y2

　　图16-10控制电路采用三菱FX$_{2N}$系列PLC。通过PLC的I/O接口与外部电器部件进行连接，提高了系统的可靠性，并能够有效地降低故障率，维护方便。当使用编程软件向PLC中写入控制程序，便可以实现外接电器部件及负载电动机等设备的自动控制。想要改动控制方式时，只需要修改PLC中的控制程序即可，大大提高调试和改装效率。

　　图16-11所示为采用三菱FX$_{2N}$系列PLC对电动机的连续控制梯形图。

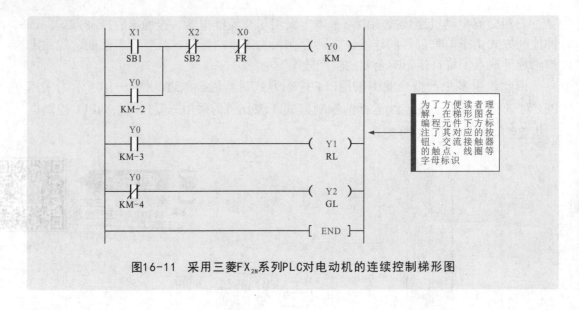

图16-11 采用三菱FX₂ₙ系列PLC对电动机的连续控制梯形图

1 三相交流电动机的启动过程

采用三菱FX₂ₙ系列PLC启动电动机工作的过程如图16-12所示。

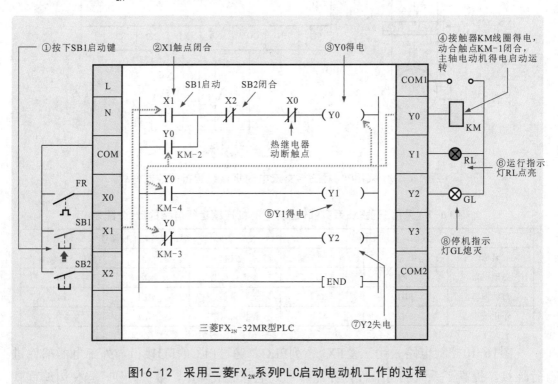

图16-12 采用三菱FX₂ₙ系列PLC启动电动机工作的过程

2 三相交流电动机的停机过程

采用三菱FX₂ₙ系列PLC控制电动机停机的工作过程如图16-13所示。

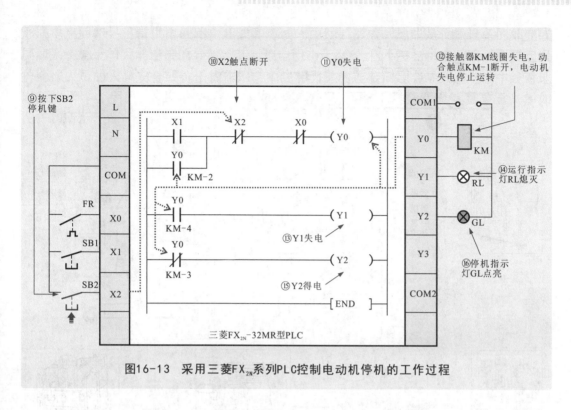

图16-13　采用三菱FX$_{2N}$系列PLC控制电动机停机的工作过程

当按下停机键SB2时，其将PLC内的X2置"0"，即该触点断开，使得Y0失电，PLC外接交流接触器线圈KM失电。

Y0失电，动合、动断触点Y0（KM-2、KM-3、KM-4）复位，Y1失电，Y2得电，运行指示灯RL熄灭，停机指示灯GL点亮。

KM失电，主电路中的动合触点KM-1断开，电动机停止运转。

16.3.2 │ PLC对三相交流电动机串电阻降压启动的控制方式

三相交流电动机的减压启动是指在电动机启动时，加在定子绕组上的电压小于额定电压，当电动机启动后，再将加在定子绕组上的电压升至额定电压。防止启动电流过大，损坏供电系统中的相关设备。该启动方式适用于功率在10kW以上的电动机或由于其他原因不允许直接启动的电动机上。

图16-14所示为三相交流电动机串电阻降压启动控制电路的基本结构。

补充说明

图16-14所示电路主要由供电电路和控制电路两部分构成。供电电路是由总电源开关QS、熔断器FU1~FU3、交流接触器KM1、KM2的主接触点（KM1-1、KM2-1）、启动电阻器R1~R3、热继电器FR1和电动机M等构成的。控制电路由熔断器FU4、FU5，控制电路部分的动断停止按钮SB3、全压启动按钮SB2、减压启动按钮SB1，交流接触器KM1、KM2的线圈及动合触点（KM1-2、KM2-2）等构成。

另外，全压启动按钮SB2和减压启动按钮SB1具有顺序控制的能力，电路中KM1的动合触头串联在SB2、KM2线圈支路中，起顺序控制的作用，也就是说，只有KM1线圈先接通后，KM2线圈才能够接通，即电路先进入减压启动状态后，才能进入全压运行状态，达到减压启动、全压运行的控制目的。

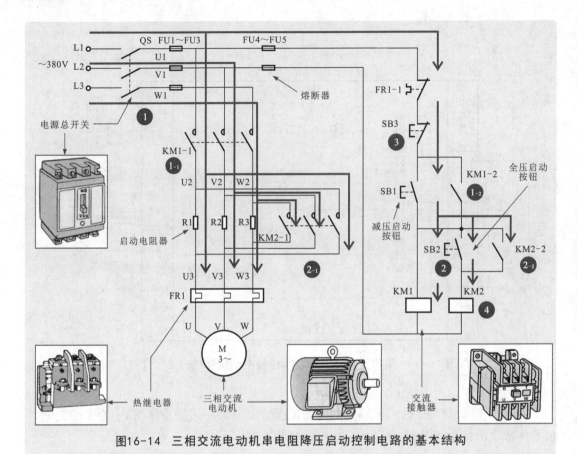

图16-14 三相交流电动机串电阻降压启动控制电路的基本结构

【1】合上电源总开关，按下减压启动按钮SB1，交流接触器KM1线圈得电。

　　【1-1】动合触点KM1-1接通，电源经串联电阻器R1、R2、R3为电动机供电，电动机减压启动开始。

　　【1-2】动合触点KM1-2接通，实现自锁功能。

【2】当电动机转速接近额定转速时，按下全压启动按钮SB2，交流接触器KM2的线圈得电。

　　【2-1】KM2-1接通，短接启动电阻器R1、R2、R3，电动机在全压状态下开始运行。

　　【2-2】交流接触器的动合触点KM2-2接通，实现自锁功能。

【3】当需要电动机停止工作时，按下停机按钮SB3。

【4】KM1、KM2线圈同时失电，触点KM1-1、KM2-1断开，电动机停止运转。

　　下面具体介绍用PLC实现对三相交流电动机降压启动的控制原理。

　　三相交流电动机的PLC降压启动控制电路如图16-15所示。

　　在图16-15所示的PLC控制电路中可以看到，该电路主要由供电部分（包括电源总开关QS、熔断器FU1～FU3、降压电阻器R1～R3、交流接触器的动合主触点KM1-1、KM2-1和热继电器主触点FR）和控制部分（主要由控制部件、西门子S7-200型PLC和执行部件构成）。其中，控制部件（FR-1、SB1～SB3）和执行部件（KM1、KM2）都直接连接到PLC相应的接口上。

　　当使用编程软件向PLC中写入控制程序，便可以实现外接电器部件及负载电动机等设备的自动控制。想要改动控制方式时，只需要修改PLC中的控制程序即可，大大提高了调试和改装效率。

图16-16所示为采用西门子S7-200型PLC对电动机的串电阻减压启动控制梯形图。表16-2采用西门子S7-200型PLC的三相交流电动机减压起动控制电路I/O分配表。

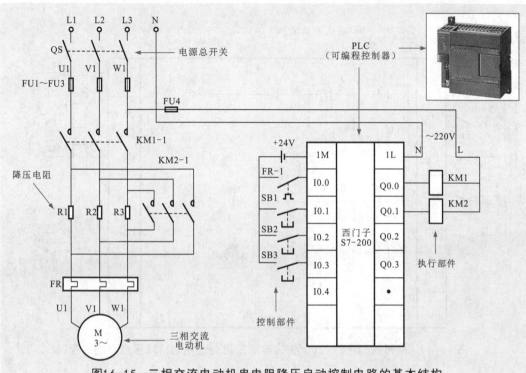

图16-15 三相交流电动机串电阻降压启动控制电路的基本结构

表16-2 采用西门子S7-200型PLC的三相交流电动机减压起动控制电路I/O分配表

输入信号及地址编号			输出信号及地址编号		
名称	代号	输入点地址编号	名称	代号	输出点地址编号
热继电器	FR1	I0.0	减压启动接触器	KM1	Q0.0
减压启动按钮	SB1	I0.1	全压启动接触器	KM2	Q0.1
全压启动按钮	SB2	I0.2			
停止按钮	SB3	I0.3			

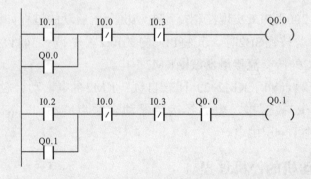

图16-16 采用西门子S7-200型PLC对电动机的串电阻减压启动控制梯形图

1 三相交流电动机的降压启动过程

采用西门子S7-200型PLC实现三相交流电动机降压启动的过程如图16-17所示。

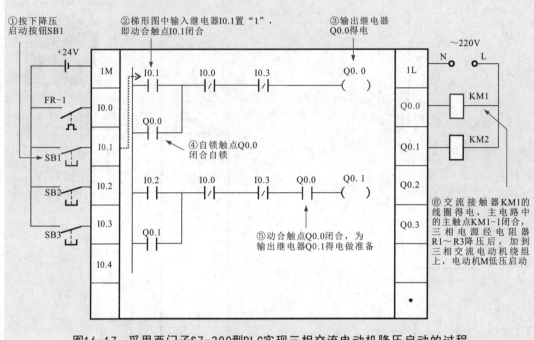

图16-17 采用西门子S7-200型PLC实现三相交流电动机降压启动的过程

当按下降压启动按钮SB1时，其将PLC内的I0.1置"1"，即该触点接通，使得Q0.0得电，控制PLC外接交流接触器KM1线圈得电。

Q0.0得电，动合触点Q0.0（KM1-2）闭合自锁，Y1线路上的Y0闭合，为Y1得电做好准备，即为全压启动做好准备。

KM1得电，动合触点KM1-1闭合，电流经电阻R1～R3降压后，为电动机供电，使得电动机在降压情况下启动运转。

2 三相交流电动机的全压启动过程

采用西门子S7-200型PLC实现三相交流电动机全压启动的过程如图16-18所示。

当按下全压启动按钮SB2时，其将PLC内的I0.2置"1"，即该触点接通，使得Q0.1得电，控制PLC外接交流接触器线圈KM2得电。

Y1得电，动合触点Y1（KM2-2）闭合自锁；KM2得电，动合触点KM2-1闭合，此时启动电阻R1～R3被短接，电流经接触器动合触点KM1-1、KM2-1和热继电器FR1后，为电动机进行全压供电。

3 三相交流电动机的停机过程

采用西门子S7-200型PLC实现三相交流电动机停机的过程如图16-19所示。

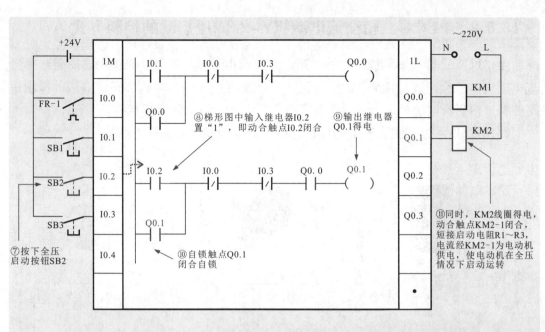

图16-18 采用西门子S7-200型PLC实现三相交流电动机全压启动的过程

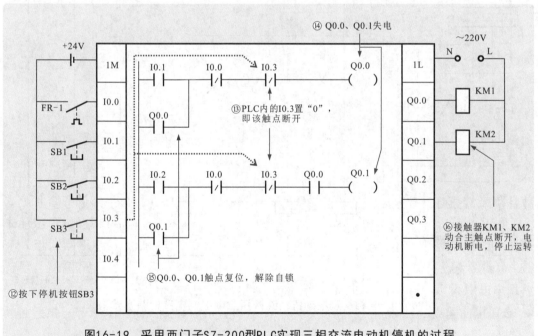

图16-19 采用西门子S7-200型PLC实现三相交流电动机停机的过程

当按下停机按钮SB3时，其将PLC内的I0.3置"0"，即该触点断开，使得Q0.0、Q0.1失电，动合触点Q0.0（KM1-2）、Y1（KM2-2）复位断开，接触自锁。PLC外接交流接触器线圈KM1、KM2失电，主电路中的主触点KM1-1、KM2-1复位断开，切断电动机电源，电动机停止运转。

16.3.3 PLC对三相交流电动机Y-△降压启动的控制方式

电动机Y-△降压启动控制电路是指三相交流电动机启动时，先由电路控制三相交流电动机定子绕组连接成Y形方式进入降压启动状态，待转速达到一定值后，再由电路控制三相交流电动机定子绕组换接成△形，进入全压正常运行状态。

图16-20所示为三相交流电动机Y-△降压启动控制电路的基本结构。

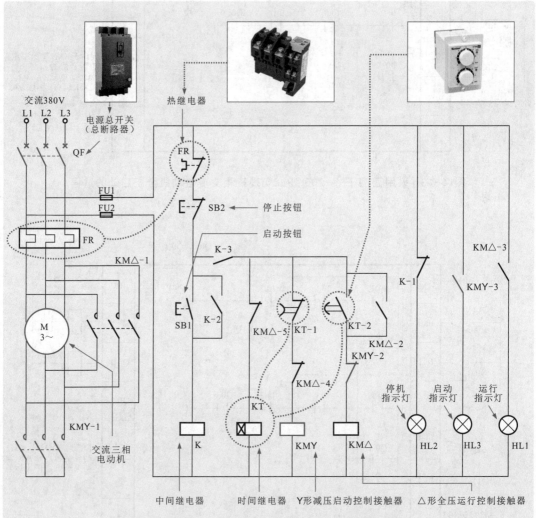

图16-20 三相交流电动机Y-△降压启动控制电路的基本结构

补充说明

典型电动机Y-△降压启动控制电路主要由总断路器QF、启动按钮SB1、停止按钮SB2、中间继电器K、交流接触器KMY/KM△、时间继电器KT、指示灯（HL1～HL3）、三相交流电动机等构成。

三相交流电动机的接线方式主要有星形连接（Y）和三角形连接（△）两种方式，如图16-21所示。对于接在电源电压为380V的电动机来说，当它采用星形连接时，电动机每相绕组承受的电压为220V；当它采用三角形连接时，电动机每相绕组承受的电压为380V。

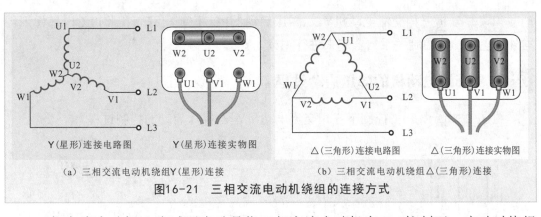

(a) 三相交流电动机绕组Y(星形)连接　　　(b) 三相交流电动机绕组△(三角形)连接

图16-21　三相交流电动机绕组的连接方式

三相交流电动机Y-△减压启动是指三相交流电动机在PLC控制下，启动时绕组Y（星形）连接减压启动；启动后，自动转换成△（三角形）连接进行全压运行。图16-22所示为三相交流电动机在PLC控制下实现Y-△降压启动的控制电路。表16-3为采用西门子S7-200型PLC的三相交流电动机Y-△减压启动控制电路I/O地址分配表。

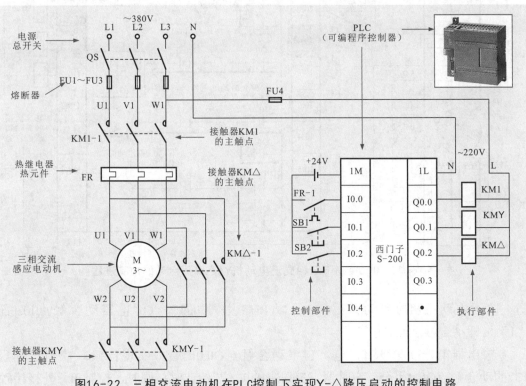

图16-22　三相交流电动机在PLC控制下实现Y-△降压启动的控制电路

表16-3　采用西门子S7-200型PLC的三相交流电动机Y-△减压启动控制电路I/O地址分配表

输入信号及地址编号			输出信号及地址编号		
名称	代号	输入点地址编号	名称	代号	输出点地址编号
热继电器	FR-1	I0.0	电源供电主接触器	KM1	Q0.0
启动按钮	SB1	I0.2	Y连接接触器	KMY	Q0.1
停止按钮	SB2	I0.3	△连接接触器	KM△	Q0.2
		I0.4			

识读并分析三相交流电动机Y-△减压启动的PLC控制电路，需将PLC内部梯形图与外部电气部件控制关系结合起来进行识读。

1 三相交流电动机的降压启动过程

图16-23所示为PLC控制下三相交流电动机Y-△降压启动的控制过程。

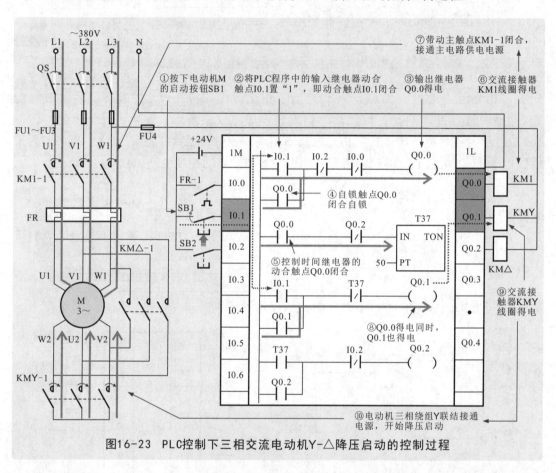

图16-23　PLC控制下三相交流电动机Y-△降压启动的控制过程

　　按下电动机M的启动按钮SB1，将PLC程序中的输入继电器动合触点I0.1置"1"，即动合触点I0.1闭合。

　　输出继电器Q0.0线圈得电，自锁动合触点Q0.0闭合，实现自锁；控制定时器T37的动合触点Q0.0闭合，定时器T37线圈得电，开始计时；同时，控制PLC外接接触器KMY线圈得电，带动主电路中主触点KMY-1闭合，电动机三相绕组Y形连接。

　　输出继电器Q0.1线圈同时得电，自锁动合触点Q0.1闭合，实现自锁；控制PLC外接电源供电主接触器KM1线圈得电，带动主触点KM1-1闭合，接通主电路供电电源，电动机开始降压启动。

2 三相交流电动机的全压运行过程

图16-24所示为PLC控制下三相交流电动机Y-△全压运行的控制过程。

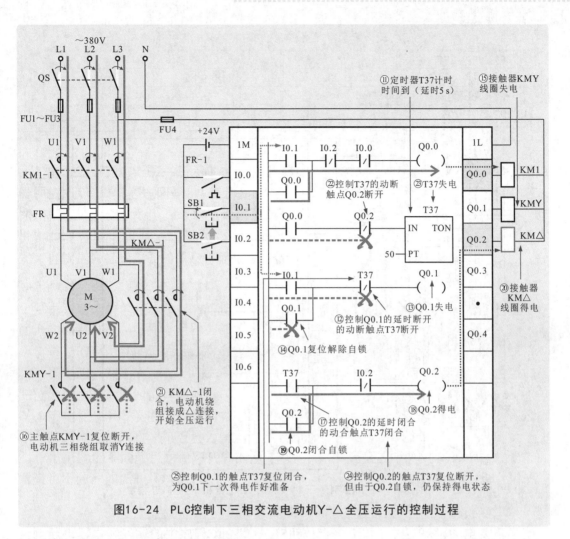

图16-24　PLC控制下三相交流电动机Y-△全压运行的控制过程

定时器T37计时时间到（延时5 s）：

控制输出继电器Q0.1的延时断开的动断触点T37断开，输出继电器Q0.1线圈失电，其自锁动合触点Q0.1复位断开，解除自锁；控制PLC外接Y形接线接触器KMY线圈失电，电动机三相绕组取消Y形连接方式。

控制输出继电器Q0.2的延时闭合的动合触点T37闭合，输出继电器Q0.2线圈得电，其自锁动合触点Q0.2闭合，实现自锁功能；控制定时器T37的动断触点Q0.2断开；控制PLC外接△形接线接触器KM△线圈得电，带动主电路中主触点KM△-1闭合，电动机三相绕组接成△形，电动机开始△形连接运行。

定时器T37线圈失电，控制输出继电器Q0.2的延时闭合的动合触点T37复位断开，但由于Q0.2自锁，仍保持得电状态；同时，控制输出继电器Q0.1的延时断开的动断触点T37复位闭合，为Q0.1下一次得电做好准备。

3　三相交流电动机的停机过程

图16-25所示为PLC控制下三相交流电动机停机的控制过程。

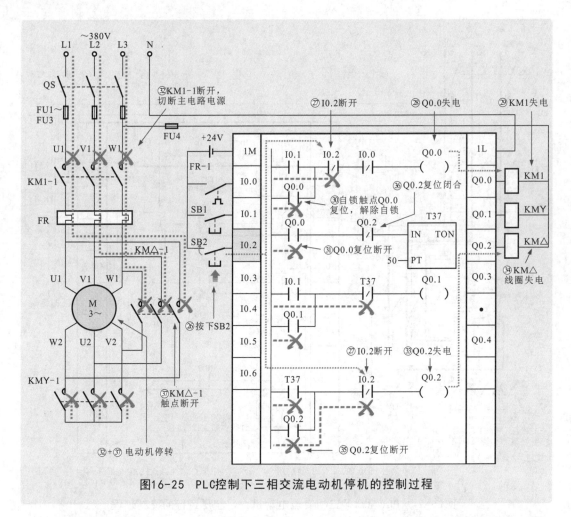

图16-25　PLC控制下三相交流电动机停机的控制过程

当需要电动机停转时，按下停止按钮SB2，将PLC程序中的输入继电器动断触点I0.2置"0"，即动断触点I0.2断开。输出继电器Q0.0线圈失电，自锁动合触点Q0.0复位断开，解除自锁；控制定时器T37的动合触点Q0.0复位断开；控制PLC外接电源供电主接触器KM1线圈失电，带动主电路中主触点KM1-1复位断开，切断主电路电源。

同时，输出继电器Q0.2线圈失电，自锁动合触点Q0.2复位断开，解除自锁；控制定时器T37的动断触点Q0.2复位闭合，为定时器T37下一次得电做好准备；控制PLC外接△连接接触器KM△线圈失电，带动主电路中主触点KM△-1复位断开，三相交流电动机取消△连接，电动机停转。

16.3.4　PLC对两台三相交流电动机联锁启停的控制过程

两台三相交流电动机联锁的控制电路是指电路中两台或两台以上的电动机顺序启动、反顺序停机的控制电路。电路中，电动机的启动顺序、停机顺序由控制按钮进行控制。

图16-26所示为两台三相交流电动机联锁启停控制电路的基本结构及控制过程。

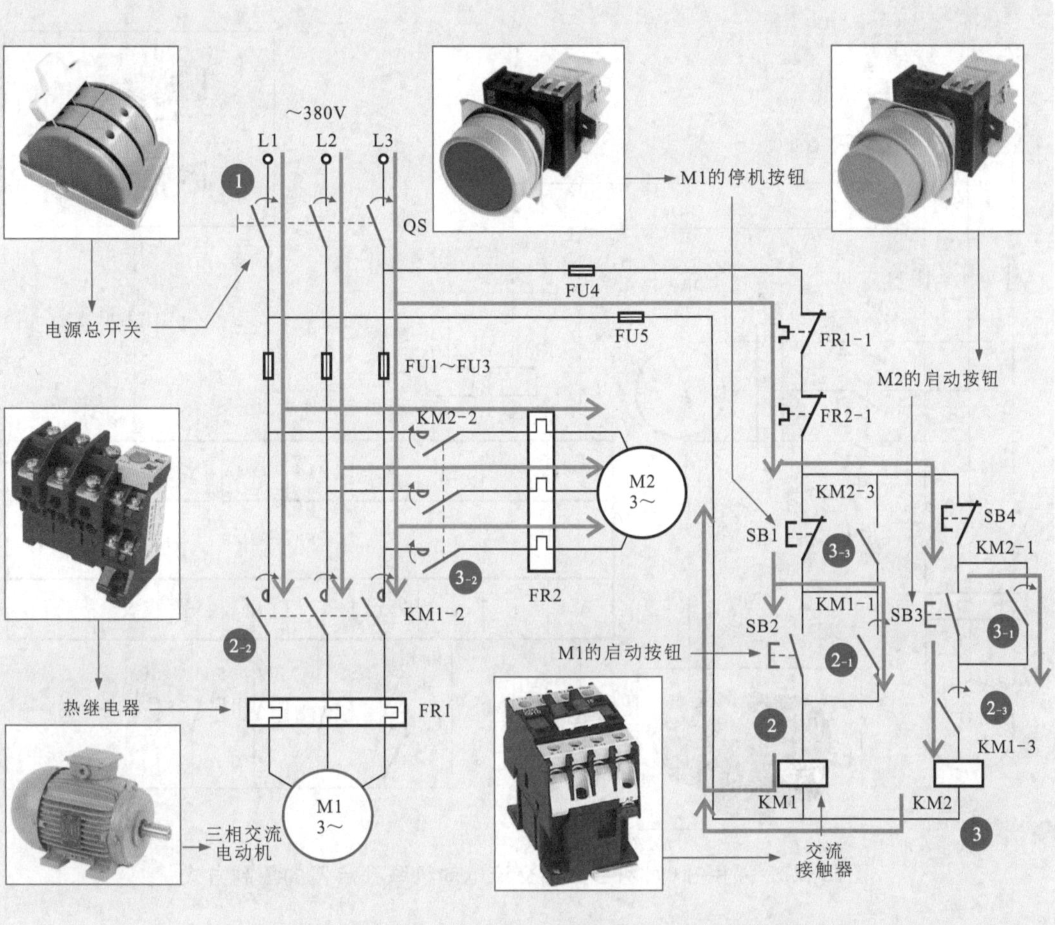

图16-26 两台三相交流电动机联锁启停控制电路的基本结构及控制过程

【1】合上电源总开关QS，并按下M1的启动按钮SB2。

【2】交流接触器KM1线圈得电，对应触点动作。

　【2-1】动合辅助触点KM1-1接通，实现自锁功能。

　【2-2】动合主触点KM1-2接通，电动机M1开始运转。

　【2-3】动合辅助触点KM1-3接通，为电动机M2启动做好准备，也用于防止接触器KM2线圈先得电，使电动机M2先运转，起顺序启动的作用。

【3】当需要电动机M2启动时，按下M1的启动按钮SB3，交流接触器KM2线圈得电。

　【3-1】动合辅助触点KM2-1接通，实现自锁功能。

　【3-2】动合主触点KM2-2接通，电动机M2开始运转。

　【3-3】动合辅助触点KM2-3接通，锁定停机按钮SB1，防止启动电动机M2时，按下电动机M1的停止按钮SB1，而关停电动机M1，起反顺序停机的作用。

　　两台三相交流电动机联锁启停的PLC控制电路是指通过PLC与外接电气部件配合实现对两台电动机先后启动、反顺序停止进行控制。

　　图16-27所示为采用PLC对两台三相交流电动机联锁启停的控制方式。表16-4为由三菱FX$_{2N}$-32MR PLC控制的电动机顺序启动、反顺序停机控制系统的I/O分配表。

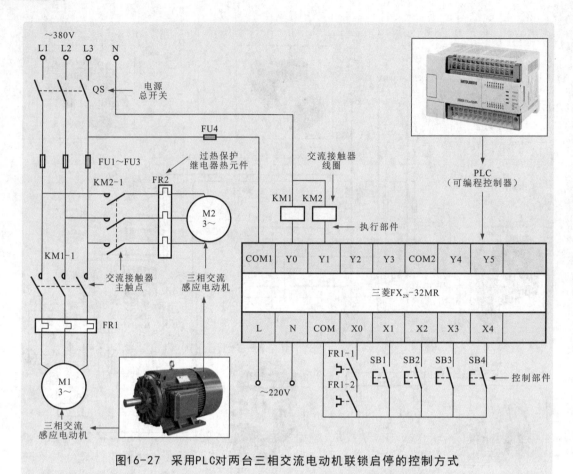

图16-27 采用PLC对两台三相交流电动机联锁启停的控制方式

表16-4 由三菱FX$_{2N}$-32MR PLC控制的电动机顺序启动、反顺序停机控制系统的I/O分配表

输入信号及地址编号			输出信号及地址编号		
名称	代号	输入点地址编号	名称	代号	输出点地址编号
热继电器	FR1、FR2	X0	电动机M1交流接触器	KM1	Y0
M1停止按钮	SB1	X1	电动机M2交流接触器	KM2	Y1
M1启动按钮	SB2	X2			
M2停止按钮	SB3	X3			
M2启动按钮	SB4	X4			

1 两台三相交流电动机顺序启动过程

采用三菱FX$_{2N}$系列PLC控制两台三相交流电动机顺序启动的过程如图16-28所示。

闭合电源总开关QS，按下电动机M1的启动按钮SB2，PLC程序中输入继电器动合触点X2置"1"，即动合触点X2闭合，输出继电器Y0线圈得电，其自锁动合触点Y0闭合实现自锁；同时控制输出继电器Y1的动合触点Y0闭合，为Y1得电做好准备；PLC外接交流接触器KM1线圈得电，主电路中的主触点KM1-1闭合，接通电动机M1电源，M1启动运转。

按下电动机M2的启动按钮SB4，PLC程序中的输入继电器动合触点X4置"1"，即动合触点X4闭合，输出继电器Y1线圈得电，其自锁动合触点Y1闭合实现自锁功能；控制输出继电器Y0的动合触点Y1闭合，锁定动断触点X1，即锁定停机按钮SB1，用于防止启动电动机M2时，误操作按动电动机M1的停止按钮SB1，而关停电动机M1，不符合反顺序停机的控制要求。

PLC外接交流接触器KM2线圈得电，主电路中的主触点KM2-1闭合，接通电动机M2电源，M2继M1之后启动运转。

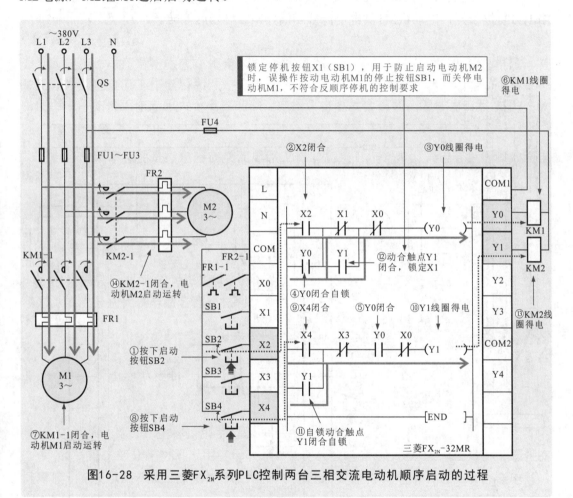

图16-28 采用三菱FX$_{2N}$系列PLC控制两台三相交流电动机顺序启动的过程

2 两台三相交流电动机反顺序停机过程

采用三菱FX$_{2N}$系列PLC控制两台三相交流电动机反顺序停机的过程如图16-29所示。

按下电动机M2的停止按钮SB3，将PLC程序中的输入继电器动断触点X3置"1"，即动断触点X3断开，输出继电器Y1线圈失电，其自锁动合触点Y1复位断开，解除自锁功能；同时联锁动合触点Y1复位断开，解除对动断触点X1的锁定，即解除停机按钮SB1的锁定，为可操作停机按钮SB1断开接触器KM1做好准备，实现反顺序停机的控制要求。

Y1线圈失电后，控制PLC外接的交流接触器KM2线圈失电，主电路中的主触点KM2-1复位断开，电动机M2供电电源被切断，M2停转。

按照反顺序停机的控制要求，按下停止按钮SB1，将PLC程序中输入继电器动断触点X1置"1"，即动断触点X1断开，输出继电器Y0线圈失电，其自锁动合触点Y0复位断开，解除自锁功能；同时，控制输出继电器Y1的动合触点Y0复位断开，以防止在Y0未得电的情况下Y1先得电，不符合顺序启动控制要求。

Y0线圈失电后，控制PLC外接的交流接触器KM1线圈失电，主电路中的主触点KM1-1复位断开，电动机M1供电电源被切断，M1继M2后停转。

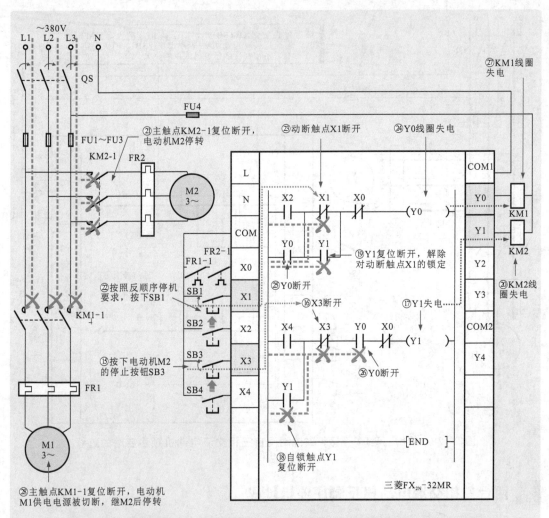

图16-29 采用三菱FX₂ₙ系列PLC控制两台三相交流电动机反顺序停机的过程